"十三五"普通高等教育本科规划教材

SHUZI DIANZI JISHU JICHU

数字电子技术基础

第二版

主　编　高观望

副主编　任文霞　吕文哲

编　写　张　敏　李　卿

主　审　张凤凌

U0300254

中国电力出版社
CHINA ELECTRIC POWER PRESS

内 容 提 要

本书为"十三五"普通高等教育本科规划教材，是依据教育部"电子信息科学与电气信息类平台课程教学基本要求"和"进一步加强高校实践育人工作的若干意见"的要求编写的。主要内容包括：数字电子技术概述、逻辑代数基础、门电路、组合逻辑电路、触发器、时序逻辑电路、半导体存储器、可编程逻辑器件、脉冲信号的产生与整形和数模与模数转换器。本书弱化了芯片内部电路的讲解，加强了芯片和数字电路在实际中应用的内容；增加了一定量的 Multisim 仿真实例，引入了 Verilog HDL 硬件描述语言；在一些章节的最后加入了与数字电子技术相关的人文知识，使读者从多角度理解和掌握数字电子技术。另外，本书配有免费电子课件和电子教案，读者可扫描封面二维码获取。

本书可作为高等学校电气信息类、电子信息类及自动化类专业数字电子技术基础课程的教材，也可供相关工程技术人员和电子爱好者参考。

图书在版编目（CIP）数据

数字电子技术基础/高观望主编．—2 版．—北京：中国电力出版社，2019.2（2020.1 重印）
"十三五"普通高等教育本科规划教材
ISBN 978 - 7 - 5198 - 2951 - 3

Ⅰ.①数…　Ⅱ.①高…　Ⅲ.①数字电路—电子技术—高等学校—教材　Ⅳ.①TN79

中国版本图书馆 CIP 数据核字（2019）第 024824 号

出版发行：中国电力出版社
地　　址：北京市东城区北京站西街 19 号（邮政编码 100005）
网　　址：http://www.cepp.sgcc.com.cn
责任编辑：罗晓莉（010-63412547）
责任校对：黄　蓓　闫秀英
装帧设计：赵姗姗
责任印制：钱兴根

印　　刷：三河市航远印刷有限公司
版　　次：2015 年 2 月第一版　2019 年 2 月第二版
印　　次：2020 年 1 月北京第 5 次印刷
开　　本：787 毫米×1092 毫米　16 开本
印　　张：16.75
字　　数：408 千字
定　　价：45.00 元

电类基础课教材编写小组

组　长　王培峰

成　员　马献果　王冀超　吕文哲　曲国明
　　　　朱玉冉　任文霞　刘红伟　刘　佳
　　　　刘　磊　安兵菊　许　海　孙玉杰
　　　　李翠英　宋利军　张凤凌　张　帆
　　　　张会莉　张成怀　张　敏　岳永哲
　　　　孟　尚　周芬萍　赵玲玲　段辉娟
　　　　高观望　高　妙　焦　阳　蔡明伟
　　　　（以姓氏笔画为序）

序

　　电工、电子技术为计算机、电子、通信、电气、自动化、测控等众多应用技术的理论基础，同时涉及机械、材料、化工、环境工程、生物工程等众多相关学科。对于这样一个庞大的体系，不可能在学校将所有的知识都教给学生。以应用技术型本科学生为主体的大学教育，必须对学科体系进行必要的梳理。本系列教材就是试图搭建一个电类基础知识体系平台。

　　2013 年 1 月，教育部为加快发展现代职业教育，建设现代职业教育体系，部署了应用技术大学改革试点战略研究项目，成立了"应用技术大学（学院）联盟"，其目的是探索"产学研一体、教学做合一"的应用型人才培养模式，促进地方本科高校转型发展。河北科技大学作为河北省首批加入"应用技术大学（学院）联盟"的高校，对电类基础课进行了试点改革，并根据教育部高等学校教学指导委员会制定的"专业规划和基本要求、学科发展和人才培养目标"，编写了本套教材。本套教材特色如下：

　　（1）教材的编写以教育部高等学校教学指导委员会制定的"专业规划和基本要求"为依据，以培养服务于地方经济的应用型人才为目标，系统整合教学改革成果，使教材体系趋于完善，教材结构完整，内容准确，理论阐述严谨。

　　（2）教材的知识体系和内容结构具有较强的逻辑性，利于培养学生的科学思维能力；根据教学内容、学时、教学大纲的要求，优化知识结构，既加强理论基础，也强化实践内容；理论阐述、实验内容和习题的选取都紧密联系实际，培养学生分析问题和解决问题的能力。

　　（3）课程体系整体设计，各课程知识点合理划分，前后衔接，避免各课程内容之间交叉重复，使学生能够在规定的课时数内，掌握必要的知识和技术。

　　（4）以主教材为核心，配套学习指导、实验指导书、多媒体课件，提供全面的教学解决方案，实现多角度、多层面的人才培养模式。

　　本套教材由王培峰任编写小组组长，主要包括电路（上、下册，王培峰主编）、模拟电子技术基础（张凤凌主编）、数字电子技术基础（高观望主编）、电路与电子技术基础（马献果等编），电路学习指导书（上册，朱玉冉主编；下册，孟尚主编）、模拟电子技术学习指导书（张会莉主编）、数字电子技术课程学习辅导（任文霞主编）、电路与电子技术学习指导书（马献果等编）、电路实验教程（李翠英主编）、电子技术实验与课程设计（安兵菊主编）、电工与电子技术实验教程（刘红伟主编）等。

　　提高教学质量，深化教学改革，始终是高等学校的工作重点，需要所有关心高等教育事业人士的热心支持。为此谨向所有参与本系列教材建设的同仁致以衷心的感谢！

　　本套教材可能会存在一些不当之处，欢迎广大读者提出批评和建议，以促进教材的进一步完善。

电类基础课教材编写小组

2014 年 10 月

前　　言

自本书第一版出版以来，已四年有余，四年间数字电子技术又有了新的发展应用，电子产品的更新速度日益加快，因而对电子设计自动化提出了更高的要求，EDA 技术进一步普及。数字集成电路的复杂程度越来越高，规模也越来越大。在教育部电子信息科学与电气信息类基础课程教学指导分委员会制定的数字电子技术基础课程教学基本要求中，强调了本门课程的性质是电子技术方面入门性质的技术基础课，其任务在于使学生获得数字电子技术方面的基本知识、基本理论和基本技能，为深入学习数字电子技术及其在专业中的应用打下基础。因此，本门课程并没有发生根本性的改变。根据数字电子技术本身的发展状况和教学基本要求，结合广大老师和同学在使用第一版教材中提出的意见和建议，在保持第一版原有内容体系和风格的基础上，主要做了以下几方面的修改和补充：

（1）在第 1 章的数字电子技术概述中，删除了一个应用举例，内容更简洁。

（2）在第 2 章逻辑代数基础中，对最简与或式的几种特殊形式进行了专门强调，避免了学生学习该部分时的迷惑。在卡诺图化简内容中，对第一版表述不够严谨的地方进行了修改。

（3）在第 3 章门电路中，删除了部分过时的内容和习题。

（4）在第 8 章可编程逻辑器件中，考虑到 PAL 和 GAL 器件已很少应用，因此删除了该部分内容。

此外，对第一版书中的表述不严谨的地方进行了修改和补充。

在本次修订工作中，高观望负责第 1 章、第 7 章和第 8 章，并负责全书的统稿工作；李卿负责第 2 章；张敏负责第 3 章和第 4 章；任文霞负责第 5 章和第 6 章；吕文哲负责第 9 章和第 10 章。

本书第二版由河北科技大学张凤凌老师担任主审，她提出了许多宝贵的意见和建议。在修订本书过程中，还得到了王彦朋、曲国明、岳永哲、张会莉、高妙等老师的大力支持和帮助，在使用本书第一版的过程中，许多老师和同学提出了宝贵的改进意见和建议，在此一并表示衷心的感谢。

修订后的教材中若有疏漏甚至错误之处，恳请广大读者给予批评指正。

编　者

2018 年 12 月

第一版前言

科技改变生活，科学技术飞速发展的今天，人们的生活可谓日新月异。电子技术在科技发展中更是起着龙头作用。例如，在通信、消费电子、汽车、航空航天、医疗及工业控制等领域无一不体现着电子技术发展的辉煌。而数字电子技术的发展把人们带进了信息时代、数码时代。几年前的手机只能打电话和发短信，而现在的智能手机几乎无所不能。智能交通、智能家居更是让我们享受着数码科技带来的便利。计算机和互联网的普及，为人们学习、检索知识提供了良好的平台。

"数字电子技术基础"是电气类、电子信息类及自动化类各专业的基础课程，着重讲述基本元件、基本电路、基本分析方法和设计方法。全书共分 10 章。第 1 章为数字电子技术概述，介绍了数字电子技术在电子系统中的位置和作用，数制和码制也在本章讲解；第 2 章详细介绍了数字电子技术用到的主要数学工具——逻辑代数；第 3 章介绍的门电路是构成组合逻辑电路的基本单元，本章介绍的很多专业术语为能看懂集成电路手册打下基础；第 4 章介绍了组合逻辑电路的分析和设计及译码器、数据选择器等常用的组合逻辑电路；第 5 章为触发器，主要介绍触发器的结构和动作特点；第 6 章为时序逻辑电路，主要介绍同步时序逻辑电路的分析和设计、计数器和寄存器的电路结构和应用；第 7 章为半导体存储器，主要介绍半导体存储器的种类、用 ROM 实现组合逻辑函数和存储器容量的扩展；第 8 章为可编程逻辑器件，主要介绍 PLD 的分类，PAL、GAL、CPLD、FPGA 的电路结构特点，并介绍了 Verilog HDL 基础；第 9 章为脉冲信号的产生和整形，主要介绍了 555 定时器的电路结构和应用，以及施密特触发器、单稳态触发器和多谐振荡器的特点；第 10 章为数模和模数转换器，主要介绍各种 A/D 转换器和 D/A 转换器的结构和原理。

本书弱化了芯片内部电路的讲解，加强了芯片和数字电路在实际中应用的内容；增加了一定量的 Multisim 仿真实例，引入了 Verilog HDL 硬件描述语言；在一些章节的最后加入了和数字电子技术相关的人文知识，提高可读性，并使读者从多角度理解和掌握数字电子技术。本书的建议课堂教学学时为 64 学时，根据专业不同和学时需要，第 8 章可作为学生自学内容，其他章节内容也可做适当取舍。

高观望编写了第 7 章和第 8 章，并负责全书的组织和定稿工作。李卿编写了第 1 章和第 2 章，张敏编写了第 3 章和第 4 章，任文霞编写了第 5 章和第 6 章，吕文哲编写了第 9 章和第 10 章。

由河北科技大学张凤凌副教授担任本书主审，她提出了许多宝贵的改进意见和建议。在编写本书的过程中，还得到了王彦朋、王计花、曲国明、岳永哲、张会莉、高妙等老师的大力支持和帮助，在此一并表示衷心的感谢。

由于时间所限，不妥之处在所难免，恳请批评指正。

编　者
2014 年 10 月

目　　录

序
前言
第一版前言

1 数字电子技术概述

【引入】

当今的信息时代，人们的学习、生活、工作大量地利用互联网，可以在任何地点、任何时间通过使用通信设备获得所需的信息。那么我们是否知道互联网、家电内部电路是什么结构，信号又是什么形状，如何表示，电路如何计数，电路可传输几进制数，与十进制数之间又是什么关系？这些问题将在本章中找到答案。

1.1 数字技术与数字信号

1.1.1 数字技术的发展及应用

在信息时代的今天，无论生活还是工作，人们每天都需要获取大量的信息。信息获取离不开承载传输这些信息的设备，电视、广播、通信、互联网等都需要电路设备传输。而这些设备又无一不采用数字技术、数字电路、数字系统。因此数字电子技术是工业、农业、科研、医疗乃至每一个家庭不可缺少的一项技术。

1. 数字技术的发展

数字技术（Digital Technology）是一项与电子计算机相伴相生的技术，它借助一定的设备将各种信息，包括图、文、声、像等，转化为电子计算机能识别的二进制数字"0"和"1"后，再进行运算、加工、存储、传送、还原。由于在运算、存储等环节中要借助计算机对信息进行编码、压缩、解码等，因此也称为数码技术、计算机数字技术等。数字技术也称为数字控制技术。

数字技术的发展历程与模拟技术相同，经历了由电子管、半导体分立元器件到集成电路的过程。集成电路发展非常迅速，很快占据了主导地位，因此数字电路的主流形式是数字集成电路。从 20 世纪 60 年代开始，数字集成器件以双极型工艺制成小规模逻辑器件，随后发展到中规模。20 世纪 70 年代末 RCA 公司推出第一个 CMOS 微处理器，使得数字集成电路发生了质的飞跃。1988 年，采用集成工艺可在 $1cm^2$ 的硅片上集成 3500 万个元器件，集成电路进入了超大规模阶段。当前的制造工艺已经使得集成电路芯片内部的布线细微到纳米量级。随着芯片上元件和布线的缩小，芯片的功耗降低而速度提高，最新生产的微处理器时钟频率超过 3GHz（$3GHz=3\times10^9Hz$）。

数字技术的不断发展，也推动了计算机技术的发展，计算机将会更智能、更方便、更实用，并逐渐应用到很多具体的设备中，融入人们的生活环境中。这样的变革在我们的身边已经发生：以前的音乐信号都是模拟量，现在知道 MP3 存储的是数字量了；以前的视频都是模拟量，现在的 VCD、DVD 都是数字量了；以前一般都是看纸质图书，现在已经有电子图书了；以前的照片需要胶片，现在很多的照相机都是数字的；以前的冰箱、洗衣机、微波炉乃至一个小小的儿童玩具等家电都是模拟加机械的，现在控制电路都有微处理器，使得家电更加智能化、数字化。人们已经进入数字化生活时代，数字技术的发展给人们的生活也带来了质的飞跃。

　　2. 数字电子技术的基本应用

　　数字电路是数字系统中不可缺少的组成部分。在各种自动调节系统中都存在数字电路。图 1-1 为温度自控系统的组成框图，其组成部分分别为温度传感器、信号采集与处理、接口电路（A/D 与 D/A 转换）、运算电路、波形产生与整形电路、分频电路、顺序脉冲发生器、存储电路及信号的驱动与执行。

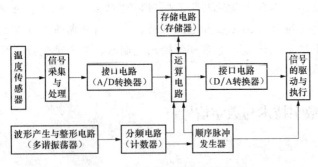

图 1-1　温度自控系统的组成框图

　　电路各部分功能分析如下：

　　（1）温度传感器。传感器是将各种非电量转换为电信号的元器件和设备，此处的温度传感器将温度转换成电信号。

　　（2）信号采集与处理。此电路对传感器输出的电信号进行处理，包括滤波、放大、运算、转换等。完成处理功能的电路一般为模拟电路。

　　（3）接口电路——A/D、D/A 转换器。

　　1）A/D 转换器——将模拟信号转换为数字信号的电路。传感器输出的信号为模拟信号，数字电路无法处理，所以需要将模拟信号转换为数字信号。

　　2）D/A 转换器——将数字信号转换为模拟信号的电路。大多数控制系统的执行机构输入为模拟信号，所以数字系统处理后的信号需要再转换为模拟信号，才能控制执行机构动作。A/D 转换器及 D/A 转换器将在本书的第 10 章中介绍。

　　（4）运算电路。运算电路可完成信号的算术运算和逻辑运算及比较分析等，这部分电路将在本书的第 2 章、第 4 章中介绍。

　　（5）存储电路（存储器）。自动控制系统需要对大量的数据进行存储，系统需要分析的数据越来越多，分析速度越来越快，这就要求存储器的容量要大，存取速度要快。这部分内容将在第 7 章介绍。需要存储的大量数据，每个数据都需要存入一个存储单元，为方便存取，每个存储单元都需要编写一个地址编码。对存储器中的数据进行访问时，需要通过地址译码器寻找到相应的地址单元，译码器、编码器将在第 4 章中介绍。

　　（6）波形的产生与整形电路（多谐振荡器）。在自动控制系统中，多数数字电路正常工作时，需要一个统一协调电路正常工作的电信号，称为时钟信号。此信号由多谐振荡器产生。此外有些信号的波形不符合电路的要求，可通过整形电路进行变换。这部分内容将在第 9 章中介绍。

　　（7）分频电路（计数器）。计数器用来对各种参数进行记录，将在本书第 6 章中介绍。

　　（8）顺序脉冲发生器。系统各组成部分电路，需要按照事前设计好的顺序协调工作，顺序脉冲发生器可产生协调各电路顺序工作的信号，这部分内容将在本书第 6 章中介绍。

　　（9）信号的驱动与执行。信号的驱动功能由功率放大器完成，经放大后的信号驱动执行机构按设计的要求动作，完成系统的控制功能。

实际中，任何自动控制系统都是模拟-数字混合系统，图 1-1 中的信号采集与处理部分、信号的驱动与执行部分一般为模拟电路，而其余部分都属于数字电路。本书将介绍数字电路的结构、工作原理、参数分析及设计方法等。

1.1.2 信号及电路

1. 数字信号与模拟信号

自然界中存在各种物理信号，尽管其性质各异，但按其变化规律，基本可以分为两类。一类是在时间和数值上都连续变化的物理信号，如正弦信号、余弦信号，温度、流量、压力、速度等转换成的电信号，称为模拟信号。这类信号时间和数值上均不能间断，否则为故障信号。另一类是在时间和数值上都是断续变化的物理信号，如人的脉搏跳动信号、开关动作信号、统计物体数量的信号等，信号中间状态是无意义的，称为数字信号。常见的数字信号的波形有方波、矩形波两种，如图 1-2 所示。

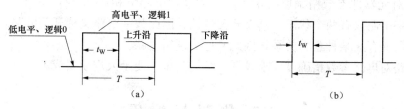

图 1-2 数字信号的波形

(a) 方波 ($t_W = T/2$)；(b) 矩形波 ($t_W \neq T/2$)

由数字信号的波形可知，数字信号的特点是突变、间断，信号从无到有或从低电平到高电平不需要时间，即上升沿时间和下降沿时间等于零。在电路中持续高电平的时间称为脉冲宽度，用 t_W 表示，高电平用 V_H 表示，低电平用 V_L 表示。计算机电路传输的信号，只有方波和矩形波两种。此类信号无论如何变化，只有两种状态，即高电平状态和低电平状态，可以将高电平用"1"表示，低电平用"0"表示。注意"0""1"只表示电路的状态，无数量的含义。

数字信号在传输时，是以高电平、低电平两种形式出现的。高、低电平持续的时间长短，取决于输入信号的频率及输入信号和输出信号之间的逻辑关系。输入信号与输出信号按一定逻辑关系随时间顺序依次变化形成的波形，称为波形图或时序图。时序图在数字电子技术中应用非常广泛，图 1-3 为非逻辑波形图。

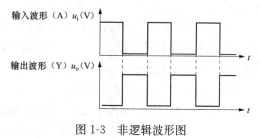

图 1-3 非逻辑波形图

数字电路中传输的信号都是数字信号，图 1-4 所示为 16 位数字信号的时序图。

数字信号又称为脉冲信号，实际应用中只要时间和数值都具有不连续、突变、间断特点的信号都为脉冲信号。数字信号的上升沿和下降沿都很陡峭，像人的脉搏一样变化，脉冲二字由此得来。

理想的数字信号上升时间和下降时间均为零。但在实际中上升、下降都需要一定的时间，因为信号传输需要时间。实际数字信号波形如图 1-5 所示。

图 1-4　16 位数字信号时序图　　　　　　图 1-5　实际数字信号波形

2. 数字电路与模拟电路

在模拟电路中，晶体管工作在放大状态；而在数字电路中，晶体管工作在饱和状态和截止状态。在设计电路时，数字电路与模拟电路对元器件参数的要求不同。模拟电路要求晶体管工作在放大状态且有合适的静态工作点；而设计数字电路时，要求在输入信号的作用下，晶体管工作在截止状态和饱和状态，并且要求可靠截止和饱和。

数字信号只有两个状态，传输数字信号的电路也只有两个状态，中间状态无意义，所以数字电路对元器件参数精确度要求不高，而模拟电路恰相反。

由于数字电路只有两个状态，具有开关特性，因此数字电路又称开关电路。数字电路输入、输出之间又存在某种逻辑关系，因此又称为逻辑电路。

数字电路对电路参数精确度要求较低，结构简单，便于大规模集成。

1.2　数　制　与　编　码

1.2.1　常用数制及数制之间的转换

数制是人们对数量计数的一种，是进位计数制的简称。无论是哪种进位计数制都包含 3 个基本要素：数码、基数和位权。

数码：组成各种数制的基本单元，是数制中表示数字的符号。

基数：某种数制中所用到的数字符号的个数。在基数为 N 的数制中，包含数码的个数为 0，1，2，3，…，$N-1$ 共 N 个数字符号，进位的规律是"逢 N 进一"、"借一当 N"，称为 N 进制。

位权：用来说明一组数码在不同数位上数码数值的大小，是一个以 N 为基数的固定常数。不同数位有不同位权，任何一组数码中，每位数码值的大小等于该位的数码乘以该位的位权值。N 进制数的位权是 N 的整数次幂。

N 进制数 D 有两种表示方法：

1）并列法，又称位置计数法，其表达式为
$$(D)_N = (K_{n-1}K_{n-2}\cdots K_1 K_0 . K_{-1} K_{-2}\cdots K_{-m})_N$$

2）多项式法，又称为位权展开法，其表达式为
$$(D)_N = K_{n-1} N^{n-1} + K_{n-2} N^{n-2} + \cdots + K_1 N^1 + K_0 N^0$$
$$+ K_{-1} N^{-1} + K_{-2} N^{-2} + \cdots + K_{-m} N^{-m}$$

即

$$(D)_N = \sum K_i N^i \tag{1-1}$$

式中，N 为计数制中的基数；n 为一组 N 进制数整数部分的位数；m 为小数部分的位数；K_i 为一组 N 进制数第 i 位的数码；N^i 为第 i 位的位权；i 为一组 N 进制数的位数。i 的取

值范围，整数部分 i 为从 $n-1$ 到 0 所有整数，小数部分 i 为从 -1 到 $-m$ 的所有整数。

1. 常用数制

常用的数制有十进制（D）、二进制（B）、八进制（O）、十六进制（H）。采用何种计数方法根据实际需要而定。在日常生活中人们习惯使用的是十进制。无论是何种数制，由电路完成计数时，必须转换为二进制，最后结果要显示还需要再转换为十进制。

（1）十进制（Decimal）。十进制数的基数 $N=10$，数码 K 从 $0\sim9$ 共 10 个数字，位权为 10 的整数次幂。一位十进制数有 $0\sim9$ 共 10 个数码，超过 9 就必须用多位数来表示，所以十进制数按"逢十进一"、"借一当十"的进位、借位规则进行计数和运算。在一组十进制数中，数码的位置不同，所表示的数值大小也不同，任意一个十进制数 D 都可用以下两种形式表示：

$$(D)_{10} = (K_{n-1}K_{n-2}\cdots K_1 K_0.K_{-1}K_{-2}\cdots K_{-m})_{10}$$
$$(D)_{10} = \sum K_i 10^i \tag{1-2}$$

式中，i 为十进制数 D 的位数；K_i 为第 i 位的数码，它可以是 $0\sim9$ 这 10 个数码中的任意一个；n 为整数部分的位数；m 为小数部分的位数。i 的取值与前面相同。

例 1-1 写出十进制数 398.656 的两种表示形式。

解 并列表示为 $(398.656)_{10}$ 或 $(398.656)_D$；

多项式表示为 $3\times10^2 + 9\times10^1 + 8\times10^0 + 6\times10^{-1} + 5\times10^{-2} + 6\times10^{-3}$。

3、9、8、6、5、6 为各位置的数码；10^2、10^1、10^0、10^{-1}、10^{-2}、10^{-3} 为各位的位权。

十进制数是人们使用最多也最熟悉的一种数制，但是使用电路来完成十进制时，需要电路有 10 个状态。10 个状态的电路很难设计，使用电路来完成十进制数的四则运算更加困难，所以在数字电路中引入了二进制。

（2）二进制（Binary）。二进制数的基数 $N=2$，数码 K 只有 0、1 两个，位权是 2 的整数次幂。

一位二进制数码只有 0、1 两个数字，超过 1 就必须用多位数码来表示。二进制的计数和运算规律是"逢二进一"、"借一当二"。在一组二进制数中数码的位置不同，所表示的值也不同。任意一组二进制数 D 也有两种表示形式：

$$(D)_2 = (K_{n-1}K_{n-2}\cdots K_1 K_0.K_{-1}K_{-2}\cdots K_{-m})_2$$
$$(D)_2 = \sum K_i 2^i \tag{1-3}$$

式（1-3）与式（1-2）只是基数不同，其他含义相同。

例 1-2 写出二进制数 110101.101 的两种表示形式。

解 并列表示为 $(110101.101)_2$ 或 $(110101.101)_B$；

多项式表示为 $1\times2^5 + 1\times2^4 + 0\times2^3 + 1\times2^2 + 0\times2^1 + 1\times2^0 + 1\times2^{-1} + 0\times2^{-2} + 1\times2^{-3}$。

二进制数的运算规则：

加法 $0+0=0$，$0+1=1$，$1+0=1$，$1+1=0$（向高位进位为 1）

减法 $0-0=0$，$1-0=1$，$1-1=0$，$0-1=1$（向高位借位为 1）

乘法 $0\times0=0$，$0\times1=0$，$1\times0=0$，$1\times1=1$

除法 $0\div1=0$，$1\div1=1$

二进制数的优点是无论多少位，每位只有两种不同数码，很容易用开关电路实现，只要元器件能有两个稳定状态，就可表示二进制数。例如，在模拟电子技术中学过的晶体管的截止与饱和、二极管的导通与截止、电路中的电压高与低、电流有与无、开关通与断等都可表示二进制数。二进制的存储传输及运算都很容易实现。缺点是位数多时，书写、记忆都不方便。

为克服二进制位数多的缺点，引入了八进制和十六进制。

（3）八进制（Octal）。八进制数的基数 $N=8$，数码 K 为 0～7 共 8 个数字，位权为 8 的整数次幂。一位八进制数 K 为 0～7 八个数字，超过 7 必须用多位数来表示。所以八进制数的计数规则是"逢八进一"、"借一当八"。在一组八进制数中，数码的位置不同，所表示的值也不同。八进制数 D 的表示方法如下：

$$(D)_8 = (K_{n-1}K_{n-2}\cdots K_1 K_0 . K_{-1} K_{-2}\cdots K_{-m})_8$$

$$(D)_8 = \sum_i K_i 8^i \tag{1-4}$$

例 1-3 写出八进制数 357.62 的两种表示形式。

解 并列表示为 $(357.62)_8$ 或 $(357.62)_O$；

多项式表示为 $3\times 8^2 + 5\times 8^1 + 7\times 8^0 + 6\times 8^{-1} + 2\times 8^{-2}$。

（4）十六进制（Hexadecimal）。十六进制比八进制更加方便。其基数 $N=16$，数码 K 为 0～9、A、B、C、D、E、F 共 16 个数字，位权为 16 的整数次幂。一位十六进制数 K 为 0～9、A～F 16 个数字，超过 15 必须用多位数来表示，所以十六进制数的计数规则是"逢十六进一"、"借一当十六"。在一组十六进制数中，数码的位置不同，所表示的值也不同。十六进制数 D 的表示方法如下：

$$(D)_{16} = (K_{n-1}K_{n-2}\cdots K_1 K_0 . K_{-1} K_{-2}\cdots K_{-m})_{16}$$

$$(D)_{16} = \sum_i K_i 16^i \tag{1-5}$$

例 1-4 写出十六进制数 9D8.43A 的两种表示形式。

解 并列表示为 $(9D8.43A)_{16}$ 或 $(9D8.43A)_H$；

多项式表示为 $9\times 16^2 + 13\times 16^1 + 8\times 16^0 + 4\times 16^{-1} + 3\times 16^{-2} + 10\times 16^{-3}$。

2. 不同数制之间的转换

（1）任意进制转为十进制。将任意进制转为十进制时，只需将任意进制数按多项式形式展开，再按十进制计算方法求和即可。例如：

$$(11010.111)_B = 1\times 2^4 + 1\times 2^3 + 0\times 2^2$$
$$+ 1\times 2^1 + 0\times 2^0 + 1\times 2^{-1} + 1\times 2^{-2} + 1\times 2^{-3} = (26.875)_{10}$$

$$(24.12)_O = 2\times 8^1 + 4\times 8^0 + 1\times 8^{-1} + 2\times 8^{-2} = (20.15625)_{10}$$

$$(2AD.C9)_H = 2\times 16^2 + 10\times 16^1 + 13\times 16^0 + 12\times 16^{-1} + 9\times 16^{-2} = (685.7851)_{10}$$

（2）十进制转为任意进制。将十进制数转为任意 R 进制数，需将十进制数整数部分和小数部分分别进行转换，然后将两部分结果相加即可。具体方法如下：

1）整数部分：采用十进制数的整数部分除以 R 取余法。具体步骤如下：

① 将给定的十进制数的整数部分除以 R，余数作为 R 进制数整数部分的最低位；

② 将前一步得到的商再除以 R，余数作为次低位；

③ 重复上述过程，记录余数，直到商为 0，最后得到的余数为最高位。

2）小数部分：采用十进制数的小数部分乘以 R 取整法。具体步骤如下：

① 将给定的十进制数的小数部分乘以 R，取出乘积的整数部分作为 R 进制小数部分的

最高位；

　② 将前一步乘积的小数部分继续乘以 R，乘积的整数部分作为 R 进制数小数部分的次高位；

　③ 重复上述步骤，直到最后乘积为 0 或达到一定精确度。

　例 1-5　将十进制数 $(93.3125)_{10}$ 转为二进制数（$R=2$）。

　解　① 整数部分为 $(93)_{10}$：

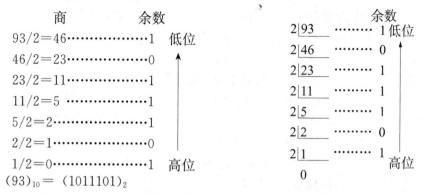

$(93)_{10}=(1011101)_2$

　② 小数部分为 $(0.3125)_{10}$

$$0.3125 \times 2 = 0.625 \cdots\cdots 0 \quad 高位$$
$$0.625 \times 2 = 1.25 \cdots\cdots 1$$
$$0.25 \times 2 = 0.5 \cdots\cdots 0$$
$$0.5 \times 2 = 1.0 \cdots\cdots 1 \quad 低位$$

$(0.3125)_{10}=(0.0101)_2$

所以 $(93.3125)_{10}=(1011101.0101)_2$。

　　将整数部分的结果和小数部分的结果相加，即得到十进制 $(93.3125)_{10}$ 对应的二进制数 $(1011101.0101)_2$。小数部分在转换时，乘 2 取整直到积为 0，但有时积不能为 0，这时达到要求的精确度即可。也就是说，有些十进制小数无法准确地用二进制进行表达，所以转换时符合一定的精确度即可。

　　在将十进制数转换为八进制数和十六进制数时，方法同上，只是基数不同。八进制基数 $R=8$，十六进制基数 $R=16$。

　　十进制数转为二进制数还有另一种方法，称为组合法。按照二进制数转为十进制数的逆顺序可将十进制数转为对应的二进制数。表 1-1 是二进制数与十进制数之间的对应关系。

表 1-1　　　　　　　　　　　　　**二进制数与十进制数之间的对应关系**

位数	10 位整数										3 位小数		
二进制数	1	1	1	1	1	1	1	1	1	1	1	1	1
权重	2^9	2^8	2^7	2^6	2^5	2^4	2^3	2^2	2^1	2^0	2^{-1}	2^{-2}	2^{-3}
十进制数	512	256	128	64	32	16	8	4	2	1	0.5	0.25	0.125

　　由表 1-1 中的对应关系可知：一位二进制数能表示的十进制数最大值就是 1，两位二进制

数可表示的十进制数最大值是 3。依此类推，n 位二进制数可表示的十进制数最大值为 2^n-1。

例 1-6 将十进制数 $(25)_{10}$ 转为二进制数。

解 由表 1-1 可知，5 位二进制数可表示的十进制数最大值为 31，31 大于 25，所以 5 位二进制数就可表示十进制数的 25，关键是这 5 位二进制数哪位该为 1，哪位该为 0。

由表 1-1 可知，第五位 1 对应十进制数为 16，第四位 1 对应十进制数为 8，$16+8=24$，再加最低位 1 即为十进制数的 25。所以 $(25)_{10}=(11001)_2$。

例 1-7 将十进制数 $(109.75)_{10}$ 转换为二进制数。

解 由表 1-1 可知 7 位二进制数可表示的十进制数最大值为 127，大于 109.75。整数部分第七位 1 对应十进制数 64，第六位 1 对应十进制数 32，$64+32=96$，第四位 1 对应十进制数 8，$96+8=104$，再加 5 即为 109，第三位 1 对应十进制数 4，最低位 1 对应十进制数 1，其余为 0。小数部分，最高位 1 对应十进制数 0.5，次位 1 对应十进制数 0.25，所以小数部分有两位 1，$0.5+0.25=0.75$。所以十进制数 $(109.75)_{10}=(1101101.11)_2$。

（3）二进制与八进制之间的转换。8 和 2 之间有一个固定的关系，即 $2^3=8$，3 位二进制从 000～111 有 8 组不同的排列组，一位八进制数 0～7 也是 8 个数码，所以可以用 3 位二进制数表示一位八进制数。并且，二进制与八进制之间的转换可按位进行。

1）二进制转八进制。具体方法：以小数点为界，整数部分由最低位向左至最高位，每 3 位二进制为一组进行分组；小数部分由最高位向右至最低位，每 3 位二进制为一组进行分组；整数部分的最高位和小数部分的最低位不足 3 位时用 0 补足，然后写出每组对应的八进制数。

例 1-8 将二进制数 $(11111101110.10001)_2$ 转换为八进制数。

解　二进制数为　<u>11</u>　<u>111</u>　<u>101</u>　<u>110</u>　.　<u>100</u>　<u>01</u>

　　　　八进制数为　3　　7　　5　　6　　.　4　　2

转换时，每三位二进制数对应一位八进制数，将每组三位二进制数中每位 1 对应的十进制数相加而得到对应的八进制数。所以 $(11111101110.10001)_2=(3756.42)_8$。

2）八进制转二进制。转换过程是二进制转八进制的逆过程，每一位八进制数用三位二进制表示，对应转换。

例 1-9 将八进制数 $(342.16)_8$ 转为二进制数。

解　八进制数为　3　　4　　2　.　1　　6

　　　　二进制数为　011　100　010　.　001　110

所以 $(342.16)_8=(11100010.00111)_2$。

转换为二进制数后最高位和最低位的 0 可舍去。

（4）二进制与十六进制之间的相互转换。由于 $16=2^4$，所以二进制与十六进制之间的转换和二进制与八进制之间的转换方法相同，所不同的是，每 4 位二进制数表示一位十六进制数，每一位十六进制数对应 4 位二进制数，一一对应转换。因为 4 位二进制数从 0000～1111 有 16 组不同的排列组，十六进制数从 0～9、A～F 有 16 个数码。

例 1-10 将二进制数 $(10110111110010.1011111)_2$ 转为十六进制数。

解　<u>10</u>　<u>1101</u>　<u>1111</u>　<u>0010</u>　.　<u>1011</u>　<u>111</u>

　　　　2　　D　　F　　2　.　B　　E

所以 $(10110111110010.1011111)_2=(2DF2.BE)_{16}$。

例 1-11 将十六进制数 $(4AE.98)_{16}$ 转为二进制数。

解

4	A	E	.	9	8
0100	1010	1110	.	1001	1000

所以 $(4AE.98)_{16} = (10010101110.10011)_2$。

（5）八进制转十六进制。8 与 16 之间没有固定的关系，八进制与十六进制不能直接转换，但是八进制、十六进制都与二进制有固定关系，所以借助二进制进行转换。将要转换的数先转为二进制数，然后再对应转换。

例 1-12 将十六进制数 $(CD5.67)_{16}$ 转为八进制数。

解 先将十六进制数转为二进制数，然后再将二进制数转为八进制数。

C	D	5	.	6	7	十六进制数
110 0	11 01	0 101	.	011	001 11	二进制数
6	3 2	5	.	3	1 6	八进制数

所以 $(CD5.67)_{16} = (6325.316)_8$。

常用数制之间对应关系见表 1-2。

1.2.2 编码

在计算机及所有的数字系统中，所要处理的信号很多，大体可分为数值类和非数值类两类。非数值类信号有文字、符号、图形、声音和图像或某种特定的功能和指令，它们都可以用多位二进制数码来表示，但此数码没有大小之分，只是表示不同含义。这种只表示不同信号而没有大小之分的二进制数码称为代码。用二进制数码表示的信息种类越多，二进制数码的位数就越多，n 位二进制数可表示 2^n 种不同的信息。为了便于记忆和方便使用，常按一定的规律编制代码，编制代码的过程称为编码，编码所用的电路称为编码器。将代码再译回原意的电路称为译码器，这两种电路将在后续章节介绍。

表 1-2 常用数制之间对应关系

十进制数	二进制数	八进制数	十六进制数
0	0000	0	0
1	0001	1	1
2	0010	2	2
3	0011	3	3
4	0100	4	4
5	0101	5	5
6	0110	6	6
7	0111	7	7
8	1000	10	8
9	1001	11	9
10	1010	12	A
11	1011	13	B
12	1100	14	C
13	1101	15	D
14	1110	16	E
15	1111	17	F

目前常用的有自然码、二-十进制码（BCD 码）、格雷码、奇偶校验码、美国信息交换标准代码（英文字头简称 ASCII 码）。这些编码又分有权码和无权码。自然码、BCD 码部分（包括 8421、5421、2421 及 5211 码）都是有权码；BCD 码中的余 3 码、余 3 循环码及格雷码、奇偶校验码、ASCII 码为无权码。

1. 自然码

自然码是按二进制数码的自然顺序排列的一种编码。以四位二进制数码为例，四位二进制数从 0000～1111 十六组不同组合，每一组对应一个十进制数，从 0～15 共 16 个十进制数。

2. BCD 码

BCD 码又称二-十进制编码，用 4 位二进制数码表示 0～9 共 10 个十进制数码的编码，从 0000～1111 共有 16 组代码。从 16 组代码中选出 10 组代码，用来表示 0～9 这 10 个数字或 10 种不同的信息。从 16 组代码中按一定规律选出 10 组代码的方案有很多种，表 1-3 中是几种常见的 BCD 码。

表 1-3   几种常见的 BCD 码

十进制数	8421	2421	5211	5421	余 3 码	余 3 循环码
0	0000	0000	0000	0000	0011	0010
1	0001	0001	0001	0001	0100	0110
2	0010	0010	0100	0010	0101	0111
3	0011	0011	0101	0011	0110	0101
4	0100	0100	0111	0100	0111	0100
5	0101	1011	1000	1000	1000	1100
6	0110	1100	1001	1001	1001	1101
7	0111	1101	1100	1010	1010	1111
8	1000	1110	1101	1011	1011	1110
9	1001	1111	1111	1100	1100	1010

8421BCD 码是一种最常见的 BCD 码，它的组成是从 4 位二进制数码（即自然码 0000～1111）中取前十组数码 0000～1001 构成的，剩余 6 组为无效码，每组代码中 1 表示的十进制数是固定不变的，所以称为有权码或恒权码。

有权码的十进制数与二进制数之间的关系，可用式（1-6）来表示。D 为十进制数，$W_3 \sim W_0$ 为有权码各位的系数，$b_3 \sim b_0$ 为有权码各位的权值，则

$$(D)_{10} = W_3 b_3 + W_2 b_2 + W_1 b_1 + W_0 b_0 \tag{1-6}$$

8421BCD 码的各位权值：$b_3=8$，$b_2=4$，$b_1=2$，$b_0=1$；
5421BCD 码的各位权值：$b_3=5$，$b_2=4$，$b_1=2$，$b_0=1$；
2421BCD 码的各位权值：$b_3=2$，$b_2=4$，$b_1=2$，$b_0=1$；
5211BCD 码的各位权值：$b_3=5$，$b_2=2$，$b_1=1$，$b_0=1$。

例 1-13 8421BCD 码 $(1001)_{8421}$ 中 4 位代码各位的系数分别为 $W_3=1$，$W_2=0$，$W_1=0$，$W_0=1$，求其对应的十进制数。

解 $(D) = \underline{1 \times b_3} + \underline{0 \times b_2} + \underline{0 \times b_1} + \underline{1 \times b_0}$
                8   +   0   +   0   +   1

所以 $(1001)_{8421} = (9)_{10}$。

BCD 码种类较多，不同的编码方式有不同的特点和用途。其中 2421BCD 码将任意一个十进制数 D 的代码取反，所得到的代码恰好是十进制数对 9 的补码。如 2 的代码为 0010，各位取反为 1101，1101 是 7 的代码，2 对 9 的补码为 7，这种特性称为彼此之间自补特性。具有此特性的代码称为自补码。

余 3 码也具有自补特性。它是无权码，它的每位码没有固定的权值，不能用式（1-6）表示编码与十进制数的关系。余 3 码由每组 8421 码（0000～1001）加 3（即 0011）而得到（对应 0011～1100）。每组余 3 码减对应的 8421 码都余 3，所以称为余 3 码。

余 3 循环码也是一种常见的无权码。它的特点是具有相邻性：任意相邻两组代码之间仅有一位取值不同，其余相同。余 3 循环码是由 4 位格雷码首尾各去掉 3 组状态而得到的。

3. 格雷码

格雷码又称为反射码和循环码，也是一种常见的无权码，4 位格雷码与自然码的比较见表 1-4。余 3 循环码是由它得到的，所以余 3 循环码具有格雷码所具有的特点，即代码之间的相邻特性。正因为如此，在模/数转换电路中常用此码，当电路从一种状态转变为另一种状态时，数码变化小，出错概率就小。如模拟量微小的变化引起数字量变化时，数量从 3 变到 4，格雷码从 0010 变到 0110。此时，4 位代码中 1 位变，3 位保持不变。如果是自然码，3 变到 4，代码从 0011 变到 0100，这时只有 1 位保持不变，3 位都需要变化，而这在转变过程中由于电路传输延迟时间的差别，有可能出现错误，而格雷码避免了错误码的出现。

表 1-4　4 位格雷码与自然码的比较

编码顺序	自然码	格雷码
0	0000	0000
1	0001	0001
2	0010	0011
3	0011	0010
4	0100	0110
5	0101	0111
6	0110	0101
7	0111	0100
8	1000	1100
9	1001	1101
10	1010	1111
11	1011	1110
12	1100	1010
13	1101	1011
14	1110	1001
15	1111	1000

4. 美国信息交换标准代码

美国信息交换标准代码（American Standard Code for Information Interchange，ASCII）是由美国国家标准化协会制定的一种信息代码，广泛应用于计算机和通信领域。ASCII 码常用于计算机的键盘编码，将键盘上的字符、指令、数字功能指定一个确定的编码，所以 ASCII 码也称为字符编码。ASCII 码由 7 位二进制数组成，共可表示 128 组不同的信息，见表 1-5。

表 1-5　ASCII 码

$b_3b_2b_1b_0$	$b_6b_5b_4$							
	000	001	010	011	100	101	110	111
0000	NUL	DLE	SP	0	@	P	`	p
0001	SOH	DC1	!	1	A	Q	a	q
0010	STX	DC2	"	2	B	R	b	r
0011	ETX	DC3	#	3	C	S	c	s
0100	EOT	DC4	$	4	D	T	d	t
0101	ENQ	NAK	%	5	E	U	e	u
0110	ACK	SYN	&	6	F	V	f	v
0111	BEL	ETB	'	7	G	W	g	w
1000	BS	CAN	(	8	H	X	h	x
1001	HT	EM	)	9	I	Y	i	y
1010	LF	SUB	*	:	J	Z	j	z
1011	VT	ESC	+	;	K	[	k	{
1100	FF	FS	,	<	L	\	l	|
1101	CR	GS	-	=	M	]	m	}
1110	SO	RS	.	>	N	^	n	~
1111	SI	US	/	?	O	—	o	DEL

1.3　二进制的算术运算和数码

1.3.1　二进制的算术运算

在数字系统中，二进制数码既可表示某种特定的含义，也可表示具体的数值大小。当两个二进制数码表示数量大小时，它们之间可以进行数值运算，这种运算称为算术运算。二进制算术运算规则与十进制相同，不同的是"逢二进一""借一当二"。

例 1-14　求两个四位二进制数 1010 和 0110 的加、减、乘、除运算。

解

```
    1 0 0 1              1 0 0 1
 +  0 1 0 1           -  0 1 0 1
  ─────────            ─────────
    1 1 1 0              0 1 0 0

    1 0 0 1                       1.1 1...
 ×  0 1 0 1             0 1 0 1 )1 0 0 1
  ─────────                      0 1 0 1
    1 0 0 1                      ───────
  0 0 0 0                        1 0 0 0
1 0 0 1                          0 1 0 1
0 0 0 0                          ───────
──────────                        0 1 1 0
0 1 0 1 1 0 1                      0 1 0 1
                                  ───────
                                   0 0 1 0
```

由以上四则运算可知，乘法是在进行数据左移后再做加法运算，除法是在进行数据右移后再做减法运算。在数字电路中，加法电路最易实现，如果能将减法转为加法运算，那么在电路中只要能实现"移位"和"相加"两种操作，就可完成四则运算，可使电路大大简化，既经济又提高了电路的可靠性。

减法运算转变为加法运算很容易，当要完成 A−B 时，可用 A＋（−B）来实现，但这样就出现了负号。数字电路只能识别 0 和 1，如何表示正负号呢？在计算机中，二进制数分为无符号数（默认为正数）和有符号数。有符号数由符号位和数值位两部分组成。符号位置于数值位的最高有效位（MSB）之前，用"0"表示正数，用"1"表示负数。将一个数的符号在计算机中的表示加以数字化，就称为机器数。机器数所代表的数称为数的真值。机器数有原码、反码和补码之分。

1.3.2　二进制的数码

1. 原码

带符号的二进制数原码，将"＋""−"符号用"0""1"表示，数值位不变。

例 1-15　求二进制数 ±100101 的原码。

解　（＋100101）$_2$ 的原码为 **0** 100101。

　　　　　　　　符号位

　　　　（−100101）$_2$ 的原码为 **1** 100101。

　　　　　　　　符号位

采用原码表示带符号的二进制数简单易懂，但是实现加减运算不方便，尤其是减法运算时，要找出两数中绝对值大的数做被减数，最后差的符号取决于绝对值大的数。即完成这个运算，需要比较电路、减法电路，实现的逻辑电路结构很复杂。

2. 反码

二进制正数的反码和原码相同；负数求反码时，符号位用 1 表示，数值位各位取反即可得到。

例 1-16 求二进制数（±100101）$_2$ 的反码。

解 （+100101）$_2$ 的反码为 **0** 100101。

（-100101）$_2$ 的反码为 **1** 011010。

采用反码进行加减运算时，减法可用加法来完成，并且符号不用单独处理，运算时符号位一样参加运算。反码比原码运算方便，但是用反码运算时，数值 0 在反码系统中有 +0 和 -0 之分，这给运算电路的设计带来麻烦。

3. 补码

二进制正数的补码与原码相同；负数求补码时，符号位用 1 表示，数值位由各位取反后末位加 1 得到。

例 1-17 求二进制数（±1100110）$_2$ 的补码。

解 （+1100110）$_2$ 的补码为 **0** 1100110。

（-1100110）$_2$ 的反码为 **1** 0011001。

$$\begin{array}{r} 10011001 \\ +\quad\quad 1 \\ \hline 10011010 \end{array}$$

（-1100110）$_2$ 的补码为 10011010。

采用补码进行加减运算时，减法可用加法来完成。

运算时符号位和数值位一样参加运算，产生进位时，将进位舍去后就是运算结果。采用补码进行加减运算最方便，电路最易实现。

二进制数码既可表示数值大小，也可表示某种特定的含义，当二进制数 0、1 不表示数量只是两种不同的状态时，所进行的运算称为逻辑运算，逻辑运算将在第 2 章中进行讲解。

本 章 小 结

本章内容作为本书对数字信号、数字电路基础知识的概述，介绍了数字信号的特点及表示方法，数字信号与模拟信号及数字电路与模拟电路的区别，数字电路的特点，数字电路在实际中的应用；以实例方式介绍了数字系统的基本组成模块及各模块的功能，实例中多数模块能在本书不同章节找到相应介绍。

模拟信号具有连续性，实际中难以存储、分析、传输，而数字信号和数字电路较易克服这些困难。

二进制数码是数字电路的语言，但由于电路只有两个状态，当二进制数的位数较多时，给传输、书写、表示都带来了困难，所以引入了八进制、十六进制。八进制、十六进制是二进制的简写，可缩短二进制数的位数；十进制是人类所习惯的数字语言，所以各种数制之间的转换是本章的重点。

二进制数码不仅可以表示数值大小，还可以表示文字、符号、指令等信息。用一定位数的二进制数表示特定含义的数码称为代码。常见的代码有 8421 码、2421 码、5421 码、余 3

码、余 3 循环码、格雷码等。不同代码有不同的特点，也有不同的用途。此外，完全可以根据自己的需要自行编制专用代码。

　　二进制运算是数字电路采用的基本运算，本章较详细地介绍了二进制数运算时符号位在数字电路中的表示方法，原码、反码、补码的概念，以及采用补码进行带符号二进制数运算的优点。

　　本章的重点是：各种数制之间的转换，BCD 码与十进制数之间的转换，二进制数补码的表示方法。

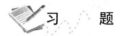

习　　题

　　1.1　一个系统要对 720 个信息编码，如果采用二进制数码最少需要几位？如用八进制或十六进制数码最少各需几位？

　　1.2　二进制数字信息波形如图 1-6 所示，该图所表示的二进制数是多少？对应的十进制数又是多少？

图 1-6　习题 1.2 图

　　1.3　将下列二进制整数转换为等值十进制数。

　　(1) $(010111)_2$；(2) $(1001101)_2$；(3) $(1111111)_2$；(4) $(1101100)_2$。

　　1.4　将下列二进制小数转换为等值十进制数。

　　(1) $(0.1111)_2$；(2) $(0.1001)_2$；(3) $(0.11111)_2$；(4) $(0.11011)_2$。

　　1.5　将下列十进制数转换为等值的二进制数、八进制数、十六进制数（小数保留 3 位有效数字）。

　　(1) $(69)_{10}$；(2) $(25.5)_{10}$；(3) $(48)_{10}$；(4) $(36.8)_{10}$。

　　1.6　将下列 8421 码转换为等值十进制数、二进制数、余 3 码。

　　(1) $(10010111)_{8421}$；(2) $(10000011)_{8421}$；(3) $(01110110)_{8421}$；(4) $(01010100)_{8421}$。

　　1.7　将下列十六进制数转换为等值的八进制数、二进制数、2421 码。

　　(1) $(9A.B)_{16}$；(2) $(C8.F)_{16}$；(3) $(D7.E2)_{16}$；(4) $(F6.51)_{16}$。

　　1.8　写出 3 位、5 位格雷码的顺序编码。

　　1.9　写出下列二进制数的原码、反码、补码。

　　(1) $(-1010110)_2$；(2) $(+1010011)_2$；(3) $(-1101110)_2$；(4) $(+1011011)_2$。

　　1.10　写出下列补码对应的十进制数。

　　(1) $(1010110)_补$；(2) $(01010011)_补$；(3) $(1101110)_补$；(4) $(01011011)_补$。

　　1.11　试用 8 位二进制补码计算下列各式，用十进制数表示计算结果。

　　(1) $(12-9)_{10}$；(2) $(18+19)_{10}$；(3) $(17-12)_{10}$；(4) $(76+25)_{10}$。

拓展阅读

二进制的发明者——德国哲学家、数学家莱布尼茨

　　戈特弗里德·威廉·莱布尼茨（Gottfried Wilhelm Leibniz），德国哲学家、数学家，与

牛顿一起被认为是微积分的奠基者。莱布尼茨在数学史和哲学史上都占有重要地位。在数学上，他和牛顿先后独立发明了微积分。有人认为，莱布尼茨最大的贡献不是发明微积分，而是发明了微积分中使用的数学符号，因为牛顿使用的符号被普遍认为比莱布尼茨的差。现在沿用的微积分符号就是莱布尼茨发明的。

莱布尼茨（1646—1716）

　　莱布尼茨曾在汉诺威生活和工作了近 40 年，并且在汉诺威去世，为了纪念他和他的学术成就，2006 年 7 月 1 日，也就是莱布尼茨 360 周年诞辰之际，汉诺威大学正式改名为汉诺威莱布尼茨大学。

　　莱布尼茨还对二进制的发展做出了巨大贡献。他在 1679 年发明了二进制，并断言"二进制乃是具有世界普遍性的、最完美的逻辑语言"。今天在德国图林根著名的郭塔王宫图书馆内仍保存一份莱布尼茨的手稿，标题写着"1 与 0，一切数字的神奇渊源。"二进制的发明为以后的计算机问世打下了数学基础。

　　莱布尼茨是最早接触中华文化的欧洲人之一，他曾经从一些在中国居住过的传教士那里接触到中国文化。法国汉学大师若阿基姆·布韦（Joachim Bouvet，汉名白晋，1662—1732）向莱布尼茨介绍了《周易》和八卦系统。

　　中国有广为流传的观点认为现代计算机的二进制来自于中国《周易》中的阴阳八卦系统，但有学者已证明这只是一个传说。郭书春在《古代世界数学泰斗刘徽》一书 461 页指出："中国有所谓《周易》创造了二进制的说法，至于莱布尼茨受《周易》八卦的影响创造二进制并用于计算机的神话，更是广为流传。事实上，莱布尼茨先发明了二进制，后来才看到传教士带回的宋代学者重新编排的《周易》八卦，并发现八卦可以用他的二进制来解释。"因此，并不是莱布尼茨看到阴阳八卦才发明了二进制。梁宗巨著《数学历史典故》一书 14～18 页对这一历史公案有更加详尽的考察。

2　逻　辑　代　数　基　础

【引入】

　　代数都不陌生，但逻辑代数是否了解？逻辑代数如何表示，如何描述，如何解决工作、生活中的实际问题，如交通信号灯控制电路、计数电路、显示电路、自动购物电路等，这些电路是如何使用逻辑代数完成设计，要用到哪些数学工具？这些问题将在本章详细介绍。

2.1　逻　辑　代　数　概　述

　　逻辑代数又称为布尔代数，它是由英国数学家乔治·布尔 19 世纪提出的。逻辑代数的主要内容是用数学的方法描述客观事物的逻辑关系。这一理论首先应用于开关电路，后来又应用于数字电路、逻辑电路的分析与设计，所以逻辑代数又称为开关代数。逻辑代数是分析、设计、描述逻辑电路及数字系统的主要数学工具。

　　本章重点介绍逻辑代数的基本公式、运算规则、描述方法等。逻辑代数和普通代数有很多相似之处。首先，变量、函数都用字母表示；其次，用运算符号将变量连在一起，形成代数式，并用代数式描述客观事物之间的关系。所不同的是逻辑代数的变量取值只有 0 或 1 两种可能，而 0、1 只是一件事物的两种不同状态。如用 0、1 分别表示一件事物的是与非、真与伪、好与坏、有与无等，没有数量大小的含义。另外逻辑变量有原变量、反变量之分，这一点与普通代数不同。逻辑代数的运算规则与普通代数类似。逻辑代数的公式无论多复杂，运算结果只有 0 或 1 两种可能，所以逻辑代数又称为二值逻辑。

　　所谓"逻辑"，是指事物之间的因果关系。按指定的某种因果关系进行的推理运算，称为逻辑运算。逻辑运算中最基本的运算有三种，分别为与（AND）、或（OR）、非（NOT）。

2.2　逻辑代数的三种基本运算

2.2.1　三种基本运算的解释

　　为了更好地理解三种基本运算的含义，首先以三种简单的照明电路为例说明与、或、非逻辑，如图 2-1 所示。

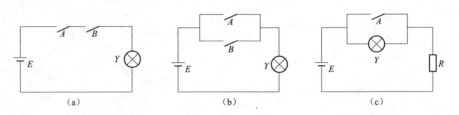

(a)	(b)	(c)

图 2-1　说明三种基本逻辑的电路

三个电路中，开关（A、B）和灯（Y）之间存在一定的因果关系，如果开关作为条件（或是导致事物结果的原因），灯作为结果，这样图 2-1 中三个电路分别表示三种不同的因果关系，即逻辑关系。设灯亮表示有结果，开关闭合表示具备条件（或满足条件）。

图 2-1（a）电路说明，只有决定事物结果的全部条件同时具备时，结果才会发生。也就是说，电路中 A、B 开关都闭合，灯才会亮。此电路开关与灯之间的因果关系为与逻辑关系。与逻辑的条件可有若干，但是结果只有两种可能性。实际中能说明与逻辑的例子有很多，如密码锁中的密码与锁之间是与逻辑关系，密码可有多位，但结果只有两种可能性。

图 2-1（b）电路说明在决定事物结果的诸多条件中，只要有一个具备时，结果就会发生。也就是说，电路中 A、B 开关只要有一个闭合，灯就会亮。此电路开关与灯之间的因果关系为或逻辑关系。或逻辑的条件也可有若干，但是结果只有两种可能性。实际中能说明或逻辑的例子也有很多。

图 2-1（c）电路说明条件具备时，结果不会发生；条件不具备时，结果才会发生。也就是说，电路中 A 开关闭合，灯就不会亮；A 开关断开，灯就会亮。此电路开关与灯之间的因果关系为非逻辑关系。

2.2.2 三种基本逻辑的描述

1. 逻辑真值表

如果将图 2-1 电路中以 A、B 表示开关的状态，Y 表示指示灯的状态，并用 1 表示开关闭合、灯亮，用 0 表示开关断开、灯不亮，这样即可列出用 0、1 表示的"与""或""非"三种基本逻辑关系图表，见表 2-1～表 2-3。这种表示所有开关不同状态与灯之间的一一对应关系的图表，称为逻辑状态表或逻辑真值表，简称真值表。

表 2-1	与逻辑真值表	
A	B	Y
0	0	0
0	1	0
1	0	0
1	1	1

表 2-2	或逻辑真值表	
A	B	Y
0	0	0
0	1	1
1	0	1
1	1	1

表 2-3	非逻辑真值表
A	Y
0	1
1	0

真值表的左边是所有变量的全部取值组合，右边是每组变量取值下对应的结果，即逻辑函数。因为是二值函数，每个变量只有两种取值，所以两个变量有 4 组不同的取值，如果有 n 个变量，变量取值组合就有 2^n 个。

2. 表达式

真值表中 A、B 为变量，Y 为函数，Y 与 A、B 之间的运算关系式称为逻辑表达式或逻辑函数式。

表 2-1 中 Y 与 A、B 之间的运算关系可用乘法来表示，即

$$Y = A \cdot B \tag{2-1}$$

"·"表示与逻辑运算。为了简化书写，$A \cdot B$ 可简写成 AB，略去逻辑"与"的运算符号"·"。

运算规则：$0 \cdot 0 = 0$，$0 \cdot 1 = 0$，$1 \cdot 0 = 0$，$1 \cdot 1 = 1$。与普通代数的乘法运算规则相同，所以"与"运算又称逻辑乘运算。

表 2-2 中 Y 与 A、B 之间的运算关系可用加法来表示，即

$$Y = A + B \tag{2-2}$$

"＋"表示或逻辑运算。

运算规则：$0+0=0$，$0+1=1$，$1+0=1$，$1+1=1$。与普通代数的加法运算规则相似，所以"或"逻辑运算又称逻辑加法。

表 2-3 中 Y 与 A 之间的运算关系为非逻辑关系，非逻辑关系的表达式为

$$Y = A' \tag{2-3}$$

"'"表示非逻辑运算。

运算规则：$0'=1$，$1'=0$。

本书采用"'"表示非运算，也可采用"$\bar{A}$"或用"$\sim A$"表示 A 的非运算。用"'"表示非运算比在变量上加横线作为非运算符号更方便计算机输入，并且 EDA 软件中都是使用"'"作为非运算符号。

能完成三种基本逻辑运算的电路称为门电路。完成与逻辑运算的电路称为与门；完成或逻辑运算的电路称为或门；完成非逻辑运算的电路称为非门，非门也称为反相器。

3. 逻辑符号

逻辑运算还可以用图形符号表示。工程中，数字电路的电气原理图多数是由各种逻辑图形符号构成的。图 2-2 中给出了被 IEEE（电气与电子工程师协会）和 IEC（国际电工协会）认定的两套与、或、非的图形符号。本书采用的图形符号是图 2-2（a）中的符号。此图形符号是目前在国外教材和 EDA 软件中普遍使用的特定外形符号。

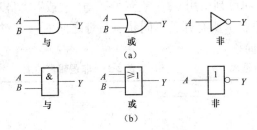

图 2-2　与、或、非图形符号
（a）特定外形符号；（b）矩形轮廓符号

4. 复合逻辑运算

实际中的逻辑问题比与、或、非复杂得多，但是无论多复杂都可用与、或、非组合完成。常用的复合逻辑有与非（NAND）、或非（NOR）、与或非（AND-NOR）、异或（EXCLUSIVE OR）、同或（EXCLUSIVE NOR）等。

与非逻辑：由"与"和"非"组合而成，将与运算结果进行非运算，得到与非的运算结果。

或非逻辑：由"或"和"非"组合而成，将或运算结果进行非运算，得到或非的运算结果。

与或非逻辑：由"与""或""非"三种基本逻辑组合而成，将与运算结果进行或运算，然后再进行非运算，得到与或非的运算结果。

异或逻辑定义：当输入变量 A、B 取值不同时，输出 Y 为 1，否则为 0。

同或逻辑定义：当输入变量 A、B 取值相同时，输出 Y 为 1，否则为 0。

表 2-4～表 2-8 为五种常用复合逻辑的真值表。

表 2-4	与非逻辑真值表	
A	B	Y
0	0	1
0	1	1
1	0	1
1	1	0

表 2-5	或非逻辑真值表	
A	B	Y
0	0	1
0	1	0
1	0	0
1	1	0

表 2-6		与或非逻辑真值表		
A	B	C	D	Y
0	0	0	0	1
0	0	0	1	1
0	0	1	0	1
0	0	1	1	0
0	1	0	0	1
0	1	0	1	1
0	1	1	0	1
0	1	1	1	1
1	0	0	0	1
1	0	0	1	1
1	0	1	0	1
1	0	1	1	1
1	1	0	0	0
1	1	0	1	0
1	1	1	0	0
1	1	1	1	0

表 2-7		异或逻辑真值表
A	B	Y
0	0	0
0	1	1
1	0	1
1	1	0

表 2-8		同或逻辑真值表
A	B	Y
0	0	1
0	1	0
1	0	0
1	1	1

式（2-4）～式（2-8）为五种复合逻辑的表达式：

与非逻辑表达式：

$$Y = (AB)' \tag{2-4}$$

或非逻辑表达式：

$$Y = (A+B)' \tag{2-5}$$

与或非逻辑表达式：

$$Y = (AB+CD)' \tag{2-6}$$

异或逻辑表达式：

$$Y = AB' + A'B = A \oplus B = (A \odot B)' \tag{2-7}$$

同或逻辑表达式：

$$Y = A'B' + AB = A \odot B = (A \oplus B)' \tag{2-8}$$

图 2-3 是五种复合逻辑的两套图形符号，分别是特定外形符号和矩形轮廓符号。

2.2.3 正、负逻辑的概念

在用真值表描述逻辑运算时，真值表中的"1"表示电路有信号、高电平，"0"表示电路无信号、低电平，这种约定的逻辑关系表示方法，称为正逻辑体制。反之，若"1"表示低电平，"0"表示高电平，则称为负逻辑体制。

需要指出的是，这里的正、负逻辑是指"1"（或"0"）表示的电路中高、低电平不同，不能理解为对地的正负电位。

正确理解和掌握正、负逻辑之间的关系，会使今后的逻辑设计更灵活。本书采用正逻辑体制。

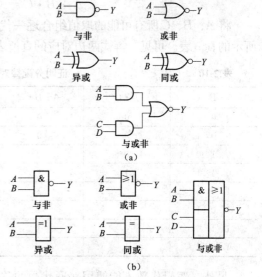

图 2-3 复合逻辑的两套图形符号

(a) 特定外形符号；(b) 矩形轮廓符号

2.3 逻辑代数的基本公式及定理

逻辑代数和普通代数一样，是一个完整的代数体系，都是基于一些基本的假设而推导出来的一系列用于运算的定理、定律、公式。这些定理、定律、公式在形式上与普通代数很一致，但是含义却有本质的不同，逻辑代数主要应用于函数的化简、分析和设计。

2.3.1 逻辑代数的基本公式

表 2-9 给出了逻辑代数的基本公式，这些公式也称为布尔恒等式。

表 2-9 逻辑代数的基本公式

序号	基本定律	基本公式	基本公式的对偶式
1	自等律	$A+0=A$	$A \cdot 1=A$
2	0-1 律	$1+A=1$	$0 \cdot A=0$
3	互补律	$A+A'=1$	$A \cdot A'=0$
4	重叠律	$A+A=A$	$A \cdot A=A$
5	交换律	$A+B=B+A$	$A \cdot B=B \cdot A$
6	结合律	$(A+B)+C=A+(B+C)$	$(A \cdot B) \cdot C=A \cdot (B \cdot C)$
7	分配律	$A \cdot (B+C)=A \cdot B+A \cdot C$	$A+B \cdot C=(A+B) \cdot (A+C)$
8	德·摩根定理	$(A \cdot B)'=A'+B'$	$(A+B)'=A' \cdot B'$
9	重非律	$(A')'=A$	

表 2-9 中公式的正确性可用真值表来证明。一个逻辑函数表达式的形式可以有多种，但是真值表是唯一的。

例 2-1 用真值表证明分配律的对偶式成立。

解 已知表 2-9 中分配律的对偶式为

$$A+B \cdot C=(A+B) \cdot (A+C)$$

将 A、B、C 所有可能的取值组合逐一代入上式的两边，算出相应的结果，即得到表 2-10 所示的真值表。可见，等式两边对应的真值表相同，故等式成立。

表 2-10 证明分配律对偶式成立的真值表

$A\ B\ C$	$B \cdot C$	$A+B \cdot C$	$A+B$	$A+C$	$(A+B) \cdot (A+C)$
0 0 0	0	0	0	0	0
0 0 1	0	0	0	1	0
0 1 0	0	0	1	0	0
0 1 1	1	1	1	1	1
1 0 0	0	1	1	1	1
1 0 1	0	1	1	1	1
1 1 0	0	1	1	1	1
1 1 1	1	1	1	1	1

另外，逻辑代数不能使用普通代数的移项规则，如 $AB+A=A$，不能写成 $AB=A-A$。由于重叠律的成立，逻辑代数表达式中没有指数和系数。表 2-9 中的德·摩根 (De. Morgan) 定理也称为反演律，在逻辑函数的化简和变换中经常要用到这一对公式。

在进行逻辑运算时，运算的先后顺序遵循先括号，然后依次进行非、与、或等运算。一组变量的非运算，要先运算后非。

表 2-9 中只是逻辑代数的基本公式，利用逻辑代数的基本公式还可以推导出其他常用公式，见表 2-11。

2.3.2 常用公式

直接运用表 2-11 中列出的常用公式，可以给逻辑函数的化简工作带来很大方便。表 2-12 是常用公式的证明及说明。

表 2-11　　　　　　　　　　　常 用 公 式

序号	公式	序号	公式
1	$A+AB=A$	4	$A(A+B)=A$
2	$A+A'B=A+B$	5	$AB+A'C+BC=AB+A'C$ $AB+A'C+BCD=AB+A'C$
3	$AB+AB'=A$	6	$A(AB)'=AB'$；$A'(AB)'=A'$

表 2-12　　　　　　　　　　常用公式的证明及说明

序号	证明等式成立	说明
1	$A+AB=A\cdot(1+B)=A\cdot1=A$	在两个乘积项相加时，若其中一项以另一项为因子，则该项是多余的，可以消去
2	$A+A'B=(A+A')\cdot(A+B)$ $=1\cdot(A+B)=A+B$	两个乘积项相加时，若一项取反后是另一项的因子，则此因子是多余的，可以消去
3	$AB+AB'=A(B+B')=A\cdot1=A$	当两个乘积项相加时，若它们分别包含 B 和 B' 两个因子，而其他因子相同，则两项定能合并，且可将 B 和 B' 两个因子消去
4	$A(A+B)=A\cdot A+A\cdot B=A+AB$ $=A\cdot(1+B)=A\cdot1=A$	变量 A 和包含 A 的和项相乘时，其结果等于 A，即可以将和项消掉
5	$AB+A'C+BC=AB+A'C+BC(A+A')$ $=AB+A'C+ABC+A'BC$ $=AB(1+C)+A'C(1+B)$ $=AB+A'C$	若两个乘积项中分别包含 A 和 A' 两个因子，而这两个乘积项的其余因子组成第三个乘积项，则第三个乘积项是多余的，可以消去
6	$A(AB)'=A(A'+B')$ $=AA'+AB'=AB'$ $A'(AB)'=A'(A'+B')=A'A'+A'B'$ $=A'(1+B')=A'$	若 A 和一个乘积项的非相乘，且 A 为乘积项的因子，则乘积项中 A 这个因子可消去。 若 A' 和一个乘积项的非相乘，且 A 为乘积项的因子时，其结果就等于 A'

除以上常用公式外，利用基本公式还能推导出更多的常用公式。

2.3.3 基本定理

1. 代入定理

在任何一个包含变量 A 的逻辑等式中，若以另外一个逻辑式代入式中所有 A 的位置，则等式仍然成立，这就是所谓的代入定理。这一定理与普通代数相似。代入定理可以看做无需证明的公理。

利用代入定理，可很容易把表 2-9 中的基本公式和表 2-11 中的常用公式推广为多变量的形式。

例 2-2 用代入定理证明德·摩根定理也适用于多变量的情况。

解 已知二变量的德·摩根定理为

$$(A+B)' = A' \cdot B' \quad \text{（基本公式）}$$
$$(A \cdot B)' = A' + B' \quad \text{（基本公式的对偶式）}$$

将 $(B+C)$ 代入基本公式中 B 的位置，同时以 $(B \cdot C)$ 代入基本公式的对偶式中 B 的位置，于是得到

$$(A+(B+C))' = A' \cdot (B+C)' = A' \cdot B' \cdot C' \quad \text{（基本公式）}$$
$$(A \cdot (B \cdot C))' = A' + (B \cdot C)' = A' + B' + C' \quad \text{（基本公式的对偶式）}$$

对一个乘积项或逻辑式求反时，应在乘积项或逻辑式外边加括号，然后对括号内的整个内容求反。

此外，在对复杂的逻辑式进行运算时，仍需遵守与普通代数一样的运算优先顺序，即先算括号里的内容，其次算乘法，最后算加法。

2. 反演定理

对于任意一个逻辑式 Y，若将其中所有的"·"换成"＋"，"＋"换成"·"，0 换成 1，1 换成 0，原变量换成反变量，反变量换成原变量，则得到的结果就是 Y'，这个规律称为反演定理。

反演定理为求取已知逻辑式的反逻辑式提供了方便，反逻辑式也称反函数。在使用反演定理时，还需注意遵守以下两个规则：

① 仍需遵守"先括号，然后乘，最后加"的运算优先次序。

② 不属于单个变量上的非号应保留不变。

基本公式中的德·摩根定理是反演定理的一个特例。

例 2-3 已知 $Y = A'(B+C)+CD$，求 Y'。

解 根据反演定理可写出

$$Y' = (A+B'C')(C'+D') = AC' + B'C' + AD' + B'C'D' = AC' + B'C' + AD'$$

如果利用基本公式和常用公式进行运算，也能得到同样的结果，但是要麻烦得多。

例 2-4 若 $Y = ((AB'+C)'+D)'+C$，求 Y'。

解 依据反演定理可直接写出

$$Y' = (((A'+B)C')'D')'C'$$

3. 对偶定理

对于任何一个逻辑式 Y，若将逻辑式中的"·"换成"＋"，"＋"换成"·"，0 换成 1，1 换成 0，则得到一个新的逻辑式 Y^D，这个 Y^D 就称为 Y 的对偶式，或者说 Y 和 Y^D 互为对偶式。

若两逻辑式相等，则它们的对偶式也相等，这就是对偶定理。例如：

若 $Y = A(B+C)$，则 $Y^D = A+BC$；

若 $Y = (AB+CD)'$，则 $Y^D = ((A+B)(C+D))'$；

若 $Y = AB+(C+D)'$，则 $Y^D = (A+B)(CD)'$。

在证明两个逻辑式相等时，也可以通过证明它们的对偶式相等来完成，因为有些情况下，证明它们的对偶式相等更加容易。

例 2-5 试证明表 2-9 中分配律的对偶式成立，即

$$A+BC = (A+B)(A+C)$$

解 首先写出等式两边的对偶式，左边为 $A(B+C)$，右边为 $AB+AC$。根据乘法分配律可知，这两个对偶式是相等的，即

$$A(B+C) = AB + AC$$

对偶定理的出现，使得逻辑函数的基本公式增加了很多，为逻辑函数的化简提供了方便。

2.4 逻辑函数及其描述方法

2.4.1 逻辑函数

从前面讲过的各种逻辑关系中可以看到，如果以逻辑变量作为输入，以运算结果作为输出，那么当输入的取值确定之后，输出的取值便随之确定。因此，输出与输入之间是一种函数关系。这种函数关系称为逻辑函数，写作

$$Y = F(A,B,C,\cdots)$$

由于输入变量和输出函数的取值只有 0 和 1 两种状态，所以我们所讨论的都是二值逻辑函数。

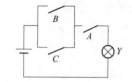

实际中，任何一件具体的因果关系都可以用逻辑函数来描述。例如，图 2-4 所示是一个举重裁判电路，可以用一个逻辑函数描述它的逻辑功能。

比赛规则规定，在一名主裁判和两名副裁判中，必须有两人以上（而且必须包括主裁判）认定运动员的动作合格，试举才算成功。比赛时主裁判掌握着开关 A，两名副裁判分别掌握着开关 B

图 2-4 举重裁判电路

和 C。当运动员举起杠铃时，裁判认为动作合格了就合上开关，否则不合。显然，指示灯 Y 的状态（亮与暗）是开关 A、B、C 状态（合上或断开）的函数。

若以 1 表示开关闭合，0 表示开关断开，以 1 表示灯亮，以 0 表示灯暗，则指示灯 Y 是开关 A、B、C 的二值逻辑函数，即

$$Y = F(A,B,C)$$

2.4.2 逻辑函数的描述方法

逻辑函数的描述方法有真值表、逻辑函数式（简称逻辑式或函数式）、逻辑图、时序波形图、卡诺图等。它们在设计和分析逻辑电路时非常重要。这一节只介绍前面四种方法，用卡诺图表示逻辑函数的方法将在 2.5.3 节中介绍。

1. 真值表

根据输入、输出之间的逻辑关系，将输入变量所有的取值与对应的输出值列成表格，即可得到真值表。

在图 2-4 所示的举重裁判电路中，由电路的工作原理不难看出，只有 $A=1$，同时 B、C 至少有一个为 1 时，Y 才等于 1，于是可列出图 2-4 所示电路的真值表，见表 2-13。

表 2-13 图 2-4 所示电路的真值表

输入			输出
A	B	C	Y
0	0	0	0
0	0	1	0
0	1	0	0
0	1	1	0
1	0	0	0
1	0	1	1
1	1	0	1
1	1	1	1

真值表的特点：直观明了，便于把实际问题转换为数学问题。真值表是分析设计逻辑函数不可缺少的工具。但是，如果有 n 个变量，就有 2^n 个不同的取值组合，会给书写带来不便。

2. 逻辑函数式

将输入与输出之间的逻辑关系写成与、或、非等运算的组合式，就得到了所需的逻辑函数式。

在图 2-4 所示的电路中，根据对电路功能的要求和与、或的逻辑定义，B 和 C 之间为"或"关系，可以表示为 $(B+C)$，B 和 C 与 A 的关系为"与"关系，则应写作 $A(B+C)$，因此得到输出的逻辑函数式为

$$Y = A(B+C) \tag{2-9}$$

实际中的逻辑问题都很复杂，由实际逻辑问题直接写出逻辑式比较困难，通常借助真值表写函数式更方便。

3. 逻辑图

将逻辑函数式中各变量之间的与、或、非逻辑关系用图形符号表示，就可以画出表示函数关系的逻辑图。

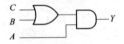

图 2-5　式 (2-9)
的逻辑图

只要用逻辑图形符号代替式（2-9）中的代数运算符号，便可得到图 2-4 中所示电路的逻辑图，如图 2-5 所示。

逻辑图更接近实际工程的电气原理图，是分析和制作电路的依据。

4. 时序波形图

在第 1 章中就介绍过数字信号的时序波形图。数字信号在电路中传输时，是以高、低电平出现的，高电平、低电平持续的时间长短取决输入信号的频率及输入信号与输出信号之间的逻辑关系。输入信号与输出信号按一定逻辑关系，随时间顺序依次变化形成的图形称为时序波形图，如图 2-6 所示。

在逻辑分析仪和一些计算机仿真工具中，经常以这种波形图的形式给出分析结果。此外，也可以通过实验观察这些波形图，以检验实际逻辑电路的功能是否正确。

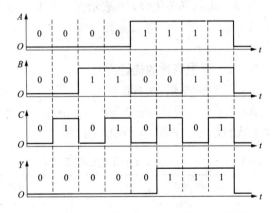

图 2-6　图 2-4 所示电路逻辑功能的波形图

5. 卡诺图

卡诺图是一种用图形描述逻辑函数的方法，它是由包含 n 个变量的逻辑函数的所有取值组合的小方格构成的平面图。使用卡诺图化简 5 个变量以下的逻辑函数十分方便。本书将在 2.5.3 节重点介绍。

2.4.3　逻辑函数各种描述方法之间的相互转换

逻辑函数的五种描述方法各有特点，分别适用于不同场合。但对同一逻辑问题而言，逻辑函数的五种描述方法只是同一问题用不同形式表述而已。

既然同一个逻辑函数可以用多种不同的形式描述，那么这几种不同的形式之间必能相互转换。

1. 真值表与逻辑函数式之间的相互转换

(1) 首先讨论从真值表得到逻辑函数式的方法。为了便于理解转换的原理，先来讨论下面一个具体的例子。

例 2-6 已知某函数的真值表见表 2-14，试写出它的逻辑函数式。

解 由真值表可见，只有当 A、B、C 三个输入变量中两个同时为 1 时，Y 才为 1。因此，在输入变量的取值为以下三种情况之一时，Y 将等于 1：

$$A = 0, B = 1, C = 1$$
$$A = 1, B = 0, C = 1$$
$$A = 1, B = 1, C = 0$$

表 2-14　　例 2-6 的真值表

	A	B	C	Y
	0	0	0	0
	0	0	1	0
	0	1	0	0
$A'BC \Leftarrow$	0	1	1	1
	1	0	0	0
$AB'C \Leftarrow$	1	0	1	1
$ABC' \Leftarrow$	1	1	0	1
	1	1	1	0

而当 $A=0$、$B=1$、$C=1$ 时，必然使乘积项 $A'BC=1$；当 $A=1$、$B=0$、$C=1$ 时，必然使乘积项 $AB'C=1$；当 $A=1$、$B=1$、$C=0$ 时，必然使乘积项 $ABC'=1$。因此，Y 的逻辑函数式应当等于这三个乘积项之和，即

$$Y = A'BC + AB'C + ABC'$$

通过例 2-6，可以总结出由真值表写出逻辑函数式的一般方法：

① 找出真值表中使逻辑函数 $Y=1$ 的那些输入变量取值的组合。

② 每组输入变量取值的组合对应一个乘积项，其中取值为 1 的写原变量，取值为 0 的写反变量。

③ 将这些乘积项相加，即得 Y 的逻辑函数式。

(2) 由逻辑式列出真值表时，一般先按自然二进制码的顺序，列出函数所含所有变量取值组合，然后再确定函数值。

例 2-7 已知逻辑函数 $Y = B + AB' + AB'C'$，求它对应的真值表。

解 方法一：

将 A、B、C 三个变量的 8（$2^3 = 8$）组不同取值，逐一代入 Y 的表达式中计算，并将每组计算结果列表，即得表 2-15 所示的真值表。

表 2-15　　例 2-7 的真值表

A	B	C	Y
0	0	0	0
0	0	1	0
0	1	0	1
0	1	1	1
1	0	0	1
1	0	1	1
1	1	0	1
1	1	1	1

方法二：

先将三个变量的 8（$2^3 = 8$）组不同取值列表，函数 Y 的值根据函数式填入。Y 表达式是根据真值表写出来的，是将真值表中 $Y=1$ 的那些输入变量取值组合组成乘积项，然后将这些乘积项相加而得到的。因此根据函数式填真值表时，只要保证函数式中出现的与项为 1 即可。

根据表达式可知

$$B = 1, Y = 1;$$
$$A = 1, B = 0, Y = 1;$$
$$A = 1, B = 0, C = 0, Y = 1$$

对不满足函数式 $Y=1$ 的变量取值组合，对应的 $Y=0$。

2. 逻辑函数式与逻辑图之间的相互转换

（1）将给定的逻辑函数式转换为相应的逻辑图时，只要用逻辑图形符号代替逻辑函数式中的逻辑运算符号，并按运算优先顺序将它们连接起来，就可以得到所求的逻辑图。

由逻辑式画逻辑图时先从最后一级运算符号画起。

例 2-8 已知逻辑函数为 $Y=(AB')'+A'(B+C)'+(C\oplus D)$，画出其对应的逻辑图。

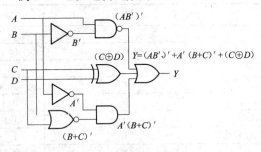

解 将式中所有的与、或、非运算符号用图形符号代替，并依据运算优先顺序将这些图形符号连接起来，就得到了图 2-7 所示的逻辑图。由逻辑式可知最后一级运算是或运算，它有三个输入，分别是与非、与、异或。

图 2-7 例 2-8 的逻辑图

（2）将给定的逻辑图转换为对应的逻辑函数式时，只要从逻辑图的输入端到输出端逐级写出每个图形符号的输出逻辑式，就可以在输出端得到所求的逻辑函数式。

例 2-9 已知函数的逻辑图如图 2-8 所示，试求它的逻辑函数式。

解 从输入端 A、B 开始逐个写出每个图形符号输出端的逻辑式，得到

$$Y=((A+B)'+(A'+B')')'$$

将该式变换后得到

$$Y=((A+B)'+(A'+B')')'$$
$$=(A+B)(A'+B')$$
$$=AB'+A'B=A\oplus B$$

可见，Y 和 A、B 间是异或逻辑关系。

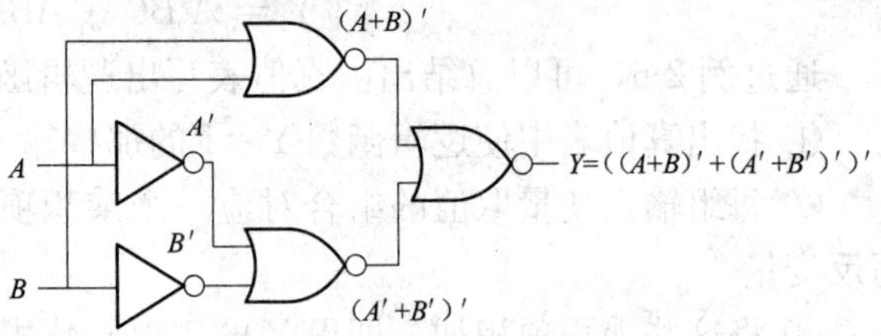

图 2-8 例 2-9 的逻辑图

3. 时序波形图与逻辑函数表达式之间的相互转换

从已知的逻辑函数时序波形图求对应的逻辑函数表达式时，首先需要从波形图上找出函数值为 1（即输出高电平）的每个时间段对应的输入变量组合：输入波形为高电平写原变量，为低电平写反变量。然后将这些由输入波形写出的原变量或反变量组成乘积项。最后将这些乘积项相加，得到 Y 的表达式。

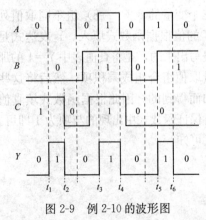

图 2-9 例 2-10 的波形图

在将表达式转换为时序波形图时，需要根据输入时序波形及表达式中所有输入变量之间的运算关系，画出输出变量以时间为自变量的波形，即为所求的时序波形图。

例 2-10 已知逻辑函数 Y 的波形图如图 2-9 所示，试求该逻辑函数的表达式。

解 从 Y 的波形图上可以看出，在 $t_1\sim t_2$ 时间段里 $Y=1$，输入变量 $A=1$、$B=0$、$C=1$，A、B、C 组成的乘积项为 $AB'C$。在 $t_3\sim t_4$ 时间段里 $Y=1$，输入变量 $A=1$、$B=1$、$C=1$，A、B、C 组成的乘积项为 ABC。在 $t_5\sim t_6$ 时间段里 $Y=1$，输入变量 $A=1$、$B=1$、$C=0$，A、B、C 组成的乘积项为 ABC'。将三个时间段写

出的乘积项相加，得到 Y 的表达式，即

$$Y = AB'C + ABC + ABC' = AC + AB = A(B + C)$$

由表达式可知图 2-9 所示的波形图是图 2-4 电路的波形图。

2.4.4　逻辑函数的两种标准形式

在讲述逻辑函数的标准形式之前，先介绍一下最小项和最大项的概念，然后再介绍逻辑函数的"最小项之和"及"最大项之积"这两种标准形式。

1. 最小项和最大项

（1）最小项。在 n 变量逻辑函数中，若 m 为包含 n 个因子的乘积项，而且这 n 个变量均以原变量或反变量的形式在 m 中出现一次，则称 m 为该组变量的最小项。

例如，A、B、C 三个变量的最小项有 $A'B'C'$、$A'B'C$、$A'BC'$、$A'BC$、$AB'C'$、$AB'C$、ABC'、ABC 共 8（即 2^3）个。n 变量的最小项应有 2^n 个。

为了记忆、书写、叙述方便，将使最小项值为 1 的变量取值组合看作一个二进制数，这个二进制数对应的十进制数为该最小项的编号。

例如，在三变量 A、B、C 的最小项中，当 $A=1$，$B=0$，$C=1$ 时，$AB'C=1$。把 $AB'C$ 的取值 101 看作一个二进制数，那么它所表示的十进制数就是 5。为了使用的方便，将 $AB'C$ 这个最小项记作 m_5。按照这一约定，就得到了三变量最小项的编号表，见表 2-16。

同样道理，如若逻辑函数是 A、B、C、D 4 个变量，最小项有 16 个，分别记作 $m_0 \sim m_{15}$。

从最小项的定义出发可以证明最小项具有如下重要性质：

1）输入变量的任何取值必有一个最小项，而且仅有一个最小项的值为 1。

2）全体最小项之和为 1。

3）任意两个最小项的乘积为 0。

表 2-16　　　　三变量最小项的编号表

最小项	使最小项为 1 的变量取值			对应的十进制数	编号
	A	B	C		
$A'B'C'$	0	0	0	0	m_0
$A'B'C$	0	0	1	1	m_1
$A'BC'$	0	1	0	2	m_2
$A'BC$	0	1	1	3	m_3
$AB'C'$	1	0	0	4	m_4
$AB'C$	1	0	1	5	m_5
ABC'	1	1	0	6	m_6
ABC	1	1	1	7	m_7

4）具有相邻性的两个最小项之和，可以合并成一项并消去一对因子。

若两个最小项只有一个因子不同，则称这两个最小项具有相邻性。例如，$A'BC'$ 和 ABC' 两个最小项仅第一个因子不同，所以它们具有相邻性。这两个最小项相加时定能合并成一项并将一对不同的因子消去，即

$$A'BC' + ABC' = (A' + A)BC' = BC'$$

（2）最大项。在 n 变量逻辑函数中，若 M 为 n 个变量之和，而且这 n 个变量均以原变量或反变量的形式在 M 中出现一次，则称 M 为该组变量的最大项。

例如，三变量 A、B、C 的最大项有 $(A'+B'+C')$、$(A'+B'+C)$、$(A'+B+C')$、$(A'+B+C)$、$(A+B'+C')$、$(A+B'+C)$、$(A+B+C')$、$(A+B+C)$ 共 8（即 2^3）个。对于 n 个变量则有 2^n 个最大项。可见，n 变量的最大项数目和 n 变量最小项数目是相等的。

同样，为了使用方便，将使最大项值为 0 的变量取值组合看作一个二进制数，这个二进制数对应的十进制数为该最大项的编号。

例如，在三变量 A、B、C 的最大项中，当 $A=1$，$B=0$，$C=1$ 时，$(A'+B+C')=0$。将使最大项为 0 的 ABC 取值视为一个二进制数，并以其对应的十进制数给最大项编号，则 $(A'+B+C')$ 可记作 M_5。由此得到的三变量最大项编号表，见表 2-17。

根据最大项的定义同样也可以得到它的主要性质：

1）在输入变量的任何取值下必有一个最大项，而且只有一个最大项的值为 0。

2）全体最大项之积为 0。

3）任意两个最大项之和为 1。

4）有一个变量不同的两个最大项的乘积等于各相同变量之和。

如果将表 2-16 和表 2-17 加以对比，则可发现最大项和最小项之间存在如下关系：

表 2-17   三变量最大项的编号表

最大项	使最大项为 0 的变量取值			对应的十进制数	编号
	A	B	C		
$A+B+C$	0	0	0	0	M_0
$A+B+C'$	0	0	1	1	M_1
$A+B'+C$	0	1	0	2	M_2
$A+B'+C'$	0	1	1	3	M_3
$A'+B+C$	1	0	0	4	M_4
$A'+B+C'$	1	0	1	5	M_5
$A'+B'+C$	1	1	0	6	M_6
$A'+B'+C'$	1	1	1	7	M_7

$$M_i = m_i' \tag{2-10}$$

例如，$m_0 = A'B'C'$，则 $m_0' = (A'B'C')' = A+B+C = M_0$。

2. 逻辑函数的最小项之和形式

当一个逻辑函数有 n 个变量，其表达式为乘积项之和的形式，且每个乘积项均是最小项时，此表达式称为最小项之和表达式或标准与或式。任何一个给定的逻辑函数式都可化为若干乘积项之和的形式，然后再利用基本公式 $A+A'=1$ 将每个乘积项中缺少的因子补全，这样就可以将与或的形式化为最小项之和的标准形式。这种标准形式在逻辑函数的化简、用中规模集成电路设计逻辑函数及计算机辅助分析和设计中得到了广泛的应用。

例如，给定逻辑函数式为

$$Y = ABC' + BC$$

标准与或式（或最小项之和表达式）为

$$Y = ABC' + (A+A')BC = ABC' + ABC + A'BC = m_3 + m_6 + m_7$$

或写作

$$Y(A,B,C) = \sum m(3,6,7)$$

例 2-11 将逻辑函数 $Y = (A \oplus B)C'D + A'CD + (A+C)'$ 化为最小项之和的形式。

解 先将表达式转化为与或形式，即

$$Y = (A'B + AB')C'D + A'CD + A'C'$$

然后再利用基本公式 $A+A'=1$ 将每个乘积项中缺少的因子补全，这样就可以将与或的形式化为最小项之和的标准形式，即

$$Y = A'B\,C'D + AB'C'D + A'(B'+B)CD + A'(B'+B)C'$$

$$= A'B\,C'D + AB'C'D + A'B'CD + A'BCD + A'B'C' + A'BC'$$

$$= A'BC'D + AB'C'D + A'B'CD + A'BCD + A'B'C'(D'+D) + A'BC'(D'+D)$$

$$= \underline{A'BC'D} + \underline{AB'C'D} + \underline{A'B'CD} + \underline{A'BCD} + \underline{A'B'C'D'} + \underline{A'B'C'D} + \underline{A'BC'D'}$$

$$\quad\ m_5 \qquad\ m_9 \qquad\ m_3 \qquad\ m_7 \qquad\ m_0 \qquad\ m_1 \qquad\ m_4$$

Y 可写作

$$Y = m_0 + m_1 + m_3 + m_4 + m_5 + m_7 + m_9$$

或写作

$$Y(A,B,C,D) = \sum m(0,1,3,4,5,7,9)$$

例 2-12 将逻辑函数 $Y = AB'C'D + A'CD + AC$ 展开为最小项之和的形式。

解 $Y = AB'C'D + A'(B+B')CD + A(B+B')C$

$= AB'C'D + A'BCD + A'B'CD + ABC(D+D') + AB'C(D+D')$

$= AB'C'D + A'BCD + A'B'CD + ABCD + ABCD' + AB'CD + AB'CD'$

或写作

$$Y(A,B,C,D) = \sum m(3,7,9,10,11,14,15)$$

3. 逻辑函数的最大项之积形式

利用逻辑代数的基本公式和定理，能把任何一个逻辑函数式化成若干多项式相乘的或与形式（也称"和之积"形式）。然后利用基本公式 $AA' = 0$，将每个多项式中缺少的变量补齐，就可以将函数式的或与形式化成最大项之积的形式了，又称为标准或与式。

例 2-13 将逻辑函数 $Y = A'B + AC$ 化为最大项之积的形式。

解 首先可以利用基本公式 $A + BC = (A+B)(A+C)$ 将 Y 化成或与形式

$$Y = A'B + AC = (A'B+A)(A'B+C) = (A+B)(A'+C)(B+C)$$

然后在第一个括号内加入一项 CC'，在第二个括号内加入 BB'，在第三个括号内加入 AA'，于是得到

$$Y = (A+B+CC')(A'+BB'+C)(AA'+B+C)$$

$$= \underbrace{(A+B+C)}_{M_0} \quad \underbrace{(A+B+C')}_{M_1} \quad \underbrace{(A'+B+C)}_{M_4} \quad \underbrace{(A'+B'+C)}_{M_6}$$

或写作

$$Y(A,B,C,D) = \prod M(0,1,4,6)$$

4. 标准与或式和标准或与式之间的转换

同一逻辑函数，即可用标准与或形式表示，也可用标准或与形式表示，最大项和最小项之间存在互补关系，即 $M_i = m_i'$，在其标准或与式中出现的最大项编号，不会出现在其标准与或式中，而不在其标准或与式中出现的最大项编号，一定出现在其标准与或式中。所以一个逻辑函数如果已知所包含的最大项，定能找出所包含的那些最小项。

例 2-14 求逻辑函数 $Y(A, B, C) = A' + B + C$ 最小项之和的形式。

解 根据最大项的定义可知 $(A'+B+C)$ 是 Y 的一个最大项，编号为 M_4，即

$$Y(A,B,C) = A' + B + C = M_4$$

所以最大项中不包含的那些项即为逻辑函数的最小项，即

$$Y(A,B,C) = \sum m(0,1,2,3,5,6,7)$$

例 2-15 求逻辑函数 $Y(A, B, C) = A'BC + AC$ 最大项之积的形式。

解 根据函数式可知，求最小项更加方便，所以先求 Y 的最小项之和的形式，即

$$Y(A, B, C) = A'BC + AC = A'BC + A(B+B')C = A'BC + ABC + AB'C = m_3 + m_5 + m_7$$

$$Y(A,B,C) = \sum m(3, 5, 7) = \prod M(0,1,2,4,6)$$

2.5 逻辑函数的化简

在进行逻辑运算时常常会看到，同一个逻辑函数可以写成不同的逻辑式，而这些逻辑式的繁简程度又相差甚远。逻辑式越是简单，它所表示的逻辑关系越明显，同时也越有利于用最少的电子器件实现这个逻辑函数。因此，经常需要通过化简的手段找出逻辑函数的最简形式。

2.5.1 逻辑函数式的最简形式

同一逻辑函数可以采用不同的逻辑函数式来表示，不同逻辑式对应的逻辑电路也不同，使用的器件种类和数量也不一样。因此，设计逻辑函数时，逻辑函数化简是不可缺少的，它可以简化逻辑电路、节省器件、降低成本、提高系统的可靠性，对工程设计具有重要意义。

例如，有两个逻辑函数：

$$Y = ABC + BC' + AC \tag{2-11}$$
$$Y = AC + BC' \tag{2-12}$$

将它们的真值表（见表 2-18 和表 2-19）分别列出后即可发现，它们是同一个逻辑函数。显然，式（2-12）比式（2-11）简单得多，式（2-12）是该逻辑函数的最简与或式。

表 2-18	式 (2-11) 真值表			表 2-19	式 (2-12) 真值表		
A	B	C	Y	A	B	C	Y
0	0	0	0	0	0	0	0
0	0	1	0	0	0	1	0
0	1	0	1	0	1	0	1
0	1	1	0	0	1	1	0
1	0	0	0	1	0	0	0
1	0	1	1	1	0	1	1
1	1	0	1	1	1	0	1
1	1	1	1	1	1	1	1

逻辑函数式的最简形式有很多种，常用的有五种：与或逻辑式、与非-与非逻辑式、与或非逻辑式、或非-或非逻辑式、或与逻辑式。五种表达式利用基本公式可以相互转换。

在进行工程设计时，为了使用灵活方便，提高可靠性，同一电路中尽量使用同一类型的芯片，这就遇到逻辑函数式相互转换的问题。此外，在用电子器件组成实际的逻辑电路时，需要根据选用的不同逻辑功能的器件，将逻辑函数式变换成相应的形式。

1. 与或逻辑式

与或逻辑式最常见。用门电路实现 $Y = AC + BC'$ 函数需要两个具有与运算功能的与门电路、一个具有或运算功能的或门电路、一个具有非运算功能的非门电路。

2. 与非-与非逻辑式

如果受到器件供货的限制或为了电路芯片的统一，只能全部用与非门实现时，就需要将与或式变换成全部由与非运算组成的与非-与非形式。以式（2-12）为例，可用德·摩根定理将其变换为

$$Y = ((AC + BC')')' = ((AC)'(BC')')' \tag{2-13}$$

3. 与或非逻辑式

如果要求用具有与或非功能的门电路实现式（2-12）的逻辑函数，则需要将式（2-12）化为与或非形式的运算式。根据逻辑代数的基本公式 $A + A' = 1$ 和代入定理可知，任何一个逻辑

函数 Y 都遵守公式 $Y+Y'=1$。又因为全部最小项之和恒等于 1，所以不包含在 Y 中的那些最小项之和就是 Y'。将这些最小项之和再求反，就能得到与或非形式表示的 Y。

例 2-16 将逻辑函数 $Y=AC+BC'$ 化为与或非形式。

解 首先将 Y 展开为最小项之和的形式，得到

$$Y = AC(B+B') + BC'(A+A') = ABC + AB'C + ABC' + A'BC'$$

或写作

$$Y(A,B,C) = \sum m(2,5,6,7)$$

将不包含在 Y 式中的最小项相加，即得

$$Y'(A,B,C) = \sum m(0,1,3,4)$$

将上式求反，就得到了 Y 的与或非式，即

$$Y = (Y')' = (m_0 + m_1 + m_3 + m_4)'$$
$$= (A'B'C' + A'B'C + A'BC + AB'C')' = (B'C' + A'C)' \qquad (2\text{-}14)$$

4. 或非-或非逻辑式

如果要求全部用或非门电路实现逻辑函数，则应将逻辑函数式化成全部由或非运算组成的形式，即或非-或非形式。这时可以先将逻辑函数式化为与或非的形式，然后再利用反演定理将其中的每个乘积项化为或非形式。例如，已经得到了式（2-14）的与或非式，使用德·摩根定理将它变换为或非-或非形式，即

$$Y = (B'C' + A'C)' = ((B+C)' + (A+C')')' \qquad (2\text{-}15)$$

5. 或与逻辑式

如果要求用具有或与功能的门电路实现式（2-12）的逻辑函数，则需要将式（2-12）化为或与形式的运算式。将式（2-15）再用德·摩根定理得到或与式，即

$$Y = (B+C)(A+C') \qquad (2\text{-}16)$$

以上五种表达式都是最简形式，表达式形式不同，最简的定义不同。例如，与或式最简的标准是：

① 表达式包含的与项个数最少；

② 每个与项包含的变量最少。

或与式最简的标准是：

① 表达式包含的或项个数最少；

② 每个或项包含的变量最少。

化简逻辑函数的目的就是要消去多余的乘积项和每个乘积项中多余的因子，以得到逻辑函数式的最简形式。常用的化简方法有公式化简法（代数化简法）、卡诺图化简法（图形化简法）以及适用于编制计算机辅助分析程序的 Q-M 法等。本节重点介绍前两种方法。

逻辑函数的下列形式也属于最简与或式。

$$Y = 0$$
$$Y = 1$$
$$Y = A$$
$$Y = A'$$
$$Y = A + B$$

2.5.2　公式化简法

公式化简法的原理就是反复使用逻辑代数的基本公式和常用公式，消去函数式中多余的乘积项和多余的因子，以求得函数式的最简形式。

公式化简法没有固定的步骤。现将经常使用的方法归纳如下。

1. 并项法

利用常用公式 $AB+AB'=A$，可以将两项合并为一项，并消去 B 和 B' 这一对因子。且由代入定理可知，A 和 B 均可以是任何复杂的逻辑式。

例 2-17　试用并项法化简下列逻辑函数：

$$Y_1 = A(B'C)' + A B'C$$
$$Y_2 = AB' + AC + A'B' + A'C$$

解　$Y_1 = A((B'C)' + B'C) = A$

$Y_2 = A(B'+C) + A'(B'+C) = B'+C$

2. 吸收法

利用常用公式 $A+AB=A$，可将 AB 项消去。A 和 B 同样也可以是任何一个复杂的逻辑式。

例 2-18　试用吸收法化简下列逻辑函数：

$$Y_1 = ((A'B)' + C)A'BD + A'D$$
$$Y_2 = AB + ABC' + ABD + AB(C' + D')$$

解　$Y_1 = ((A'B)' + C)BA'D + A'D = A'D$

$Y_2 = AB + AB(C' + D + (C' + D')) = AB$

3. 消项法

利用常用公式 $AB+A'C+BC = AB+A'C$ 及 $AB+A'C+BCD = AB+A'C$，可将 BC 或 BCD 项消去。其中 A、B、C、D 均可以是任何复杂的逻辑式。

例 2-19　试用消项法化简下列逻辑函数：

$$Y_1 = AC + AB' + (B+C)'$$
$$Y_2 = AB'CD' + (AB')'E + A'CD'E$$

解　$Y_1 = AC + AB' + B'C' = AC + B'C'$

$Y_2 = (AB')CD' + (AB')'E + CD'EA' = AB'CD' + (AB')'E$

4. 消因子法

利用常用公式 $A+A'B = A+B$，可将 $A'B$ 中的 A' 消去。A、B 均可以是任何复杂的逻辑式。

例 2-20　试用消因子法化简下列逻辑函数：

$$Y_1 = B' + A'BC$$
$$Y_2 = AB' + B + A'B$$

解　$Y_1 = \underline{B'} + A'\underline{B}C = B' + A'C$

$Y_2 = A\underline{B'} + \underline{B} + A'B = \underline{A} + B + \underline{A'}B = A + B$

5. 配项法

（1）根据基本公式中的 $A+A = A$ 可以在逻辑函数式中重复写入某一项，有时能获得更加简单的化简结果。

例 2-21　试化简逻辑函数 $Y = A'BC' + A'BC + ABC$。

解　若在式中重复写入 $A'BC$，则可得到

$$Y = (A'BC' + A'BC) + (A'BC + ABC) = A'B(C + C') + BC(A + A') = A'B + BC$$

（2）根据基本公式中的 $A + A' = 1$，可以在函数式中的某一项上乘以 $(A + A')$，然后拆成两项分别与其他项合并，有时能得到更加简单的化简结果。

例 2-22 试化简逻辑函数 $Y = AB' + A'B + BC' + B'C$。

解 利用配项法可将 Y 写成

$$\begin{aligned}Y &= AB' + A'B(C + C') + BC' + (A + A')B'C \\&= AB' + A'BC + A'BC' + BC' + AB'C + A'B'C \\&= (AB' + AB'C) + (BC' + A'BC') + (A'BC + A'B'C) \\&= AB' + BC' + A'C\end{aligned}$$

在化简复杂的逻辑函数时，往往需要灵活、交替地综合运用上述方法，才能得到最后的化简结果。

例 2-23 化简逻辑函数 $Y = AC + B'C + BD' + CD' + A(B + C') + A'BCD' + AB'DE$。

解 $Y = AC + B'C + BD' + \underline{CD'} + A(B + C') + \underline{A'BCD'} + AB'DE$

（根据 $A + AB = A$，消去 $A'BCD'$）

$$Y = AC + \underline{B'C} + BD' + CD' + A\underline{(B'C)'} + AB'DE$$

（根据 $A + A'B = A + B$，消去 $A(B'C)'$ 中的 $(B'C)'$ 因子）

$$Y = \underline{AC} + B'C + BD' + CD' + \underline{A + AB'DE}$$

（根据 $A + AB = A$，消去 AC 和 $AB'DE$）

$$Y = A + B'C + BD' + CD'$$

（根据 $AB + A'C + BC = AB + A'C$，消去 CD'）

$$Y = A + B'C + BD'$$

用公式化简法化简逻辑函数的优点是简单方便，变量数没有限制；缺点是需要熟练掌握逻辑代数的基本公式及灵活的运算技巧，化简后的逻辑函数有时难以判断是否为最简形式。因此五变量以下的逻辑函数化简采用卡诺图化简法更加方便、快捷。

2.5.3 卡诺图化简法

卡诺图（Karnaugh Map）是真值表的变形，由美国工程师卡诺（M. Karnaugh）首先提出并应用于逻辑函数的化简。卡诺图化简法的基本原理是利用公式化简法中的并项法原则（即 $AB + AB' = A$）消去互补变量。用卡诺图化简逻辑函数可直接得到逻辑函数的最简与或表达式，并且化简技巧相对公式化简法更加容易掌握。

1. 逻辑函数的卡诺图表示法

卡诺图实质上是将具有 n 个变量的逻辑函数的 2^n 个最小项，各用一个小方格表示，并将这些方格按相邻原则排列，将具有逻辑相邻性的最小项在几何位置上也相邻地排列起来，所得到的图形称为 n 个变量最小项卡诺图。

图 2-10 中画出了 2～5 变量最小项卡诺图。图形两侧标注的 0 和 1 表示使对应小方格内最小项为 1 的变量取值。同时，这些 0 和 1 组成的二进制数所对应的十进制数也就是对应的最小项的编号。

为了保证图中几何位置相邻的最小项在逻辑上也具有相邻性，卡诺图两侧变量取值不能按自然二进制数从小到大顺序排列，而必须按格雷码的方式排列。

从图 2-10 所示的卡诺图还可以看到，处在任何一行或一列两端的最小项仅有一个变量不同，所以它们也具有逻辑相邻性。因此，从几何位置上应当将卡诺图看成是上下、左右闭合的图形。

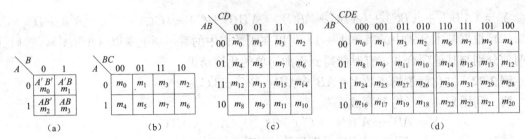

图 2-10　2～5 变量最小项的卡诺图

(a) 2 变量最小项的卡诺图；(b) 3 变量最小项的卡诺图；(c) 4 变量最小项的卡诺图；(d) 5 变量最小项的卡诺图

在变量数大于或等于 5 以后，仅仅用几何图形在两维空间的相邻性来表示逻辑相邻性已经不够了。例如，在图 2-10（d）所示的 5 变量最小项卡诺图中，除了几何位置相邻的最小项具有逻辑相邻性以外，以图中双竖线为轴、左右对称位置上的两个最小项也具有逻辑相邻性。

既然任何一个逻辑函数都能表示为若干最小项之和的形式，那么自然也就可以设法用卡诺图来表示任意一个逻辑函数。具体方法是：首先将逻辑函数化为最小项之和的形式，然后在卡诺图中与这些最小项对应的位置填入 1，在其余的位置填入 0，就得到了表示该逻辑函数的卡诺图。也就是说，任何一个逻辑函数都等于它的卡诺图中填入 1 的那些最小项之和。

例 2-24　用卡诺图表示逻辑函数

$$Y = A'B'C' + A'B + AC + AB'$$

解　首先将 Y 化为最小项之和的形式

$$Y = A'B'C' + A'B(C + C') + A(B + B')C + AB'(C + C')$$
$$= A'B'C' + A'BC + A'BC' + ABC + AB'C + AB'C + AB'C'$$
$$= m_0 + m_3 + m_2 + m_7 + m_5 + m_4$$

画出 3 变量最小项卡诺图，在对应于函数式中各最小项的位置填入 1，其余位置填入 0，就得到如图 2-11 所示的卡诺图。在使用卡诺图化简逻辑函数时只填 1 格即可，0 格可不填。

例 2-25　已知逻辑函数 Y 的卡诺图如图 2-12 所示，试写出该函数的逻辑式。

解　因为函数 Y 等于卡诺图中填入 1 的那些最小项之和，所以 Y 的函数式为

$$Y = A'B'CD + A'BCD + ABC'D' + ABC'D + ABCD' + AB'CD + ABCD$$
$$= m_3 + m_7 + m_{11} + m_{12} + m_{13} + m_{14} + m_{15}$$

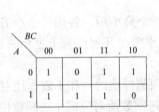

图 2-11　例 2-24 的卡诺图

CD AB	00	01	11	10
00	0	0	1	0
01	0	0	1	0
11	1	1	1	1
10	0	0	1	0

图 2-12　例 2-25 的卡诺图

2. 用卡诺图化简逻辑函数

利用卡诺图化简逻辑函数的方法称为卡诺图化简法或图形化简法。化简时依据的基本原理就是具有相邻性的最小项可以合并，并消去互补的因子。由于在卡诺图上几何位置相邻与逻辑的相邻性是一致的，因而能直观地找出那些具有相邻性的最小项并将其合并化简。

相邻最小项：两个最小项中只有一个变量互补其余相同时，这两个最小项称为相邻最小项。相邻最小项有几何位置相邻和逻辑相邻。其中几何位置相邻有相接相邻和对称相邻，对称相邻有水平对称和垂直对称。垂直对称以行为中心，水平对称以列为中心。

（1）合并相邻最小项的原则：

1）要尽量多圈相邻的1格，但被圈1格数必须是2的整数次幂。

2）圈1格的顺序是先画大的卡诺圈，然后按顺序依次画小的卡诺圈。

3）一个1格可以重复被圈几次，但被圈的1格中至少有一个新的1格，否则会出现多余项。

4）圈1格的方式不同，最简式也不同，但是真值表相同。

5）当1格远多于0格时可圈0格得到 Y' 的最简式。

（2）合并相邻最小项的规律：

1）若两个最小项相邻，则可合并为一项并消去一对因子。合并后的结果中只剩下公共因子。

在图2-13（a）和（b）中画出了两个最小项相邻的几种可能情况。例如，图2-13（a）

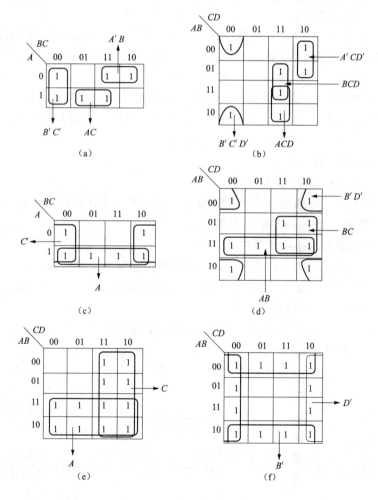

图 2-13　最小项相邻的几种情况

（a）、（b）两个最小项相邻；（c）、（d）4个最小项相邻；（e）、（f）8个最小项相邻

中 $A'B'C'$ （m_0）和 $AB'C'$ （m_4）相接相邻，故可合并为

$$A'B'C' + AB'C' = (A' + A)B'C' = B'C'$$

合并后将 A 和 A' 一对因子消掉了，只剩下公共因子 B' 和 C'。

2）若 4 个最小项相邻并排列成一个矩形组，则可合并为一项并消去两对因子。合并后的结果中只包含公共因子。

例如，在图 2-13 （d） 中，$A'B'C'D'$ （m_0）、$AB'C'D'$ （m_8）、$A'B'CD'$ （m_2）和 $AB'CD'$ （m_{10}）为对称相邻，故可合并。合并后得到

$$A'B'C'D' + AB'C'D' + A'B'CD' + AB'CD' = B'C'D'(A' + A) + B'CD'(A + A')$$
$$= B'D'(C + C') = B'D'$$

可见，合并后消去了 A、A' 和 C、C' 两对因子，只剩下 4 个最小项的公共因子 B' 和 D'。

3）若 8 个最小项相邻并且排列成一个矩形组，则可合并为一项并消去三对因子。合并后的结果中只包含公共因子。

例如，在图 2-13 （e） 中，下边两行的 8 个最小项是相邻的，可将它们合并为一项 A，其他的因子都被消去了。在图 2-13 （f） 中，上、下 8 个最小项对称相邻，可将它们合并为一项 B'；左、右 8 个最小项对称相邻，合并为一项 D'。

由此，可以归纳出合并最小项的一般规律：如果有 2^n 个最小项相邻 （$n = 1, 2, \cdots$）并排列成一个矩形组，则它们可以合并为一项，并消去 n 对因子。合并后的结果中仅包含这些最小项的公共因子（即保留在卡诺图中变量取值相同的变量）。

（3）卡诺图化简法的步骤：

1）将函数式化为最小项之和的形式。

2）按最小项表达式，画出表示该逻辑函数的卡诺图。凡在函数式中包含的最小项，其对应方格填 1，其余方格填 0，0 格可不填。

3）圈出可以合并的最小项矩形框。

4）写出每个矩形框对应的最简与项，将各与项相加写出最简函数式，原则如下：

① 尽量使画的卡诺圈面积最大，数目最少。面积最大可使对应的乘积项因子最少；数目最少可使逻辑函数式里的乘积项最少。

② 相邻包括上下对称相邻、左右对称相邻和四角对称相邻。

例 2-26　用卡诺图化简法将下式化简为最简与或函数式。

$$Y = AC' + A'C + BC' + B'C$$

解　首先画出表示函数 Y 的卡诺图，如图 2-14 所示。

事实上在填写 Y 的卡诺图时，并不一定要将 Y 化为最小项之和的形式。例如，式中的 AC' 一项包含了所有含有 AC' 因子的最小项，而不管另一个因子是 B 还是 B'。从另外一个角度讲，也可以理解

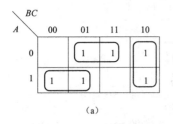

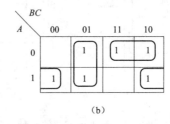

图 2-14　例 2-26 的卡诺图

为 AC' 是 ABC' 和 $AB'C'$ 两个最小项相加合并的结果。因此，在填写 Y 的卡诺图时，可以直接在卡诺图上所有对应 $A=1$、$C=0$ 的空格里都填入 1。按照这种方法，就可以省去将 Y 化为最小项之和这一步骤了。

其次，需要找出可以合并的最小项。将可能合并的最小项用线圈出。由图 2-14 （a） 和 （b） 可见，有两种合并最小项的方案。如果按图 2-14 （a） 的方案合并最小项，则得到

$$Y = AB' + A'C + BC'$$

而按图 2-14 （b） 的方案合并最小项可得到

$$Y = AC' + B'C + A'B$$

两个化简结果都符合最简与或式的标准。

此例说明，有时一个逻辑函数的化简结果不是唯一的。

例 2-27 用卡诺图化简法将下式化为最简与或逻辑式。

$$Y = ABC + ABD + AC'D + C'D' + AB'C + A'CD'$$

解 首先画出 Y 的卡诺图，如图 2-15 所示。然后将可能合并的最小项圈出，并按照前面所述的原则写出最简与或式中的乘积项。由图可见，应将图中下边两行的 8 个最小项合并，同时将左、右两列最小项合并，于是得到

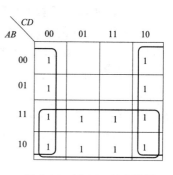

$$Y = A + D'$$

从图 2-15 中可以看到，A 和 D' 中重复包含了 m_8、m_{10}、m_{12} 和 m_{14} 这 4 个最小项。但据 $A+A=A$ 可知，在合并最小项的过程中允许重复使用函数式中的最小项，以利于得到更简单的化简结果。

图 2-15 例 2-27 的卡诺图

另外，还要补充说明一个问题：以上的两个例子都是通过合并卡诺图中的 1 来求得化简结果的。但是，当 1 格数目远多于 0 格的数目时，也可以通过合并卡诺图中的 0 格先求出 Y' 的化简结果，然后再将 Y' 求反而得到 Y。

这种方法所依据的原理我们已在 2.5.1 节中做过说明。因为全部最小项之和为 1，所以若将全部最小项之和分成两部分，一部分（卡诺图中填入 1 的那些最小项）之和记作 Y，则根据 $Y+Y'=1$ 可知，其余一部分（卡诺图中填入 0 的那些最小项）之和必为 Y'。

在多变量逻辑函数的卡诺图中，当 0 的数目远小于 1 的数目时，采用合并 0 的方法有时会比合并 1 更简单。例如，在图 2-15 所示的卡诺图中，若将 0 合并，则可立即写出

$$Y' = A'D$$

将等式两边同时取非得

$$Y = (A'D)' = A + D'$$

与合并 1 得到的化简结果一致。

此外，如果需要将函数化为最简的与或非式时，采用合并 0 的方式最为适宜，因为得到的结果正是与或非形式。如果要求得到 Y' 的化简结果，那么采用合并 0 的方式就更简便。

例 2-28 已知逻辑函数

$$Y(A,B,C,D) = \sum m(0,2,4,6,12,13,14,15)$$

试求 Y 的最简与或非式。

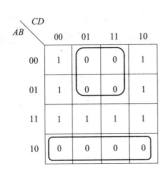

图 2-16 例 2-28 的卡诺图

解 首先画出表示函数 Y 的卡诺图，如图 2-16 所示。

采用合并 0 的方法，在图 2-16 中画出两个矩形框，从而得到 Y' 的最简与或式为

$$Y' = A'D + AB'$$

把 Y' 的最简与或式两边同时取非，可得到 Y 的最简与或非式为

$$Y = (A'D + AB')'$$

2.6 具有无关项的逻辑函数及其化简

2.6.1 约束项、任意项和逻辑函数式中的无关项

在分析某些具体的逻辑函数时，经常会遇到这样一种情况，即输入变量的取值不是任意的。如 BCD 码，只用 4 位二进制数组成的 16 组编码中的 10 组编码，其余 6 组不能出现。对输入变量取值所加的限制称为约束。同时，将这一组变量称为具有约束的一组变量。

例如，有 3 个逻辑变量 A、B、C，它们分别表示交通信号灯的红灯、绿灯和黄灯三个不同的交通信号，$A=1$ 表示红灯亮，$B=1$ 表示绿灯亮，$C=1$ 表示黄灯亮。表示红灯、绿灯和黄灯工作状态的逻辑函数可写成

$$Y_1 = AB'C' \text{（红灯亮）} \tag{2-17}$$

$$Y_2 = A'BC' \text{（绿灯亮）} \tag{2-18}$$

$$Y_3 = A'B'C \text{（黄灯亮）} \tag{2-19}$$

因为交通信号灯正常情况下任何时候只能其中的一个灯亮，所以不允许两个以上的变量同时为 1。ABC 的取值只可能是 001、010、100 当中的某一种，而不能是 000、011、101、110、111 中的任何一种。因此，A、B、C 是一组具有约束的变量。

通常用约束条件来描述约束的具体内容。显然，用上面的这样一段文字叙述约束条件是很不方便的，最好能用简单、明了的逻辑语言表述约束条件。

由于每一组输入变量的取值都是一个且仅有一个最小项的值为 1，所以当限制某些输入变量的取值不能出现时，可以用它们对应的最小项恒等于 0 来表示。这样，上面例子中的约束条件可以表示为

$$A'B'C' = 0, A'BC = 0, AB'C = 0, ABC' = 0, ABC = 0$$

或写成

$$A'B'C' + A'BC + AB'C + ABC' + ABC = 0$$

同时，将这些恒等于 0 的最小项称为函数 Y_1、Y_2 和 Y_3 的约束项。

在存在约束项的情况下，由于约束项的值始终等于 0，所以既可以将约束项写进逻辑函数式中，也可以将约束项从函数式中删掉，而不影响函数值。

有时还会遇到另外一种情况，就是在输入变量的某些取值下函数值是 1 还是 0 皆可，并不影响电路的功能。在这些变量取值下，其值等于 1 的那些最小项称为任意项。

将约束项和任意项统称为逻辑函数式中的无关项。这里所说的"无关"是指是否把这些

最小项写入逻辑函数式无关紧要，可以写入也可以删除。

上一节中曾经讲到，在用卡诺图表示逻辑函数时，首先将函数化为最小项之和的形式，然后在卡诺图中这些最小项对应的位置上填入 1，其他位置上填入 0。既然可以认为无关项包含于函数式中，也可以认为不包含在函数式中，那么在卡诺图中对应的位置上就可以填入 1，也可以填入 0。为此，在卡诺图中用×（或 ϕ）表示无关项。在化简逻辑函数时既可以认为它是 1，也可以认为它是 0。

2.6.2 无关项在化简逻辑函数中的应用

化简具有无关项的逻辑函数时，如果能合理利用这些无关项，一般都可得到更加简单的化简结果。

使用公式法化简，为达到此目的，加入的无关项应与函数式中尽可能多的最小项（包括原有的最小项和已写入的无关项）具有逻辑相邻性。

使用卡诺图法化简时，合并最小项时，究竟把卡诺图中的×作为 1（即认为函数式中包含了这个最小项）还是作为 0（即认为函数式中不包含这个最小项）对待，应以得到的相邻最小项矩形组合最大而且矩形组合数目最少为原则。

例 2-29 化简具有约束的逻辑函数：
$$Y = A'B'C'D + A'BCD + AB'C'D'$$
给定约束条件为
$$A'B'CD + A'BC'D + ABC'D' + AB'C'D + ABCD + ABCD' + AB'CD' = 0$$
在用最小项之和形式表示上述具有约束的逻辑函数时，也可写成如下形式：
$$Y(A,B,C,D) = \sum m(1,7,8) + d(3,5,9,10,12,14,15)$$
其中，d 表示无关项，d 后面括号内的数字是无关项的最小项编号。

解 如果不利用约束项，则 Y 已无可化简。但适当地加进一些约束项以后，可以得到
$$Y = (A'B'C'D + \underline{A'B'CD}) + (A'BCD + \underline{A'BC'D})$$
$$\qquad\qquad 约束项 \qquad\qquad\qquad 约束项$$
$$+ (AB'C'D' + \underline{ABC'D'}) + (\underline{ABCD'} + \underline{AB'CD'})$$
$$\qquad\qquad 约束项 \qquad\quad 约束项 \qquad\quad 约束项$$
$$= (A'B'D + A'BD) + (AC'D' + ACD')$$
$$= A'D + AD'$$

可见，利用了约束项以后，使逻辑函数得以进一步化简。但是，在确定该写入哪些约束项时却不够直观。

如果改用卡诺图化简法，则只要将表示 Y 的卡诺图画出，就能从图上直观地判断对这些约束项应如何取舍。

图 2-17 是例 2-29 的逻辑函数的卡诺图。从图中不难看出，为了得到最大的相邻最小项的矩形组合，应取约束项 m_3、m_5 为 1，与 m_1、m_7 组成一个矩形组；同时取约束项 m_{10}、m_{12}、m_{14} 为 1，与 m_8 组成一个矩形组。将两组相邻的最小项合并后得到的化简结果与上面用公式法的结果相同。卡诺图中没有被圈进去的约束项（m_9 和 m_{15}）是当作 0 对待的。

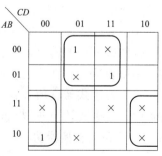

图 2-17 例 2-29 的卡诺图

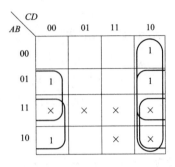

图 2-18 例 2-30 的卡诺图

例 **2-30** 试化简具有无关项的逻辑函数：

$$Y(A,B,C,D) = \sum m(2,4,6,8) + d(10,11,12,13,14,15)$$

解 画出函数 Y 的卡诺图，如图 2-18 所示。由图可见，若认为其中的无关项 m_{10}、m_{12}、m_{14} 为 1，而无关项 m_{11}、m_{13}、m_{15} 为 0，则可将 m_4、m_6、m_{12} 和 m_{14} 合并为 BD'，将 m_2、m_6、m_{10} 和 m_{14} 合并为 CD'，将 m_8、m_{10}、m_{12} 和 m_{14} 合并为 AD'，于是得到

$$Y = BD' + AD' + CD'$$

2.7 用 Multisim 进行逻辑函数的化简与变换

随着智能电子技术的高速发展，电子电路的复杂程度日益提高，数字电子技术更新速度越来越快，这就对设计工作的自动化提出了迫切的要求。许多软件开发商、研究机构和集成电路制造商都投入了大量的人力和经费，先后研制出了很多优秀的软件开发工具，其中包括用于电路性能和参数分析的设计软件、用于运行状态的仿真软件、用于集成电路芯片的设计软件、用于可编程器件的设计软件及用于印制电路板的设计软件等。综合运用这些软件，就可以在设计的全过程中实现电子设计自动化（Electronic Design Automation，EDA）。

Multisim 是由美国国家仪器有限公司（NI 公司）推出的，并在 Windows 平台下运行的仿真工具，适用于模拟/数字电路的设计工作。其最新版本为 Multisim 14.0，它不仅提供了电路原理图输入和硬件描述语言模型输入的接口和比较全面的仿真分析功能，同时还提供了一个庞大的元器件模型库和一整套虚拟仪表（其中包括示波器、信号发生器、万用表、逻辑分析仪、逻辑转换器、字符发生器、波特图绘图仪、瓦特表等），可以满足对一般的数字逻辑电路、模拟电路及数字-模拟混合电路进行分析和设计的需要，能够快速、轻松、高效地对电路进行设计和验证。

Multisim 的另一个突出优点是用户界面友好、直观，使用非常方便。尤其对于已经熟悉了 Windows 用法的读者，很容易掌握。

本节仅介绍 Multisim "逻辑转换器"的使用。"逻辑转换器"（Logic converter，转换按键）有 6 个功能按键，分别为逻辑图转真值表、真值表转最小项表达式、真值表转最简与或表达式、表达式转真值表、表达式转逻辑图、表达式转与非-与非逻辑图。图 2-19 为逻辑转换器功能转换按键排列图。

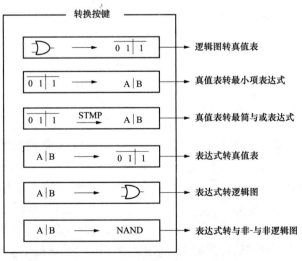

图 2-19 逻辑转换器功能按键排列图

下面通过一个例子简单介绍一下如何使用 Multisim 中的"逻辑转换器"完成逻辑函数的化简与变换。

例 2-31 已知逻辑函数 Y 的真值表见表 2-20，试用 Multisim 求出 Y 的逻辑函数式，并将其化简为最简与或形式。

解 启动 Multisim 以后，计算机屏幕上将出现如图 2-20 所示的用户界面。这时界面的窗口是空白的。在用户界面右侧的仪表工具栏中可以找到一个"Logic Converter"（逻辑转换器）按钮。单击逻辑转换器按钮，屏幕上便出现如图 2-20 所示窗口中左上方的逻辑转换器图标"XLC1"。双击这个图标，屏幕上便弹出图中所示的逻辑转换器操作对话框"Logic converter—XLC1"。

将表 2-20 所示的真值表输入到逻辑转换器操作对话框左半部分的表格中，然后单击逻辑转换器操作对话框右半部分上边的第二个按钮，即可完成从真值表到逻辑式的转换。

表 2-20		例 2-31 的函数真值表		
A	B	C	D	Y
0	0	0	0	1
0	0	0	1	1
0	0	1	0	1
0	0	1	1	0
0	1	0	0	1
0	1	0	1	1
0	1	1	0	1
0	1	1	1	0
1	0	0	0	1
1	0	0	1	1
1	0	1	0	1
1	0	1	1	0
1	1	0	0	0
1	1	0	1	0
1	1	1	0	0
1	1	1	1	0

转换结果显示在逻辑转换器操作对话框底部一栏中，得到

$$Y(A,B,C,D) = A'B'C'D' + A'B'C'D + A'B'CD' + A'BC'D' + A'BC'D$$
$$+ A'BCD' + AB'C'D' + AB'C'D + AB'CD' \tag{2-20}$$

由本例可知，从真值表转换来的逻辑式是以最小项之和形式给出的。

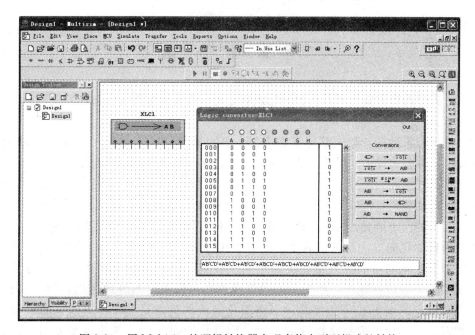

图 2-20 用 Multisim 的逻辑转换器实现真值表到逻辑式的转换

为了将式（2-20）化为最简与或形式，只需单击逻辑转换器操作对话框右半部分上边的

第三个按钮，化简结果便立刻出现在操作对话框底部一栏中，如图 2-21 所示。得到的化简结果为

$$Y(A,B,C,D) = A'C' + A'D' + B'C' + B'D'$$

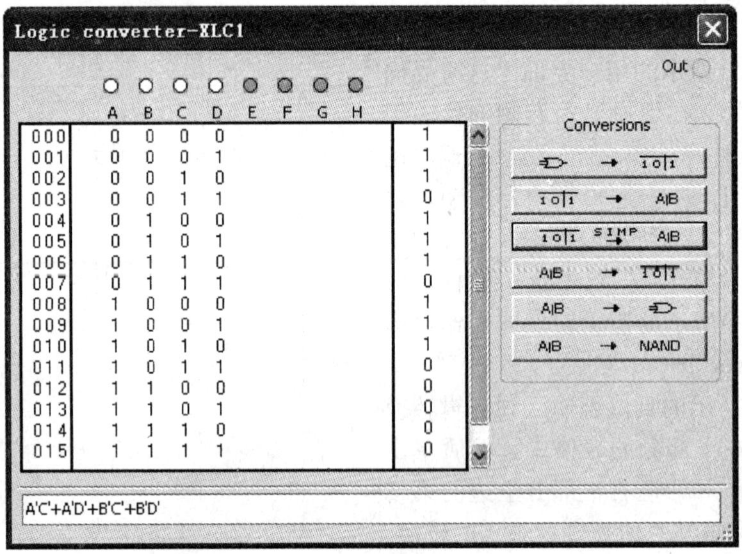

图 2-21　用逻辑转换器化简式（2-20）的函数

从图 2-21 中还可以看到，利用逻辑转换器操作对话框中右半部分设置的 6 个按钮，可以在逻辑函数的真值表、最小项之和形式的函数式、最简与或式及逻辑图之间任意进行转换。

本 章 小 结

本章所讲的内容主要是逻辑代数的公式和定理、逻辑函数的表示方法、逻辑函数的化简方法这三部分。

为了进行逻辑运算，必须熟练掌握表 2-9 中的基本公式。至于表 2-11 中的常用公式，完全可以由基本公式导出。尽管如此，掌握尽可能多的常用公式仍然是十分有益的，因为直接引用这些公式能大大提高运算速度。在逻辑函数的表示方法中共介绍了五种方法，即逻辑真值表、逻辑函数式、逻辑图、时序波形图和卡诺图。这几种方法之间可以任意地互相转换。根据具体的使用情况，可以选择最适当的一种方法表示所研究的逻辑函数。

逻辑函数的化简方法是本章的重点。本章共介绍了两种化简方法：公式化简法、卡诺图化简法。公式化简法的优点是它使用不受任何条件的限制。但由于这种方法没有固定的步骤可循，所以在化简一些复杂的逻辑函数时不仅需要熟练地运用各种公式和定理，而且需要有一定的运算技巧和经验。卡诺图化简法的优点是简单、直观，而且有一定的化简步骤可循。初学者容易掌握这种方法，而且化简过程中也易于避免差错。但是在逻辑变量超过 5 个时，卡诺图化简法将失去简单、直观的优点，因而也就没有太大的实用意义了。

在设计数字电路的过程中，有时由于受供货的限制只能选用某种逻辑功能类型的器件，这时就需要将逻辑函数式变换为与之相应的形式。而在使用器件的逻辑功能类型不受限制的情况下，为了减少所用器件的数目，往往不限于使用单一逻辑功能的门电路。这时希望得到的最简逻辑式可能既不是单一的与或式，也不是单一的与非式，而是一种混合的形式。因此，究竟将函数式化成什么形式最为有利，还要根据选用哪些种类的电子器件而定。

目前一些比较流行的 EDA 软件都具有自动化简和变换逻辑函数式的功能。本章提到的 Multisim 就是其中的一种。利用这些软件，可以很容易地在计算机上完成逻辑函数的化简或变换。

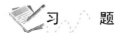 习 题

2.1 试用列真值表的方法证明下列异或运算公式。

(1) $A \oplus 0 = A$；　　　　　　　　(2) $A \oplus 1 = A'$；

(3) $A \oplus A = 0$；　　　　　　　　(4) $A \oplus A' = 1$；

(5) $(A \oplus B) \oplus C = A \oplus (B \oplus C)$；　(6) $A(B \oplus C) = AB \oplus AC$；

(7) $A \oplus B' = (A \oplus B)' = A \oplus B \oplus 1$。

2.2 证明下列逻辑恒等式（方法不限）。

(1) $AB' + B + A'B = A + B$；

(2) $(A + C')(B + D)(B + D') = AB + BC'$；

(3) $((A + B + C')'C'D')' + (B + C)(AB'D + B'C') = 1$；

(4) $A'B'C' + A(B + C) + BC = (AB'C' + A'B'C + A'BC')'$。

2.3 已知逻辑函数 Y_1、Y_2、Y_3、Y_4 的真值表如表 2-21～表 2-24 所示，试写出 Y_1、Y_2、Y_3、Y_4 的逻辑函数式。

表 2-21	习题 2.3 表 1		
A	B	C	Y_1
0	0	0	0
0	0	1	1
0	1	0	1
0	1	1	0
1	0	0	1
1	0	1	0
1	1	0	0
1	1	1	1

表 2-22	习题 2.3 表 2		
A	B	C	Y_2
0	0	0	1
0	0	1	1
0	1	0	0
0	1	1	0
1	0	0	1
1	0	1	1
1	1	0	0
1	1	1	1

2.4 列出下列逻辑函数的真值表。

(1) $Y_1 = A'B + BC' + AB'C$；

(2) $Y_2 = (AB'D)' + (B \oplus D)'D + AC'$。

表 2-23		习题 2.3 表 3		
A	B	C	D	Y_3
0	0	0	0	0
0	0	0	1	1
0	0	1	0	1
0	0	1	1	0
0	1	0	0	1
0	1	0	1	0
0	1	1	0	0
0	1	1	1	1
1	0	0	0	1
1	0	0	1	0
1	0	1	0	
1	0	1	1	1
1	1	0	0	
1	1	0	1	
1	1	1	0	
1	1	1	1	0

表 2-24		习题 2.3 表 4		
A	B	C	D	Y_4
0	0	0	0	1
0	0	0	1	1
0	0	1	0	1
0	0	1	1	0
0	1	0	0	1
0	1	0	1	1
0	1	1	0	1
0	1	1	1	0
1	0	0	0	1
1	0	0	1	1
1	0	1	0	
1	0	1	1	0
1	1	0	0	
1	1	0	1	0
1	1	1	0	0
1	1	1	1	0

2.5　写出图 2-22（a）、（b）、（c）、（d）所示电路输出的逻辑函数式。

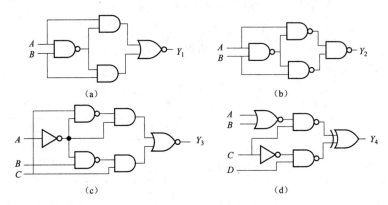

图 2-22　习题 2.5 图

2.6　已知逻辑函数输出、输入波形图如图 2-23（a）、（b）所示，试写出逻辑函数的真值表及表达式。

2.7　将下列各函数式化为最小项之和的形式。

（1）$Y=A'BC+AC+B'C$；　　（2）$Y=AB'C'D+BCD+A'D$；

（3）$Y=A+B+CD$；　　　　　（4）$Y=AB+((BC)'(C'+D'))'$；

（5）$Y=LM'+MN'+NL'$；　　（6）$Y=((A\odot B)(C\odot D))'$。

2.8　将下列各式化为最大项之积的形式。

（1）$Y=(A+B)(A'+B'+C')$；

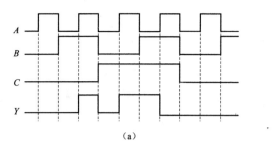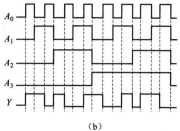

（a）　　　　　　　　　　　　　　　（b）

图 2-23　习题 2.6 图

（2）$Y=AB'+C$；

（3）$Y=A'BC'+B'C+AB'C$；

（4）$Y=BCD'+C+A'D$；

（5）$Y(A，B，C)=\sum m(1，2，4，6，7)$；

（6）$Y(A，B，C，D)=\sum m(0，1，2，4，5，6，8，10，11，12，14，15)$。

2.9　将下列逻辑函数化为与非-与非形式，并画出全部由与非逻辑单元组成的逻辑电路图。

（1）$Y=AB+BC+AC$；　　　　　　　（2）$Y=(A'+B)(A+B')C+(BC)'$；

（3）$Y=(ABC'+AB'C+A'BC)'$；　　　（4）$Y=A(BC)+((AB')'+A'B'+BC)'$。

2.10　用逻辑代数的基本公式和常用公式将下列逻辑函数化为最简与或形式。

（1）$Y=AB'+B+A'B$；

（2）$Y=AB'C+A'+B+C'$；

（3）$Y=(A'BC)'+(AB')'$；

（4）$Y=AB'CD+ABD+AC'D$；

（5）$Y=AB'(A'CD+(AD+B'C')')(A'+B)$；

（6）$Y=AC(C'D+A'B)+BC((B'+AD)'+CE)'$；

（7）$Y=AC'+ABC+ACD'+CD$；

（8）$Y=A+(B+C')'(A+B'+C)(A+B+C)$。

2.11　写出图 2-24 中各卡诺图所表示的逻辑函数式。

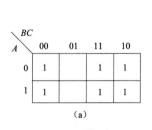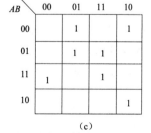

（a）　　　　　　　　　　　（b）　　　　　　　　　　　（c）

图 2-24　习题 2.11 图

2.12　用卡诺图化简法将下列函数化为最简与或形式。

（1）$Y=ABC+C'D'+AB'C+A'CD'+AC'D$；

(2) $Y = AB' + A'C + BC + C'D$；

(3) $Y = A'B' + BC' + A' + B' + ABC$；

(4) $Y = A'B' + AC + B'C$；

(5) $Y = AB'C' + A'B' + A'D + C + BD$；

(6) $Y(A,B,C) = \sum m(0,1,2,5,6,7)$；

(7) $Y(A,B,C,D) = \sum m(0,1,2,5,8,9,10,12,14)$；

(8) $Y(A,B,C) = \sum m(1,4,5,7)$。

2.13　写出图 2-25 中各逻辑图的逻辑函数式，并化简为最简与或式。

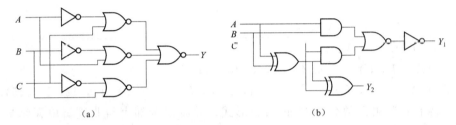

(a)　　　　　　　　　　　　　　　　　(b)

图 2-25　习题 2.13 图

2.14　将下列具有约束项的逻辑函数化为最简与或形式。

(1) $Y_1 = AB'C' + ABC + A'B'C + A'BC'$，给定约束条件为 $AB'C + A'BC = 0$；

(2) $Y_2 = (A + C + D)' + A'B'CD' + AB'C'D'$，给定约束条件为 $AB'CD' + AB'D + ABC'D' + ABC'D + ABCD' + A'BCD = 0$；

(3) $Y_3 = CD'(A \oplus B) + A'BC' + A'C'D'$，给定约束条件为 $AB + CD = 0$；

(4) $Y_4 = (AB' + B)CD' + ((A + B)(B' + C))'$，给定约束条件为 $ABC + ABD + ACD + BCD = 0$。

2.15　将下列具有无关项的逻辑函数化为最简与或逻辑式。

(1) $Y_1(A, B, C) = \sum m(0, 1, 2, 4) + d(5, 6)$；

(2) $Y_2(A, B, C) = \sum m(1, 2, 4, 7) + d(3, 6)$；

(3) $Y_3(A, B, C, D) = \sum m(3, 5, 6, 7, 10) + d(0, 1, 2, 4, 8)$；

(4) $Y_4(A, B, C, D) = \sum m(2, 3, 7, 8, 11, 14) + d(0, 5, 10, 15)$。

2.16　用 Multisim 求下列函数的反函数式，并将得到的函数式化简成最简与或形式。

(1) $Y = AB + C$；

(2) $Y = (A + BC)C'D$；

(3) $Y = ((A + B')(A' + C))'AC + BC$；

(4) $Y = ((AB')'C + C'D)'(AC + BD)$；

(5) $Y = AD' + A'C' + B'C'D + C$。

2.17　用 Multisim 将下列逻辑函数式化为最简与或形式。

(1) $Y(A,B,C,D) = ((AB + B'D)(A'C')')'(CD' + AD)$；

(2) $Y(A,B,C,D,E) = ABCD'E' + A'B'D'E + AC'DE + A'C(BE + (C'D)')'$；

(3) $Y(A,B,C,D,E) = \sum m(0, 4, 11, 15, 16, 19, 20, 23, 27, 31)$；

(4) $Y(A,B,C,D,E) = \sum m(2, 9, 15, 19, 20, 23, 24, 25, 27, 28) + d(5, 6, 16, 31)$。

拓展阅读

乔治·布尔 （G. Boole） 等几位科学家简介

乔治·布尔
(1815—1864)

乔治·布尔 1815 年生于英国伦敦，自幼家境贫寒，父亲是位鞋匠，无力供他读书，他的学问主要来自于自学。年仅 12 岁时，布尔就掌握了拉丁文和希腊语，后来又自学了意大利语和法语。16 岁开始任教以维持生活，从 20 岁起布尔对数学产生了浓厚兴趣，广泛涉猎著名数学家牛顿、拉普拉斯、拉格朗日等人的数学名著，并写下大量笔记。1847 年，他将这些笔记中的思想用于他的第一部著作《逻辑的数学分析》一书中。

1854 年，已经担任柯克大学教授的布尔再次出版《思维规律的研究——逻辑与概率的数学理论基础》。以这两部著作为基础，布尔建立了一门新的数学学科——布尔代数。

在布尔代数里，布尔构思出一个关于 0 和 1 的代数系统，并用基础的逻辑符号系统描述这一概念。这种代数不仅被广泛用于概率和统计等领域，更重要的是，它为今后数字计算机开关电路的设计提供了最重要的数学方法。

布尔一生发表了 50 多篇科学论文、两部教科书和两卷数学逻辑著作。为了表彰他的成就，都柏林大学和牛津大学先后授予这位自学成才的数学家荣誉学位，他还被推选为英国皇家学会会员。

克劳德·香农
(1916—2001)

开关电路与布尔代数的关系信息论的创始人克劳德·香农（C. E. Shannon）对现代电子计算机的产生和发展有重要影响，是电子计算机理论的重要奠基人之一。

1938 年，香农发表了著名的论文《继电器和开关电路的符号分析》，在文中首次用布尔代数进行了开关电路分析，并证明了布尔代数的逻辑运算可以通过继电器电路来实现，明确地给出了实现加、减、乘、除等运算的电子电路的设计方法。这篇论文成为开关电路理论的开端。

香农在贝尔实验室工作时进一步证明了可以采用能实现布尔代数运算的继电器或电子元件来制造计算机。香农的理论还为计算机具有逻辑功能奠定了基础，从而使电子计算机既能用于数值计算，又具有各种非数值应用功能，使得以后的计算机在几乎任何领域中都得到了广泛的应用。

1940 年，取得了博士学位的香农在 AT&T 贝尔实验室里度过了硕果累累的 15 年。他用实验证实，完全可以采用继电器元件制造出能够实现布尔代数运算功能的计算机。1948

年，香农又发表了另一篇至今还在闪烁光芒的论文，即《通信的数学基础》，从而给自己赢得了"信息论之父"的桂冠。

1956年，香农参与发起了达特默斯人工智能会议，成为这一新学科的开山鼻祖之一。他不仅率先把人工智能运用于计算机下棋方面，而且发明了一个能自动穿越迷宫的电子老鼠，以此证明计算机可以通过学习提高智能。

计算机运行时，程序就像一系列或真或假的命题，当命题进入电路时，按布尔代数将电路打开或关闭。例如，当两个真的命题进入一个电路时，电路打开；但是当一个真的命题和一个假的命题进入一个电路时，电路关闭。利用布尔代数，我们就可以把数以百计的电路结合起来，并编写出充满想象力的计算机应用程序。

今天，布尔代数已成为我们生活中的一部分，因为我们的汽车、音响、电视机和其他用具中都应用到了计算机技术，它几乎无处不在，而现实生活中大多数人还没有真正意识到这一点。

3 门 电 路

【引入】

第 2 章介绍的逻辑函数的基本运算和常见的复合运算，在数字电路里都能用具体的电路来实现，这些电路称为逻辑门电路，简称门电路。门电路是数字电路中基本的单元电路，每种门电路在工程中都有一个对应的逻辑符号。本章在简单介绍分立元件门电路的基础上，重点介绍典型的 TTL 集成非门电路和 CMOS 基本门电路的结构、工作原理以及它们的外部特性和特点，为以后实际使用这些器件打下必要的基础。

3.1 概 述

常用的门电路根据逻辑功能的不同有与门、或门、非门、与非门、或非门、与或非门、异或门等几种。

门电路可分为分立元器件门电路和集成门电路两种。分立元器件门电路是用分立的元器件和导线连接起来构成的门电路，应用在最初的数字逻辑电路中，不适用大规模的数字电路。分立元器件门电路简单、经济、功耗低，但带负载能力差。

集成门电路是把构成门电路的元器件和连线都制作在一块半导体芯片上，再封装起来。随着集成工艺的发展，集成电路的规模越来越大，可分为小规模集成电路（SSI）、中规模集成电路（MSI）、大规模集成电路（LSI）、超大规模集成电路（VLSI）。通常，小规模集成电路一般集成门电路、触发器等；中规模集成电路一般集成计数器、寄存器、译码器、比较器等；超大规模集成电路一般用来集成各类 CPU 等。

目前广泛使用的是 CMOS 和 TTL 集成门电路。

在电子电路中，多用高、低电平分别表示二值逻辑的 1 和 0 两种逻辑状态（正逻辑约定）。而高、低电平的获得可以用图 3-1 中的两个基本开关电路说明基本原理。在图 3-1（a）所示的单开关电路中，开关 S 是用半导体晶体管组成的，只要通过输入信号 u_I 控制晶体管工作在截止和导通两个状态，就能获得高、低电平。S 断开（晶体管截止），输出 u_O

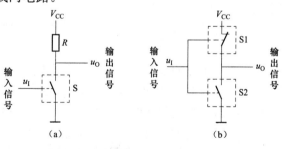

图 3-1 用来获得高、低电平的基本开关电路
(a) 单开关电路；(b) 互补开关电路

为高电平（V_{CC}）；S 闭合（晶体管导通），输出 u_O 为低电平（等于零）。图 3-1（b）所示为互补开关电路，它克服了单开关电路功耗大的缺点（电阻 R 消耗功率大）。互补开关电路中的 S1 和 S2 两个开关的开关状态是相反的，由同一个输入信号 u_I 控制，即输入信号 u_I 使 S1 和 S2 一个处于闭合状态，一个处于断开状态，从而获得需要的高、低电平。同时，由于 S1

和 S2 总有一个是断开的，所以流过 S1 和 S2 的电流始终为零，电路的功耗极小。互补式开关电路在数字电路中得到广泛应用，我们在后续的学习中可以体会。

3.2　半导体二极管、晶体管和 MOS 管的开关特性

由图 3-1 可知，若其中的开关均为理想开关，即满足下面两方面要求：

1. 静态特性

断开时，开关两端的电压不管多大，等效电阻 R_{OFF} ＝无穷，电流 I_{OFF} ＝0；闭合时，流过其中的电流不管多大，等效电阻 R_{ON} ＝0，电压 V_{ON} ＝0。

2. 动态特性

开通时间 t_{ON} ＝0，关断时间 t_{OFF} ＝0。

在理想条件下获得的高、低电平十分完美。但现实世界中，没有理想的开关。继电器和接触器的静态特性十分接近理想开关，但动态特性很差，无法满足数字电路中每秒开关几百万次乃至数千万次的需要。半导体二极管、晶体管和 MOS 管作为开关使用时，其静态特性不如机械开关，但动态特性很好。

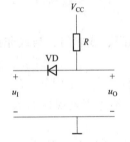

图 3-2　二极管开关电路

3.2.1　半导体二极管的开关特性

二极管具有单向导电性，可作为一个受外加电压控制的开关使用。用它来取代图 3-1（a）中的开关 S，就可以得到如图 3-2 所示的二极管开关电路。

1. 静态特性（开关作用）

若二极管为理想的二极管，则正向导通电阻为 0，反向电阻无穷大。假定 V_{IH} ＝ V_{CC}，当 u_I ＝ V_{IH} 时，VD 截止，u_O ＝ V_{OH} ＝ V_{CC}；而当 u_I ＝ V_{IL} ＝0 时，VD 导通，u_O ＝ V_{OL} ＝0。从图 3-3 所示二极管的伏安特性曲线可清楚地看出，实际二极管不是理想二极管。为了分析问题简单、方便，可在特定情况下对其进行线性化处理，即用线性化的等效模型来代替二极管。

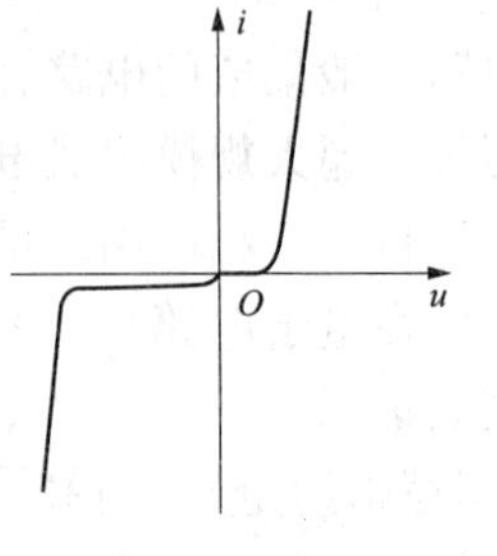

图 3-4 给出了二极管的三种近似的伏安特性曲线和对应的等效电路。

（1）当外电路的等效电源 V_{CC} 和等效电阻 R_L 都很小时，二极管的正向导通压降和正向电阻都不能忽略，可用图 3-4（a）中的折线作为二极管的近似特性，并得到如图 3-4（a）中所示的等效电路。

图 3-3　二极管的伏安特性

（2）当二极管的正向导通压降和外电路的等效电源 V_{CC} 相比不能忽略，而与外接等效电阻 R_L 相比，二极管的正向电阻可以忽略时，可用图 3-4（b）中的折线作为二极管的近似特性，并得到如图 3-4（b）中所示的等效电路。

（3）当二极管的正向导通压降和正向电阻与外电路的等效电源 V_{CC} 和等效电阻 R_L 相比都可忽略时，可用图 3-4（c）中的折线作为二极管的近似特性，并得到如图 3-4（c）中所示的等效电路。

在数字电路中，使用的电源电压多在 5V 以下，二极管适合使用图 3-4（b）中所示的等效电路。

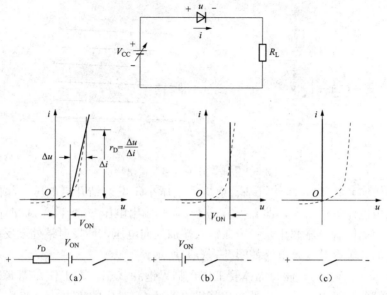

图 3-4　二极管伏安特性的三种近似等效

2. 动态特性（开关时间参数）

工作在开关状态的二极管除了有导通和截止两种稳定状态外，更多的是在导通和截止之间转换。二极管的动态特性就是指二极管在导通与截止两种状态转换过程中的特性，它表现为完成两种状态转换需要的时间。

当图 3-4 中的二极管电路输入如图 3-5（a）所示的电压时，可得到图 3-5（b）所示的二极管开关动态过程。

在动态情况下，加到二极管两端的电压突然反向时，电流的变化过程如图 3-5 所示。当输入电压波形从负值跳变到正值时，二极管从反向截止到正向导通的时间称为开通时间。这段时间较短，一般忽略不计。当输入电压波形从正值跳变到负值时，起始时在二极管内会产生很大的反向电流（与二极管的内部结构有关），经过一段时间后，输出电流才接近正常反向电流，二极管才进入截止状态。二极管从导通到截止所需要的时间（反向电流从峰值衰减到峰值的 1/10 所经过的时间），称为反向恢复时间（又称关断时间），一般为纳秒数量级，用 t_{re} 表示。反向恢复时间 t_{re} 对二极管开关的动态特性有很大影响，是影响二极管开关速度的主要因素。

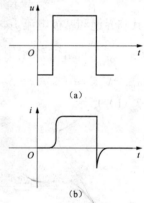

图 3-5　二极管的开关动态特性

3.2.2　半导体晶体管的开关特性

1. 静态特性（开关作用）

晶体管有截止、放大和饱和三种工作状态。在数字电路中，晶体管不是工作在截止状态，就是工作在饱和状态，而放大状态仅仅是一种瞬间即逝的工作状态。下面参照图 3-6 所示的共射极晶体管（以硅管为例）开关电路和输出特性曲线来讨论晶体管的静态开关作用。

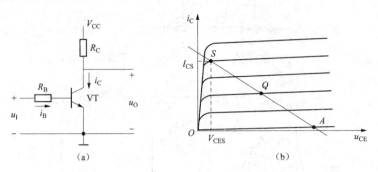

图 3-6　晶体管开关电路及输出特性

当输入电压 $u_I = V_{IL}$ 时，晶体管基、射极间电压小于发射结开启电压，晶体管截止，基极电流、集电极电流近似为零，即 $i_B \approx 0$，$i_C \approx 0$，其输出电压 $U_O \approx V_{CC}$，此时晶体管工作在截止区。为了使晶体管可靠截止，一般在输入端加反向电压，使发射结处于反偏。晶体管截止时如同断开的开关，其等效电路如图 3-7（a）所示。

当输入电压 $u_I = V_{IH}$ 时，假设晶体管工作在临界饱和状态，即工作在图 3-6（b）中的 S 点。这时晶体管的基极电流称为临界饱和基极电流 I_{BS}，对应的集电极电流称为临界饱和集电极电流 I_{CS}，基、射极间的电压称为临界饱和电压 V_{BES}，其值为 0.7V，集、射极间的电压称为临界饱和管压降 V_{CES}，其值为 $0.1 \sim 0.3$V。晶体管工作在 S 点时，其放大特性在该点仍适用。$I_{BS} = \dfrac{I_{CS}}{\beta}$，$I_{CS} = \dfrac{V_{CC} - V_{CES}}{R_C} \approx \dfrac{V_{CC}}{R_C}$，所以 $I_{BS} \approx \dfrac{V_{CC}}{\beta R_C}$。显然，只要实际输入基极的电流 i_B 大于其临界饱和基极电流 I_{BS} 的值，晶体管便工作在饱和状态。因此，晶体管的饱和条件为 $i_B > I_{BS} \approx \dfrac{V_{CC}}{\beta R_C}$。晶体管工作在饱和区时，由晶体管的输入特性和输出特性可知，饱和导通后有：$u_{BE} = V_{BES} \approx 0.7$V，$u_{CE} = V_{CES} \leqslant 0.3$V，此时晶体管如同闭合的开关，其等效电路如图 3-7（b）所示。

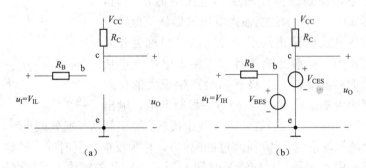

图 3-7　晶体管开关状态等效电路

2. 动态特性（开关时间参数）

半导体晶体管和二极管相似，并非理想开关。晶体管从饱和到截止和从截止到饱和都是需要时间的。晶体管从截止到饱和所需要的时间称为开通时间，用 t_{on} 表示；从饱和到截止所需要的时间称为关断时间，用 t_{off} 表示。晶体管的开通时间 t_{on} 和关断时间 t_{off} 一般在纳秒（ns）数量级。晶体管在截止状态和饱和状态之间转换时的过渡特性称为晶体管的动态特性。在动态情况下，由于晶体管内部电荷的建立与消散都需要一定的时间，因而晶体管集电极电流 i_C 的变化将滞后于晶体管输入电压 u_I 的变化。这样，晶体管开关电路的输出电压 u_O 必然

滞后于输入电压 u_I 的变化,如图3-8所示。这种滞后现象是由于晶体管基极与发射极之间及集电极与发射极之间都存在结电容效应所致。

在大多数数字电路中,通过合理选择电路参数,可以使晶体管只工作在饱和状态和截止状态,放大状态只是一个过渡状态。当然,要做到这一点,对输入电压的变化范围是有限制的,否则可能会使晶体管工作在放大区。此外要说明的是,开关晶体管的开通时间 t_{on} 和关断时间 t_{off} 的大小反映了晶体管从截止到饱和与从饱和到截止的开关速度,它们是影响数字电路工作速度的主要因素。

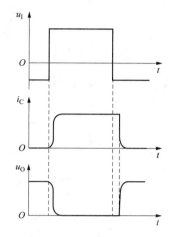

图 3-8 开关晶体管的动态特性

3.2.3 MOS 管的开关特性

MOS(Metal-Oxide-Semiconductor)管是金属-氧化物-半导体场效应管的简称,与晶体管功能相似,MOS 管也是一种具有放大功能的器件。与晶体管不同的是,场效应管是一种电压控制器件,栅极 G(Gate)与源极 S(Source)之间的电压 u_{GS} 控制了漏极 D(Drain)与源极 S 之间的电流 i_D,使漏极与源极之间相当于一个受栅极和源极之间电压控制的受控电流源。

MOS 管也有 3 个工作状态,即截止状态、可变电阻状态(相当于双极型晶体管的饱和状态)、恒流状态(相当于双极型晶体管的放大状态)。在数字电路中,MOS 管只能工作在截止状态和可变电阻状态。

下面以 N 沟道增强型 MOS 管(增强型 NMOS 管)为例介绍其开关特性。

1. 静态特性(开关作用)

如图 3-9(a)所示是增强型 NMOS 管构成的开关电路。已知 NMOS 管栅源开启电压为 $V_{GS(th)N}$,且 $V_{GS(th)N} > 0$。

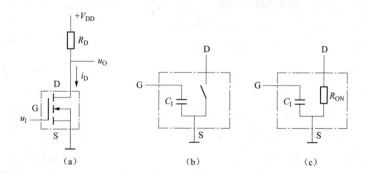

图 3-9 NMOS 管的开关电路及等效电路

(a)NMOS 管的开关电路;(b)截止时等效电路;(c)导通时等效电路

当输入信号 $u_I < V_{GS(th)N}$ 时,NMOS 管处于截止状态,漏极 D 与源极 S 之间呈现较高电阻,相当于断开状态,漏极电流 $i_D = 0$,$u_O = u_{DS} \approx V_{DD}$,电路输出高电平。其等效电路如图 3-9(b)所示。图中 C_I 代表栅极的输入电容,约为几皮法。

当输入信号 $u_I > V_{GS(th)N}$ 时,漏极 D 与源极 S 之间导通,导通电阻 R_{ON} 很小,如同闭合的开关,且当 $R_D \gg R_{ON}$ 时,$u_O = u_{DS} = \dfrac{R_{ON}}{R_D + R_{ON}} V_{DD} \approx 0$,电路输出低电平。其等效电路如图 3-9(c)

所示。

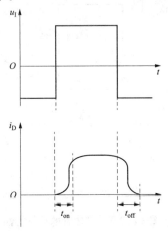

图 3-10 开关 NMOS 管的动态特性

2. 动态特性（开关时间参数）

根据 MOS 管的结构特点，MOS 管在导通和截止两个状态间转换也存在过渡时间。其动态特性主要取决于电路中有关的杂散电容的充、放电所需的时间，而管子本身导通和截止时电荷积累和消散的时间是很短的。在图 3-9（a）所示开关电路中输入理想的矩形波，其漏极电流 i_D 的变化如图 3-10 所示。开通时间 t_{on} 表示从截止到导通所需要的时间，关断时间 t_{off} 表示从导通到截止所需要的时间。

MOS 管的导通电阻比半导体晶体管的饱和导通电阻要大，R_D 也比 R_C 大，所以它的开通时间和关断时间比晶体管长，其开关特性较差。

3.3 分立元器件门电路

3.3.1 二极管与门

由二极管组成的两输入端与门电路如图 3-11 所示。设 $V_{CC}=5V$，A、B 端输入的高电平 $V_{IH}=3V$，低电平 $V_{IL}=0V$，二极管 VD1、VD2 的正向导通压降 $V_{ON}=0.7V$。

由图 3-11 可知，若：

$V_A=V_B=0V$，此时二极管 VD1、VD2 都导通，由于二极管正向导通时的钳位作用，$V_Y=0.7V$。

$V_A=0V$，$V_B=3V$，此时二极管 VD1 导通，由于钳位作用，$V_Y=0.7V$。VD2 受反向电压而截止。

$V_A=3V$，$V_B=0V$，此时二极管 VD2 导通，$V_Y=0.7V$。VD1 受反向电压而截止。

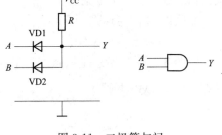

图 3-11 二极管与门

$V_A=V_B=3V$，此时二极管 VD1、VD2 都导通，$V_Y=3V+0.7V=3.7V$。

把上述分析结果归纳起来列入逻辑电平表 3-1 中。若规定 3V 以上为高电平，用逻辑 1 表示，0.7V 以下为低电平，用逻辑 0 表示，则可将表 3-1 改写成表 3-2 真值表。

表 3-1 两输入与门输出逻辑电平表

输 入		输 出
A（V）	B（V）	Y（V）
0	0	0.7
0	3	0.7
3	0	0.7
3	3	3.7

表 3-2 与逻辑真值表

输 入		输 出
A	B	Y
0	0	0
0	1	0
1	0	0
1	1	1

这种与门电路结构简单，但存在缺陷。首先，输出的高、低电平和输入的高、低电平数

值不相等，相差一个二极管的导通压降。如果将这个门的输出作为下一级门的输入信号，将发生信号高、低电平的偏移。其次，当输出端对地接上负载电阻时，负载电阻的改变有时会影响输出的高电平。因此，这种二极管与门电路仅用作集成电路内部的逻辑单元，而不用它直接去驱动负载电路。

3.3.2 二极管或门

由二极管组成的两输入端或门电路如图 3-12 所示。设 A、B 端输入的高电平 $V_{IH}=3V$，低电平 $V_{IL}=0V$，二极管 VD1、VD2 的正向导通压降 $V_{ON}=0.7V$。

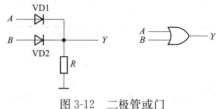

图 3-12 二极管或门

由图 3-12 可知，若

$V_A=V_B=0V$，此时二极管 VD1、VD2 都截止，$V_Y=0V$。

$V_A=0V$，$V_B=3V$，此时二极管 VD2 导通，由于钳位作用，$V_Y=3V-0.7V=2.3V$。VD1 受反向电压而截止。

$V_A=3V$，$V_B=0V$，此时二极管 VD1 导通，$V_Y=2.3V$。VD2 受反向电压而截止。

$V_A=V_B=3V$，此时二极管 VD1、VD2 都导通，$V_Y=2.3V$。

把上述分析结果归纳起来列入逻辑电平表 3-3 中。规定 2.3V 以上为高电平，用逻辑 1 表示；0V 为低电平，用逻辑 0 表示。表 3-3 改写成表 3-4 真值表。

表 3-3　两输入或门输出逻辑电平表

输　　入		输　　出
A (V)	B (V)	Y (V)
0	0	0
0	3	2.3
3	0	2.3
3	3	2.3

表 3-4　或逻辑真值表

输　　入		输　　出
A	B	Y
0	0	0
0	1	1
1	0	1
1	1	1

二极管或门同样存在着输出电平偏移的问题，所以这种电路结构仅用作集成电路内部的逻辑单元。

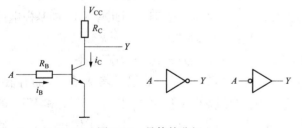

图 3-13 晶体管非门

3.3.3 晶体管非门

图 3-13 所示是晶体管组成的非门电路，又称反相器。设 $V_{CC}=5V$，A 端输入的高电平 $V_{IH}=3V$，低电平 $V_{IL}=0V$。此电路只有以下两种工作情况：

$V_A=0V$，加在晶体管发射结的电压小于开启电压，满足截止条件，所以晶体管截止，输出 $V_Y=V_{CC}=5V$。

$V_A=3V$，加在晶体管发射结的电压大于开启电压，发射结正偏，只要合理选择电路参数，使晶体管满足饱和条件 $I_B>I_{BS}$，则管子就会工作于饱和状态，输出 $V_Y=V_{CES}\approx0.3V$。

把上述分析结果归纳起来列入逻辑电平表 3-5 中，可得到真值表 3-6。

表 3-5	非门逻辑电平表
输　入	输　出
A (V)	Y (V)
0	5
3	0.3

表 3-6	非逻辑真值表
输　入	输　出
A	Y
0	1
1	0

3.4　TTL 集成门电路

按照构成集成电路的半导体器件材料来分，可分为双极型器件和单极型器件两大类。双极型器件包括 TTL、ECL、HTL 和 I^2L 等。TTL 集成电路是双极型集成电路的典型代表，是目前双极型数字集成电路中用得最多的一种，由于这种数字集成电路的输入级和输出级的结构形式都采用了半导体晶体管，所以一般称为晶体管-晶体管逻辑门电路，简称 TTL（Transistor- Transistor Logic）。

3.4.1　TTL 反相器（非门）的基本结构及工作原理

1. TTL 反相器的基本结构

图 3-14 是典型的 TTL 反相器的电路原理图，逻辑符号同分立元件非门。它主要由三部分组成：VT1、R_1 和 VD1 组成的输入级，VT2、R_2 和 R_3 组成的倒相极，VT3、VT4、VD2 和 R_4 组成的输出级。

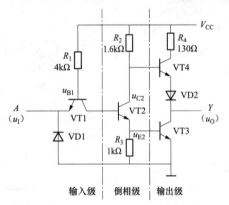

图 3-14　TTL 反相器的典型电路

2. TTL 反相器的工作原理

设电源电压 $V_{CC}=5V$，输入信号的高、低电平分别为 $V_{IH}=3.4V$，$V_{IL}=0.2V$。PN 结伏安特性可以用折线化的等效电路代替，并认为开启电压 $V_{ON}=0.7V$，则 TTL 反相器的工作原理分析如下：

（1）输入低电平时。当 $u_1=V_{IL}$ 时，VT1 的发射结导通，VT1 的基极电位被钳位在 0.9V（$u_{B1}=V_{IL}+V_{ON}$）。该电位不足以使 VT1 的集电结、VT2 和 VT3 的发射结同时导通（至少需要 2.1V），所以 VT2 和 VT3 截止，流过 R_2 的电流仅为 VT4 的基极电流，这个电流较小，在 R_2 上产生的压降也较小，可以忽略。因此有 VT4 的基极电位 $u_{B4}\approx V_{CC}$，使 VT4 和 VD2 导通，则有 $u_O\approx V_{CC}-V_{BE4}-V_{D2}=3.6V$。

因此当 $u_1=V_{IL}$ 时，电路输出级中的 VT4 导通，VT3 截止，输出为高电平。

（2）输入高电平时。当 $u_1=V_{IH}$ 时，VT1 的发射结导通。如果不考虑 VT2 的存在，VT1 的基极电位 $u_{B1}=V_{IH}+V_{ON}=4.1V$，该点电位足以使 VT1 的集电结、VT2 和 VT3 的发射结同时导通。而 VT2 和 VT3 一旦导通后，VT1 的基极电位 u_{B1} 便被钳位在 2.1V。此时的 VT1 管处于倒置放大状态（即把 VT1 实际的集电极用作发射极，而实际的发射极用作集电极），其电流放大系数 $\beta_{反}$ 很小（$\beta_{反}<0.01$），所以 $I_{B2}=I_{C1}=(1+\beta_{反})I_{B1}\approx I_{B1}$，VT2 导通使 u_{C2} 降低而 u_{E2} 升高，合理选择 R_1、R_2 和 R_3 的值，可以使 VT2 和 VT3 均处于饱和状态。VT2 饱和使得 VT2 的集电极电位 $u_{C2}=V_{CES2}+V_{BE3}=1V$，该点电位不足以使 VT4 和 VD2 都导通，因此，VT4 和 VD2 都截止。VT3 饱和使得 $u_O=V_{CES3}=0.3V$。

因此当 $u_I = V_{IH}$ 时，电路输出级中的 VT3 导通，VT4 截止，输出为低电平。

综上，当输入为低电平时，输出高电平；当输入为高电平时，输出低电平。电路实现了非门的逻辑关系，即 $Y = A'$。正因为如此，通常也将非门称为反相器（Inverter）。

（3）输入端悬空时。输入端悬空时，VT1 管发射结截止。V_{CC} 通过 R_1 使 VT1 的集电结及 VT2 和 VT3 的发射结同时导通，使 VT2 和 VT3 处于饱和状态，VT4 和 VD2 截止。显然 VT3 饱和使得 $u_O = V_{CES3} = 0.3V$。

可见输入端悬空和接高电平时电路的工作状态相同。因此，当 TTL 电路的某输入端悬空时，可以等效看作该端接入了逻辑高电平。实际电路使用时，悬空易引入干扰，故对不用的输入端一般不悬空，应做相应的处理。

3.4.2　TTL 反相器的主要特性和参数

1. 电压传输特性

TTL 反相器的电压传输特性描述了输出电压 u_O 与输入电压 u_I 之间的关系，其测试电路及曲线图如图 3-15 所示，现分段介绍如下：

（1）AB 段（截止区）。当 $u_I \leqslant$ 0.6V 时，$u_{B1} \leqslant 1.3V$，VT2 和 VT3 截止而 VT4 和 VD2 导通，故输出为高电平，$u_{OH} \approx V_{CC} - V_{BE4} - V_{D2} = 3.6V$。这一段称为特性曲线的截止区。

（2）BC 段（线性区）。当 0.6V$< u_I \leqslant 1.3V$ 时，VT2 导通且

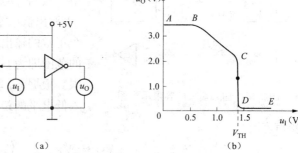

图 3-15　TTL 反相器的电压传输特性
（a）测试电路；（b）电压传输特性曲线

处于放大状态，VT4 处于射极输出状态，随着 u_I 的增加，u_{B2} 增加，u_{C2} 下降，并通过 VT4 和 VD2 使 u_O 也随着线性下降，故 BC 段称为线性区。

（3）CD 段（转折区）。当 $u_I \approx 1.4V$ 时，$u_{B1} \approx 2.1V$，VT2 导通且导通电流较大，以至 u_{B3} 达到 0.7V 左右，使 VT3 很快从截止转为饱和，输出明显下降。这一段称为特性曲线的转折区。转折区中点对应的输入电压称为阈值电压或门槛电压（Threshold Voltage），用 V_{TH} 表示，$V_{TH} \approx 1.4V$。

（4）DE 段（饱和区）。当 $u_I > 1.4V$ 时，VT3 饱和导通而 VT4 截止，输入 u_I 的增加对输出电压影响不大，$u_O = V_{OL} \approx 0.3V$。这一段称为特性曲线的饱和区。

结合 TTL 反相器的电压传输特性曲线，介绍下面几个参数。

1）输出高电平 V_{OH}。如图 3-15（b）所示，电压传输特性曲线的截止区对应的输出电平为 V_{OH}，其理论值为 3.6V。实际上，只要大于 2.4V 的输出电压就可称为输出高电平 V_{OH}。

2）输出低电平 V_{OL}。如图 3-15（b）所示，电压传输特性曲线的饱和区对应的输出电平为 V_{OL}，其理论值为 0.3V。实际上，只要小于 0.5V 的输出电压就可称为输出低电平 V_{OL}。

3）开门电平 V_{ON}。在保证输出为额定低电平 $V_{OL(max)}$ 的条件下，允许输入的高电平的最小值 $V_{IH(min)}$ 称为开门电平 V_{ON}。一般厂家技术指标中取 $V_{ON} \geqslant 1.8V$。

4）关门电平 V_{OFF}。在保证输出为额定高电平 $V_{OH(min)}$ 的条件下，允许输入的低电平的最大值 $V_{IL(max)}$ 称为关门电平 V_{OFF}。一般厂家技术指标中取 $V_{OFF} \leqslant 0.8V$。

5）阈值电压 V_{TH}。电压传输特性曲线转折区中点所对应的输入电压。对 74 系列集成门电路而言，TTL 的阈值电压 $V_{TH} \approx 1.4V$。

6）输入端噪声容限。从图 3-15（b）中电压传输特性曲线可以看出，当输入信号偏离正常的低电平（0.2V）而升高时，输出端高电平并不立刻改变。同样，当输入信号偏离正常的高电平（3.6V）而降低时，输出端低电平也不会马上改变。因此，在保证输出高、低电平基本不变（变化的大小不超过规定的允许限度）的条件下，允许输入信号的高、低电平

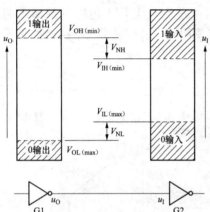

图 3-16　输入端噪声容限示意图

有一个波动范围，这个范围称为输入端的噪声容限，用 V_N 来表示。

在将许多门电路相互连接组成系统时，前一级门电路的输出就是后一级门电路的输入。图 3-16 给出了输入端噪声容限的计算方法。若前一级门 G1 输出为低电平，则后一级门 G2 输入也应为低电平。若由于某种干扰，使得 G2 的输入低电平是前一级门 G1 输出低电平和干扰信号的叠加，为了保证 G2 有个正常的输出高电平，即 $V_O > V_{OH(min)}$，则这个干扰的范围即为 G2 门输入端的电压波动范围，即噪声容限。根据 G1 输出低电平的最大值 $V_{OL(max)}$ 和 G2 的输入低电平的最大值 $V_{IL(max)}$，可求得输入为低电平时

的噪声容限为

$$V_{NL} = V_{IL(max)} - V_{OL(max)} \tag{3-1}$$

同理，求得输入端为高电平时的噪声容限为

$$V_{NH} = V_{OH(min)} - V_{IH(min)} \tag{3-2}$$

噪声容限表示门电路的抗干扰能力。显然，噪声容限越大，电路的抗干扰能力越强。

2. 输入特性

TTL 反相器的输入特性主要研究输入电压 u_1 和输入电流 i_1 的关系。图 3-17（a）所示为测试电路；图 3-17（b）所示为输入端等效电路（考虑输入信号为高电平和低电平而不是某一个中间值时，忽略 VT2 和 VT3 的发射结反向电流以及 R_3 对 VT3 基极回路的影响等效得来），电路中标注 i_1 的方向为正方向；图 3-17（c）为输入特性曲线。

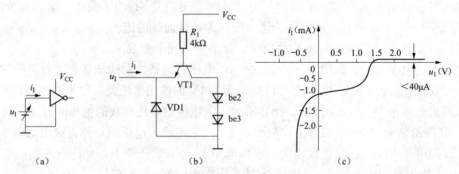

图 3-17　TTL 反相器的输入特性

（a）测试电路；（b）输入端等效电路；（c）输入特性

设电源电压 $V_{CC}=5V$，输入信号的高、低电平分别为 $V_{IH}=3.4V$，$V_{IL}=0.2V$。

1）当 $u_I=V_{IL}=0.2V$ 时，输入低电平电流 I_{IL} 为

$$I_{IL}=-\frac{V_{CC}-V_{BE1}-V_{IL}}{R_1}\approx-1mA \tag{3-3}$$

$u_I=0$ 时的输入电流称为输入短路电流 I_{IS}。在做近似计算时，通常用手册上给出的 I_{IS} 代替 I_{IL} 使用。产品规定，$I_{IL}<1.6mA$。

2）当 $u_I=V_{IH}=3.4V$ 时，通过 3.4.1 小节的分析可知，VT1 管处于倒置的放大状态，这时的输入电流只是 VT1 发射结的反向电流，所以输入高电平电流 I_{IH} 很小。74 系列门电路每个输入端的 I_{IH} 值在 $40\mu A$ 以下。

输入电压介于高、低电平之间的情况通常只发生在电平转换过程中，且情况比较复杂，分析过程在此略去。

3. 输出特性

TTL 反相器的输出特性研究输出端带负载时，输出电压和输出电流之间的关系。设电源电压 $V_{CC}=5V$，输入信号的高、低电平分别为 $V_{IH}=3.4V$，$V_{IL}=0.2V$，根据电路输出状态不同，可以分成输出高电平和输出低电平两种情况讨论。

（1）高电平输出特性。输出高电平时测试电路如图 3-18（a）所示，电路等效图如图 3-18（b）所示。外接负载电流 i_L 为输出高电平电流 I_{OH}，它从 VT4 发射极流向负载，称为拉电流。在负载电流较小时，负载电流的变化对 V_{OH} 的影响很小。此时，VT4 工作在射极输出状态，电路的输出电阻很小。随着负载电流 i_L 的增加，R_4 上的压降随之增大，使得 VT4 工作到饱和状态而失去跟随作用。这时，输出的高电平随着 i_L 的增加很快下降。其对应的输出特性曲线如图 3-18（c）所示。从曲线可见，在 $i_L<5mA$ 的范围内 V_{OH} 变化很小；当 $i_L>5mA$ 以后，随着负载电流 i_L 的增加，输出的高电平 V_{OH} 下降较快。

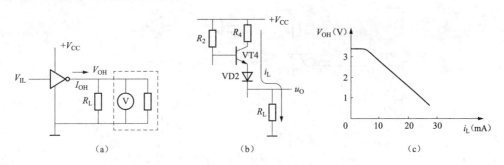

图 3-18　TTL 反相器的高电平输出特性

（a）测试电路；（b）高电平输出等效电路；（c）高电平输出特性

74 系列门电路的使用条件规定，输出为高电平时，最大负载电流不能超过 0.4mA。

（2）低电平输出特性。输出低电平时测试电路如图 3-19（a）所示，等效电路如图 3-19（b）所示。外接负载电流 i_L 为输出低电平电流 I_{OL}，它从负载流向 VT3 的集电极，称为灌电流。由于输出低电平时，VT3 饱和，VT3 的集—射间的饱和导通电阻很小（通常在 10Ω 以内），饱和导通压降很低（通常约为 0.1V），所以负载电流 i_L 增加时输出的低电平 V_{OL} 仅略有升高，其对应的输出特性曲线如图 3-19（c）所示。可以看出 V_{OL} 与 i_L 的关系在较大的范围内基本呈线性。通常为了保证 $V_{OL}\leq0.4V$，应使 $I_{OL}\leq16mA$。

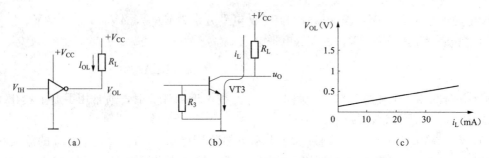

图 3-19　TTL 反相器的低电平输出特性

(a) 测试电路；(b) 低电平输出等效电路；(c) 低电平输出特性

（3）扇出系数。在数字电路中，门电路的输出端一般都要与其他门的输入端相连，称为带负载。把门电路输出端最多能带同类门的个数称为扇出系数 N_O。如图 3-20 所示，一个非门电路最多允许带几个同类的负载门？下面来讨论这个问题。

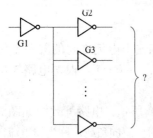

图 3-20　门电路带负载的情况

对于驱动门 G1 来说，它的输出电流有两种情况：输出低电平电流 I_{OL} 和输出高电平电流 I_{OH}。通过 TTL 非门输出特性的分析可知，对于 74 系列的门电路来说，$I_{OH} \leqslant 0.4\text{mA}$，$I_{OL} \leqslant 16\text{mA}$。

对于负载门 G2，G3……来说，当驱动门输出低电平时，会有输出低电平电流 I_{OL}（灌电流）经负载门灌进驱动门；而当负载门输入低电平时，每一个负载门都应有一个对应的低电平输入电流 I_{IL} 从负载门的输入端流出，进入驱动门的输出端，如图 3-21 所示。对于 74 系列门电路来说，$|I_{IL}| < 1.6\text{mA}$。

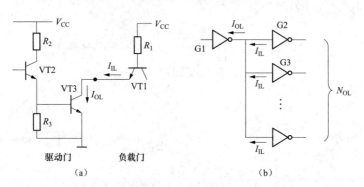

图 3-21　驱动门输出低电平时带负载能力

(a) 内部结构示意图；(b) 带负载能力

由图 3-21 可得出，驱动门输出低电平时所能驱动同类门的个数，即门电路输出低电平时的扇出系数为

$$N_{OL} \leqslant \frac{I_{OL(\text{max})}}{|I_{IL}|} \tag{3-4}$$

当驱动门输出高电平时，会有输出高电平电流 I_{OH}（拉电流）流出驱动门进入负载门；而当负载门输入高电平时，每一个负载门都流入一个对应的高电平输入电流 I_{IH}（由驱动门的输出端流出），如图 3-22 所示。对于 74 系列的门电路来说，$I_{IH} \leqslant 40\mu\text{A}$。

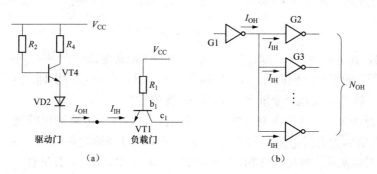

图 3-22 驱动门输出高电平时带负载能力

(a) 内部结构小意图；(b) 带负载能力

由图 3-22 可得出，驱动门输出高电平时所能驱动同类门的个数为

$$N_{OH} \leqslant \frac{I_{OH(max)}}{I_{IH}} \tag{3-5}$$

一般地，若 $N_{OL} \neq N_{OH}$，应取两者中较小值作为门电路的扇出系数，用 N_O 表示。N_O 越大，表示门带负载能力越强。对 TTL 集成电路而言，扇出系数 N_O 为 8～10。

例 3-1 在图 3-20 所示电路中，已知 74 系列的反相器输出高、低电平分别为 $V_{OH} \geqslant 3.2V$，$V_{OL} \leqslant 0.2V$，输出低电平电流为 $I_{OL(max)} = 16mA$，输出高电平电流为 $I_{OH(max)} = 0.4mA$，输入低电平电流 $I_{IL} = 1mA$，输入高电平电流 $I_{IH} = 40\mu A$，试计算门 G1 可带同类门的个数。

解 当 G1 输出为低电平时，有

$$N_{OL} \leqslant \frac{I_{OL(max)}}{I_{IL}} = \frac{16}{1} = 16$$

当 G1 输出为高电平时，有

$$N_{OH} \leqslant \frac{I_{OH(max)}}{I_{IH}} = \frac{0.4}{40 \times 10^{-3}} = 10$$

故取 $N_O = 10$，即门 G1 可带同类门的个数为 10 个。

4. 输入端负载特性

在具体使用门电路时，有时需要在输入端与地之间或者输入端与信号的低电平之间接入电阻 R_P，如图 3-23 (a) 所示。

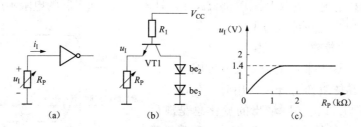

图 3-23 TTL 非门输入端负载特性

(a) 测试电路；(b) 输入端经电阻接地时的等效电路；(c) 输入端负载特性

由图 3-23 (b) 可知，输入电流流过 R_P，会在 R_P 上产生压降而形成输入端电压 u_I。图 3-23 (c) 所示曲线给出了 u_I 随 R_P 变化的规律，即输入端负载特性。当 R_P 较小时，u_I

随 R_P 的增加而升高，此时 VT3 截止，忽略 VT2 基极电流的影响，可近似认为

$$u_I = \frac{R_P}{R_P + R_1}(V_{CC} - V_{BE1}) \tag{3-6}$$

式（3-6）表明，在 $R_P \ll R_1$ 的条件下，u_I 几乎与 R_P 成正比。但是当 u_I 上升到 1.4V 以后，VT2 和 VT3 的发射结同时导通，将 u_{B1} 钳位在 2.1V 左右，所以即使 R_P 再增大，u_I 也不会再升高了，特性曲线趋近于 $u_I = 1.4V$ 的一条水平线。

由上面分析可知，改变输入对地电阻 R_P 的值时，可改变电路输出状态。维持输出高电平的 R_P 的最大值称为关门电阻，用 R_{OFF} 表示。同样，维持输出低电平的 R_P 的最小值称为开门电阻，用 R_{ON} 表示。典型的 TTL 门电路 $R_{OFF} \approx 0.7k\Omega$，$R_{ON} \approx 1.5k\Omega$。

数字电路中要求输入负载电阻 $R_P \geqslant R_{ON}$（认为输入 u_I 为高电平）或 $R_P \leqslant R_{OFF}$（认为输入 u_I 为低电平），否则输入信号将不在高低电平范围内。

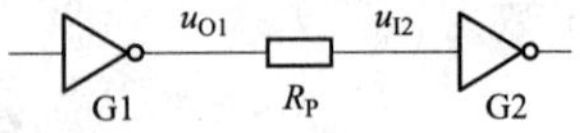

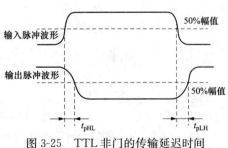

图 3-24　例 3-2 电路

例 3-2　在图 3-24 所示电路中，为保证门 G1 输出的高、低电平能正确地传送到门 G2 的输入端，要求 $u_{O1} = V_{OH}$ 时，$u_{I2} \geqslant V_{IH(min)}$；$u_{O1} = V_{OL}$ 时，$u_{I2} \leqslant V_{IL(max)}$。试计算 R_P 的最大允许值。已知 G1 和 G2 均为 74 系列非门，$V_{CC} = 5V$，$V_{OH} = 3.4V$，$V_{OL} = 0.2V$，$V_{IH(min)} = 2.0V$，$V_{IL(max)} = 0.8V$。G1 和 G2 的输入特性和输出特性如图 3-17～图 3-19 所示。

解　（1）首先计算 $u_{O1} = V_{OH}$，$u_{I2} \geqslant V_{IH(min)}$ 时 R_P 的允许值。由题意可知

$$V_{OH} - I_{IH} R_P \geqslant V_{IH(min)} \Rightarrow R_P \leqslant \frac{V_{OH} - V_{IH(min)}}{I_{IH}} \tag{3-7}$$

从图 3-17 所示的输入特性曲线上查到 $u_I = V_{IH(min)} = 2.0V$ 时的输入电流 $I_{IH} = 0.04mA$，代入式（3-7）中得到 $R_P \leqslant 35k\Omega$。

（2）再计算 $u_{O1} = V_{OL}$，$u_{I2} \leqslant V_{IL(max)}$ 时 R_P 的允许值。由图 3-23（b）可见，当 R_P 的接地端改接至 V_{OL} 时，应满足如下关系式：

$$R_P \left(\frac{V_{CC} - V_{BE1} - V_{IL(max)}}{R_1} \right) + V_{OL} \leqslant V_{IL(max)}$$

$$\Rightarrow R_P \leqslant \frac{V_{IL(max)} - V_{OL}}{V_{CC} - V_{BE1} - V_{IL(max)}} R_1 \tag{3-8}$$

将给定参数代入式（3-8）中得到 $R_P \leqslant 0.69k\Omega$。

综合以上两种情况，应取 $R_P \leqslant 0.69k\Omega$，即 G1 和 G2 之间串联的电阻不应该大于 690Ω，否则当 $u_{O1} = V_{OL}$ 时，u_{I2} 可能超过 $V_{IL(max)}$ 的值。

5. TTL 非门的传输延迟特性

理想情况下，TTL 非门的输出会立即响应输入信号的变化，但晶体管作为开关使用时，存在着延迟时间，使得 TTL 非门实际输出的变化总是滞后于输入的变化，即存在导通延迟时间 t_{pHL} 和截止延迟时间 t_{pLH}，如图 3-25 所示。平均延迟时间 t_{pd} 是它们的平均值，即

图 3-25　TTL 非门的传输延迟时间

$$t_{\rm pd} = \frac{1}{2}(t_{\rm pHL} + t_{\rm pLH}) \tag{3-9}$$

平均延迟时间反映了 TTL 门的瞬态开关特性，电路的 $t_{\rm pd}$ 越小，说明它的工作速度越快。一般 TTL 非门的平均延迟时间为几纳秒（ns）。

6. 空载功耗

TTL 非门的空载功耗是指当非门空载时电源总电流 $I_{\rm CC}$ 和电源电压 $V_{\rm CC}$ 的乘积。TTL 非门输出的逻辑状态不同，电源所供给的电流也不同。$I_{\rm CCL}$ 是指门电路输出为低电平 $V_{\rm OL}$ 时电源所提供的电流，与之对应的是输出低电平时的功耗，称为空载导通功耗 $P_{\rm ON}$。$I_{\rm CCH}$ 是指门电路输出为高电平 $V_{\rm OH}$ 时电源所提供的电流，与之对应的是输出高电平时的功耗，称为空载截止功耗 $P_{\rm OFF}$。$P_{\rm ON}$ 总是大于 $P_{\rm OFF}$。通常用平均功耗 P 来反映门电路的空载功耗，即

$$P = \frac{P_{\rm ON} + P_{\rm OFF}}{2} \tag{3-10}$$

通常情况下，P 小于 50mW。

3.4.3　TTL 门电路的其他类型及其应用

1. 其他逻辑功能的门电路

TTL 门电路的定型产品中除了非门外，还有与门、或门、与非门、或非门、与或非门和异或门几种常见类型。尽管它们功能各异，但是输入端、输出端的电路结构形式和非门基本相同，因此前面介绍的非门的输入特性和输出特性对这些门电路同样适用。

（1）与非门。图 3-26 是 74 系列与非门的典型电路。它与图 3-14 所示的非门电路的区别在于输入端改成了多发射极晶体管。多发射极晶体管 VT1 结构如图 3-27 所示。

设电源电压 $V_{\rm CC} = 5{\rm V}$，输入信号的高、低电平分别为 $V_{\rm IH} = 3.4{\rm V}$，$V_{\rm IL} = 0.2{\rm V}$。PN 结伏安特性可以用折线化的等效电路代替，并认为开启电压 $V_{\rm ON} = 0.7{\rm V}$。只要 A、B 当中有一个接低电平，则 VT1 必有一个发射结导通，使得 VT1 的基极电位钳位在 0.9V，这时 VT2 和 VT3 都不导通，输出为高电平 $V_{\rm OH}$。只有当 A、B 同时为高电平时，VT2 和

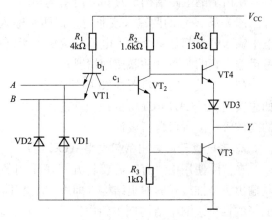

图 3-26　TTL 与非门电路

VT3 才会同时导通，使得输出为低电平 $V_{\rm OL}$。因此，Y 和 A、B 之间为与非关系，即 $Y = (A \cdot B)'$。

可见，TTL 电路中的与逻辑关系是利用 VT1 的多发射极实现的。

在讨论与非门的扇出系数时，由于与非门的输入端、输出端的电路结构形式和非门基本相同，因此与非门的输入特性和输出特性也和非门一样。计算与非门每个输入端的

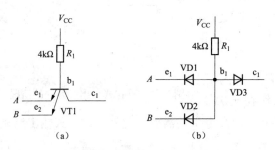

图 3-27　多发射极晶体管及其等效电路

(a) 多发射极晶体管；(b) 等效电路

输入电流应根据输入端的不同工作状态区别对待。如图 3-26 所示的两输入端与非门，把两个输入端并联使用时，若输入端为低电平，则此时对应的低电平输入电流仍可按式（3-3）计算，所以计算 N_{OL} 的方法与非门相同；若输入端为高电平，e_1、e_2 分别为两个倒置晶体管的等效集电极，总的输入电流为单个输入端的高电平输入电流的两倍，所以计算 N_{OH} 时，要考虑输入端的个数。

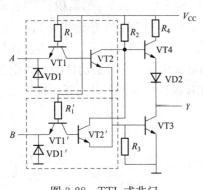

图 3-28   TTL 或非门

（2）或非门。或非门的典型电路如图 3-28 所示。图中两个虚线框内的电路完全相同。当 A 为高电平时，VT2 和 VT3 同时导通，VT4 截止，输出 Y 为低电平。而 B 为高电平时，VT2′ 和 VT3 同时导通，VT4 截止，输出 Y 也为低电平。只有 A、B 都为低电平时，VT2 和 VT2′ 同时截止，使得 VT3 截止，VT4 导通，输出高电平。因此，Y 和 A、B 之间为或非关系，即 $Y = (A+B)'$。可见，TTL 电路中的或逻辑关系是通过将 VT2 和 VT2′ 两个晶体管的输出端并联实现的。

在讨论或非门的扇出系数时，由于或非门的输入端、输出端的电路结构形式和非门基本相同，因此或非门的输入特性和输出特性也和非门一样。图 3-28 所示的两输入或非门，把两个输入端并联使用时，无论低电平输入电流还是高电平输入电流都是单个输入电流的两倍。所以在计算多输入端或非门的扇出系数 N_O 时，要考虑输入端的个数（并联使用情况）。

（3）与或非门。将图 3-28 中的 VT1 和 VT1′ 改成多发射极晶体管，就能实现与或非门。如想实现 $Y = (AB+CD)'$ 的逻辑功能，则可以将图 3-28 中的 VT1 和 VT1′ 改成两个发射极的晶体管，读者可自行设计。

2. 集电极开路输出的门电路（OC 门）

在实际使用中，有时需要将几个逻辑门的输出端相连使用。前面介绍的 TTL 门电路，其输出级是推拉式的输出结构（即 VT3、VT4 轮流导通工作），不适用于这种连接。因为门电路的推拉式输出结构使得门电路不论输出高电平还是输出低电平，其输出电阻都很低，只有几欧到几十欧。若将具有推拉式输出结构的两个或两个以上的 TTL 门电路输出端直接并联在一起，如图 3-29 所示。当其中一个输出高电平，另一个输出低电平时，它们中的导通管就会在电源和地之间形成一个低阻串联通路，因此产生的大负载电流就会同时流过两个门的输出级，这个电流的数值远远超过正常工作电流，可能使门电路损坏。

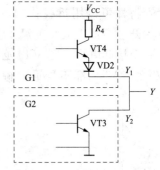

图 3-29   推拉式输出级并联的情况

推拉式输出结构的 TTL 门电路的使用还有另一个局限性，即门电路的电源一旦确定（通常规定工作在 +5V）输出的高电平也就固定了，因而无法满足对不同输出高电平的需要。此外，推拉式输出结构也不能满足驱动较大电流及较高电压负载的要求。

克服上述局限性的方法就是将输出级改为集电极开路的结构，做成集电极开路（Open-Collector Gate）输出的门电路，简称 OC 门。

集电极开路的门电路有许多逻辑功能,有集电极开路的与门、非门、与非门等。图 3-30 给出了 OC 与非门的电路结构和图形符号。

(1) OC 与非门的结构特点。OC 门在工作时需外接上拉电阻 R_L 和电源,用来代替 VT4 和 VD2 组成的有源负载。只要上拉电阻 R_L 的阻值和电源电压的数值选择得当,就能既保证输出的高、低电平符合要求,又使输出晶体管的负载电流不至过大。

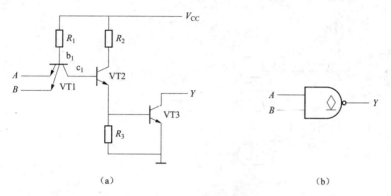

(a)   (b)

图 3-30 集电极开路输出 TTL 与非门的电路和图形符号
(a) 电路结构;(b) 逻辑符号

(2) OC 与非门的工作原理。OC 与非门连接上拉电阻 R_L 和电源(V_{CC2})后,当其输入中有低电平时,VT2、VT3 均截止,Y 输出高电平($V_{OH} \approx V_{CC2}$);当其输入全是高电平时,VT2、VT3 均导通,只要 R_L 取值适当,VT3 就可以达到饱和,使 Y 输出低电平($V_{OL} \approx 0.3V$)。可见 OC 与非门外接上拉电阻 R_L 后,就能正常工作,实现与非逻辑。

OC 与非门外接上拉电阻的大小会影响系统的开关速度,其值越大,工作速度越低。由于开关速度受到限制,OC 与非门只适用于开关速度要求不高的场合。

(3) OC 门的应用

1) 实现线与。将几个逻辑门的输出直接相连,实现输出"与"逻辑功能的方式称为"线与"。两个 OC 与非门实现线与的电路如图 3-31 所示。此时的逻辑关系为 $Y = Y_1 \cdot Y_2 = (AB)' \cdot (CD)'$,即在输出线上实现了与运算。

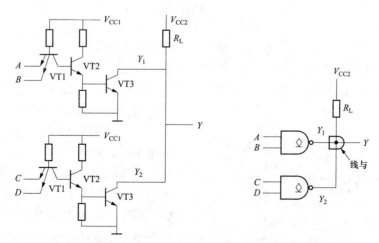

图 3-31 OC 与非门输出端并联的接法及逻辑图

外接上拉电阻 R_L 的选取应保证输出高电平时，不低于输出高电平的最小值 $V_{OH(min)}$；输出低电平时，不高于输出低电平的最大值 $V_{OL(max)}$。

下面简要介绍一下 OC 门外接上拉电阻的计算方法。如图 3-32 所示电路，假定将 n 个 OC门的输出端并联使用，V'_{CC} 是外接电源，R_L 是上拉电阻，负载是 m 个 TTL 与非门的输入端。

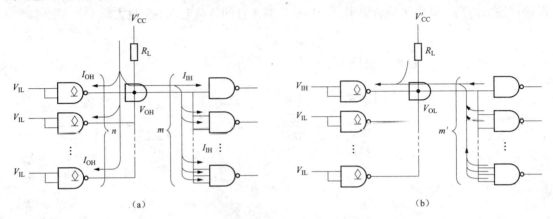

图 3-32　OC 门外接上拉电阻的计算
(a) R_L 最大值的计算；(b) R_L 最小值的计算

当所有的 OC 门同时截止时，输出应为高电平。I_{OH} 是每个 OC 门输出晶体管截止时的漏电流，I_{IH} 是负载门每个输入端的高电平输入电流。图 3-32（a）中标出了此时各个电流的实际流向。为保证输出的高电平不低于高电平的最小值 $V_{OH(min)}$，显然 R_L 不能选得过大。据此便可列出计算 R_L 最大值的公式为

$$R_{L(max)} = \frac{V'_{CC} - V_{OH(min)}}{nI_{OH} + mI_{IH}} \tag{3-11}$$

当 OC 门中只有一个导通时，输出应为低电平，负载门低电平输入电流 I_{IL} 的实际流向如图 3-32（b）所示，因为这时负载电流全部都流入导通的那个 OC 门，所以 R_L 值不可太小，以确保流入导通 OC 门的电流不至超过最大允许的负载电流 I_{LM}。由此得到计算 R_L 最小值的公式为

$$R_{L(min)} = \frac{V'_{CC} - V_{OL(max)}}{I_{LM} - m'I_{IL}} \tag{3-12}$$

式中，I_{IL} 是每个负载门的低电平输入电流的绝对值，m' 是负载门的个数（若负载门为或非门，则 m' 应为输入端的个数）。

最后选定的 R_L 的值应介于式（3-11）和式（3-12）所规定的最大值和最小值之间。

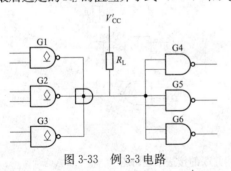

图 3-33　例 3-3 电路

例 3-3　在图 3-33 所示的电路中，G1、G2、G3 为 OC 门。已知 OC 门输出高电平时，输出晶体管截止的漏电流 I_{OH} =200μA；输出低电平时，输出晶体管导通所允许的最大负载电流 I_{LM} = 16mA。G4、G5、G6 为 74 系列与非门，它们的低电平输入电流 I_{IL}=1mA，高电平输入电流 I_{IL}=40μA。若 V'_{CC}=5V，要求 OC 门输出

的高电平 $V_{OH} \geqslant 3.0V$，低电平 $V_{OL} \leqslant 0.4V$，试求 R_L 取值的允许范围。

解 根据式（3-11）可知

$$R_{L(max)} = \frac{V'_{CC} - V_{OH(min)}}{nI_{OH} + mI_{IH}} = \frac{5-3}{3 \times 0.2 + 6 \times 0.04} k\Omega \approx 2.38 k\Omega$$

又由式（3-12）可以得到

$$R_{L(min)} = \frac{V'_{CC} - V_{OL(max)}}{I_{LM} - m'I_{IL}} = \frac{5-0.4}{16 - 3 \times 1} k\Omega \approx 0.35 k\Omega$$

因此 R_L 值的选择范围是

$$0.35 k\Omega \leqslant R_L \leqslant 2.38 k\Omega$$

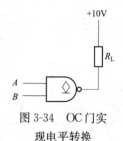

图 3-34　OC 门实现电平转换

2）实现电平转换。由 OC 门的工作原理分析可知，改变外接上拉电阻上的电源电压可以方便地改变其输出的高电平。如图 3-34 所示，将上拉电阻接到 10V 的电源上，在 OC 门输入普通的 TTL 电平，输出的高电平就可以变为 10V。OC 门这一特性，被广泛用于数字系统的接口电路，实现前级和后级的电平匹配。

3）用做驱动器。可用 OC 门来驱动发光二极管、指示灯、继电器和脉冲变压器等。如图 3-35 所示是用来驱动发光二极管的电路。

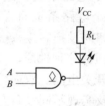

图 3-35　OC 门驱动发光二极管

4）实现多路信号在总线上的分时传输。如图 3-36 所示，D_1，D_2，D_3，…，D_n 是要传送的数据，E_1，E_2，E_3，…，E_n 是各个 OC 与非门的选通信号。无论在任何时刻，只允许一个 OC 与非门被选通，以便保证在任何时刻，只允许一路数据被传送到总线上，否则会使多路数据"线与"后的结果传输到总线上（有时需要这样）。若 $E_1 = 1$，$E_2 = E_3 = \cdots = E_n = 0$ 时，$Y_1 = D'_1$，$Y_2 = Y_3 = \cdots = Y_n = 1$，则传送到总线上的数据 $Y = Y_1 Y_2 Y_3 \cdots Y_n = D'_1$。即第一路数据 D_1 被反相传送到数据总线上。总线上的数据可以同时被所有的负载门接收，也可在选通信号的控制下，让指定的负载门接收。

3．三态输出门电路（TS 门）

三态门（Three State Output Gate，TS 门）是在普通门的基础上增加控制电路而构成的。与普通门电路不同，普通门电路的输出只有高、低电平两种状态，即"1"或"0"状态，而三态门输出有三种状态：高电平、低电平和高阻状态。其中高阻状态也叫悬浮态、开路状态。

（1）三态输出门的电路结构及其工作原理。图 3-37 是 TTL 三态输出门的电路结构图及图形符号，其中图 3-37（a）的三态门的控制端是高电平有效控制，当控制端 EN 为高电平时（$EN=1$），P 点为高电平，二极管 VD 截止，电路的工作状态和普通的与非门没有区别，根据输入 A、B 的值按与非逻辑输出相应的高、低电平。当控制端 EN 为低电平时（$EN=0$），

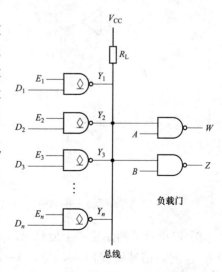

图 3-36　OC 门实现总线传输

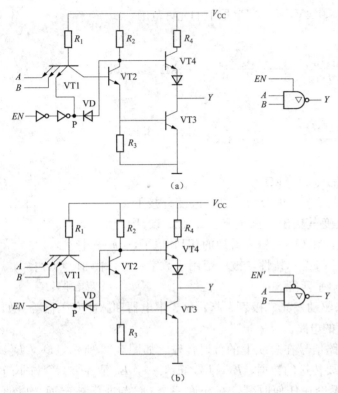

VT1 的基极电位被钳位在 0.7V 左右，VT2 和 VT3 也截止；P 点也为低电平，二极管 VD 导通，VT4 的基极电位被钳位在 0.7V，VT4 截止。VT3 和 VT4 都截止的结果就是输出端呈现高阻状态。图 3-37（b）的三态门的控制端是低电平有效控制，其工作原理读者可自行分析。

与 OC 门一样，有各种具有不同逻辑功能的三态门，如三态与门、三态或门、三态非门等。

（2）三态输出门的应用。当三态门和其他电路相连后，其输出端处于高阻状态时，该门电路表面上仍与整个电路系统相连，但实际上对整个电路系统而言，它是悬空的，如同没把它接入一样。利用三态门的这种性质，可以方便地实现开关电路、双向信息的传输，以及实现不同设备与

图 3-37　三态输出门的电路图和图形符号

（a）控制端高电平有效；（b）控制端低电平有效

总线之间的连接控制，这在计算机系统中尤为重要。

图 3-38（a）所示为一个多路开关（两路）。当选择变量 $E=0$ 时，选择数据 A，输出 $Y=A'$；当选择变量 $E=1$ 时，选择数据 B，输出 $Y=B'$。

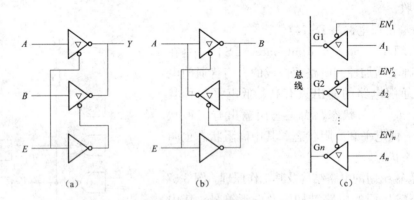

图 3-38　三态门的应用

（a）多路开关；（b）信号双向传输电路；（c）三态门构成的数据总线结构

图 3-38（b）所示为一个信息双向传输电路。当 $E=0$ 时，信号从 A 向 B 传输，$B=A'$；当 $E=1$ 时，信号从 B 向 A 传输，$A=B'$。

图 3-38（c）所示为利用三态门构成的单向数据总线结构，这个单向总线是分时传送的

总线，每次只能传送诸多信号中的一个信号。当 n 个三态门中的某一个门的控制端输入有效电平（即 $EN'=0$），而且仅有该控制端有效时，电路就可以把这个三态门的输出信号取反后送到公共数据总线上。当所有的三态门的控制端都无效时，所有的三态门都不传送信号，总线和各三态门呈现断开状态（高阻状态）。

若将图 3-38（b）所示的信息双向传输电路的输出接到一根总线上，就能构成双向总线结构。

3.4.4　TTL 集成电路系列简介

将若干个门电路经集成工艺制作在同一芯片上，加上封装，引出引脚，便可构成 TTL 集成门电路组件。根据其内部包含门电路的个数、同一门电路输入端个数、电路的工作速度、功耗等，又可分为多种型号。

74LS00、74LS10、74LS20、74LS30 是几种常用的小规模 TTL 门电路，它们的逻辑功能分别为：四-2 输入与非门、三-3 输入与非门、二-4 输入与非门、8 输入与非门。其中 74LS00 由 4 个 2 输入与非门构成，它有 14 个引脚，其中 GND、V_{CC} 引脚为接地端和电源端；引脚 $1A$、$1B$、$2A$、$2B$、$3A$、$3B$ 和 $4A$、$4B$ 分别为 4 个与非门的输入端；引脚 $1Y$、$2Y$、$3Y$、$4Y$ 分别为 4 个与非门的输出端。引脚排列如图 3-39 所示。

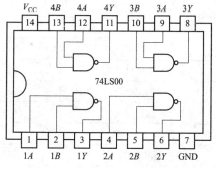

图 3-39　74LS00 引脚图

我国 TTL 门电路产品型号命名和国际通用的美国德州仪器（TEXAS INSTRU-MENTS，TI）公司所规定的电路品种、参数、封装等方面一致，以便于互换。TTL 集成电路的型号命名由 5 部分组成，其符号和意义见表 3-7。

表 3-7　　　　　　　　　　　　TTL 器件型号各部分的符号及意义

第 1 部分		第 2 部分		第 3 部分		第 4 部分		第 5 部分	
型号前级		工作温度符号范围		器件系列		器件品种		封装形式	
符号	意义	符号	意义	符号	意义	符号	意义	符号	意义
CT	中国制造的 TTL 类	54	−55～125℃		标准	阿拉伯数字	器件功能	W	陶瓷扁平
				H	高速			B	塑料扁平
				S	肖特基			F	全密封扁平
				LS	低功耗肖特基			D	陶瓷双列直播
				AS	先进肖特基			P	塑料双列直播
SN	美国 TI 公司规定的	74	0～70℃	ALS	先进低功耗肖特基			J	黑陶瓷双列直播
				FAS	快速肖特基				

例如，CT74LS00F 各部分意义分别为：第一部分 CT，表示中国制造的 TTL 器件；第二部分 74，表示工作温度在 0～70℃；第三部分 LS，表示低功耗肖特基；第四部分 00，表示器件功能为四-2 输入与非门；第五部分 F，表示封装形式为全封闭扁平封装。

在生产实践中，要求集成门电路提高工作速度、降低功耗、加强抗干扰能力以及提高集成度，由此产生了一系列改进型 TTL 门电路。性能比较好的门电路应该是工作速度快、功耗小的门电路。目前 LS 系列 TTL 门电路平均传输延迟时间 $t_{pd}<5ns$，而功耗仅有 2mW，

因而得到广泛应用。

　　我国目前有 CT54/74（普通）、CT54/74H（高速）、CT54/74S（肖特基）、CT54/74LS（低功耗）等 4 个系列国家标准的 TTL 集成门电路，它们的主要性能指标见表 3-8。在不同的 TTL 门电路中，无论是哪一种系列，只要器件名相同，那么器件功能就相同，只是性能不同。例如，74LS00GN 与 7400 两个集成门电路，都是 4 个 2 输入的与非门，但其性能是有区别的，在实际应用中可根据需要选择使用。

表 3-8　　　　　　　　　　**TTL 各系列集成门电路主要性能指标**

参数名称 ＼ 型号	CT74 系列	CT74H 系列	CT74S 系列	CT74LS 系列
电源电压（V）	5	5	5	5
$V_{OH(min)}$（V）	2.4	2.4	2.5	2.5
$V_{OL(max)}$（V）	0.4	0.4	0.5	0.5
逻辑摆幅（V）	3.3	3.3	3.4	3.4
每门功耗（mW）	10	22	19	2
每门传输延时（ns）	10	6	3	9.5
最高工作频率（MHz）	35	50	125	45
扇出系数	10	10	10	20
抗干扰能力	一般	一般	好	好

3.5　CMOS 集 成 门 电 路

　　以金属-氧化物-半导体（Metal Oxide Semiconductor，MOS）场效应管为基础的数字集成电路就是 MOS 逻辑门。MOS 集成门电路具有工艺简单、集成度高、抗干扰能力强、功耗低等优点，所以 MOS 集成门电路的发展十分迅速。MOS 门有 PMOS、NMOS 和 CMOS三种类型。PMOS 电路工作速度低且采用负电压，不便于和 TTL 电路相连；NMOS 电路速度比 PMOS 电路要快，集成度高，便于和 TTL 电路相连，但带电容负载能力较弱；CMOS电路又称互补 MOS 电路，它突出的优点是静态功耗低、抗干扰能力强、工作稳定性好、开关速度高，是性能较好且应用广泛的一种电路。

3.5.1　CMOS 反相器的基本结构及工作原理

　　CMOS 反相器的基本电路结构形式为图 3-40 所示的有源负载反相器，其中 VT1 是 P 沟道增强型 MOS 管，VT2 是 N 沟道增强型MOS 管。两管漏极相连作为输出，两管栅极相连作为输入，VT1 源极接正电源 V_{DD}，VT2 源极接地。

　　如果 VT1 与 VT2 开启电压分别为 $V_{GS(th)P}$ 和 $V_{GS(th)N}$，同时令 $V_{DD} > V_{GS(th)N} + |V_{GS(th)P}|$，那么

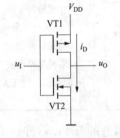

图 3-40　CMOS 反相器的典型电路

　　(1) 当 $u_I = V_{IL} = 0$ 时，有

$$|u_{GS1}| = V_{DD} > |V_{GS(th)P}|　（且 u_{GS1} 为负值）$$

$$u_{GS2} = 0 < V_{GS(th)N}$$

$$(3-13)$$

故 VT1 导通，而且导通内阻很低（在 $|u_{GS1}|$ 足够大时可小于 $1k\Omega$）；而 VT2 截止，内阻很高（可达 $10^8 \sim 10^9\Omega$）。因此输出为高电平 V_{OH}，且 $V_{OH} \approx V_{DD}$。

（2）当 $u_I = V_{IH} = V_{DD}$ 时，则有

$$u_{GS1} = 0 < |V_{GS(th)P}|,$$
$$u_{GS2} = V_{DD} > V_{GS(th)N}$$

(3-14)

故 VT1 截止而 VT2 导通，输出为低电平 V_{OL}，且 $V_{OL} \approx 0$。

可见，输出与输入之间为逻辑非的关系。

3.5.2 CMOS 反相器的主要特性和参数

1. 电压传输特性

在图 3-40 所示的 CMOS 反相器电路中，设 VT1 和 VT2 的开启电压分别为 $V_{GS(th)P}$ 和 $V_{GS(th)N}$，同时令 $V_{DD} > V_{GS(th)N} + |V_{GS(th)P}|$，VT1 和 VT2 具有相同的导通内阻 R_{ON} 和截止内阻 R_{OFF}，则输出电压随输入电压变化的曲线，即电压传输特性如图 3-41 所示。

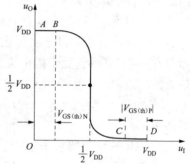

（1）AB 段。由于 $u_I < V_{GS(th)N}$，使得 VT1 导通并工作在低内阻的可变电阻区，VT2 截止，输出为高电平，$u_O = V_{OH} \approx V_{DD}$。

（2）CD 段。由于 $u_I > V_{DD} - |V_{GS(th)P}|$，使得 $|u_{GS1}| < |V_{GS(th)P}|$，因此 VT1 截止，而 $u_{GS2} > V_{GS(th)N}$，VT2 导通，输出为低电平，$u_O = V_{OL} \approx 0V$。

（3）BC 段（转折区）。即 $V_{GS(th)N} < u_I < V_{DD} - |V_{GS(th)P}|$ 区间内，$u_{GS2} > V_{GS(th)N}$，$|u_{GS1}| > |V_{GS(th)P}|$，

图 3-41 CMOS 反相器的电压传输特性

VT1 和 VT2 同时导通。若 VT1 和 VT2 参数完全对称，则 $u_I = V_{DD}/2$ 时，两管的导通内阻相等，$u_O = V_{DD}/2$，即工作在电压传输特性转折区的中点。我们将电压传输特性转折区中点所对应的输入电压称为反相器的阈值电压，用 V_{TH} 表示。因此，CMOS 反相器的阈值电压为 $V_{TH} \approx V_{DD}/2$。

此外，从图 3-41 所示的电压传输特性曲线上还可以看出，CMOS 反相器的电压传输特性曲线上 BC 段（转折区）的变化率很大，非常接近理想的开关特性，从而使 CMOS 反相器获得更大的输入端噪声容限。

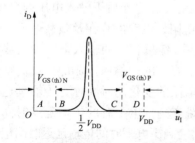

图 3-42 CMOS 反相器的电流传输特性

2. 电流传输特性

图 3-42 所示为漏极电流随输入电压而变化的曲线，即所谓电流传输特性。这个特性也可以分成三个工作区。

（1）AB 段。因为 VT2 为截止状态，内阻非常大，所以流过 VT1 和 VT2 的漏极电流几乎等于零。

（2）CD 段。因为 VT1 为截止状态，内阻非常大，所以流过 VT1 和 VT2 的漏极电流也几乎等于零。

（3）BC 段（转折区）。VT1 和 VT2 同时导通，有电流 i_D 流过 VT1 和 VT2，而且 $u_I = V_{DD}/2$ 附近 i_D 最大。考虑到 CMOS 电路的这一特点，在使用这类器件时不应使之长期工作在电流传输特性的 BC 段（即 $V_{GS(th)N} < u_I < V_{DD} - |V_{GS(th)P}|$），以防止器件因功耗过大而损坏。

3. 输入端噪声容限

从图 3-41 所示的曲线上可以看到，当输入电压偏离正常的低电平而升高时，输出的高电平并不立刻改变。同样，当输入电压偏离正常的高电平而降低时，输出的低电平也不会立刻改变。因此，和 TTL 反相器类似，CMOS 反相器也存在一个允许的噪声容限，即保证输出高、低电平基本不变（或者说变化的大小不超过允许限度）的条件下，允许输入电平有一定的波动范围。

噪声容限的定义方法也和 TTL 反相器一样，由式（3-1）和式（3-2）可求出 CMOS 反相器输入端噪声容限。

在 CMOS 电路中，当负载为另外的门电路的情况下（负载电流几乎等于零，相当于空载情况），规定 $V_{OH(min)} = V_{DD} - 0.1V$，$V_{OL(max)} = V_{SS} + 0.1V$。$V_{SS}$ 表示 N 沟道 MOS 管的源极电位。在这个源极接地（电源公共端）的情况下，$V_{OL(max)} = 0.1V$。通过测试可知，CMOS 电路的噪声容限大小和 V_{DD} 有关，V_{DD} 越高，噪声容限越大。

从图 3-41 和图 3-42 可以看出 CMOS 反相器有如下特点。

（1）CMOS 反相器静态功耗极低。静态时无论输出高电平还是输出低电平，CMOS 反相器总有一个 MOS 管处于截止状态，流过的电流为极小的漏电流。只有在 $u_I = V_{DD}/2$ 时才有较大的电流，动态功耗才大。所以 CMOS 反相器在低频工作时，功耗是极小的，低功耗是 CMOS 的最大优点。CMOS 反相器特别适合于由电池供电的场合，如手表、计算器、航天设备等。

（2）CMOS 反相器抗干扰能力较强。由于其阈值电压 $V_{TH} \approx V_{DD}/2$，在输入信号变化时，过渡变化陡峭，所以低电平噪声容限和高电平噪声容限近似相等，而且随着电源电压的升高，抗干扰能力增加。输出高电平 $V_{OH} \approx V_{DD}$，输出低电平 $V_{OL} \approx 0V$。开门电平 V_{ON} 和关门电平 V_{OFF} 都接近 $V_{DD}/2$，CMOS 电路工作电压范围宽。

（3）CMOS 反相器电源利用率。$V_{OH} \approx V_{DD}$，同时由于其阈值电压随 V_{DD} 变化而变化，所以允许 V_{DD} 可以在一个较宽的范围内变化。一般 V_{DD} 允许范围：4000 系列为 3～18V，74HC 系列为 2～6V。

（4）CMOS 反相器输入阻抗高。CMOS 电路的输入电阻大，输入电流极小，因此扇出系数 $N_O \geqslant 50$，数值较大。

4. 传输延迟时间

与 TTL 反相器一样，MOS 管在开关过程中输出电压的变化也滞后于输入电压的变化，产生传输延迟。这主要是由于 CMOS 集成电路中的内部电阻、电容的存在及负载电容（当负载为下一级反相器时，下一级反相器的输入电容和接线电容就构成了这一级的负载电容）的影响而造成的。我们把输出电压的变化滞后于输入电压的变化的时间称为传输延迟时间，并且将输出由高电平跳变到低电平时的传输延迟时间记作 t_{pHL}，将输出由低电平跳变到高电平时的传输延迟时间记作 t_{pLH}。在 CMOS 电路中，t_{pHL} 和 t_{pLH} 是以输入和输出波形对应边上等于最大幅度 50% 的两点间时间间隔来定义的，如图 3-43 所示。因为 CMOS 电路的 t_{pHL} 和 t_{pLH} 通常是相等的，所以也经常以平均延迟时间 t_{pd} 来表示 t_{pHL} 和 t_{pLH}。

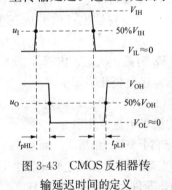

图 3-43　CMOS 反相器传输延迟时间的定义

3.5.3 CMOS 门电路的其他类型及其应用

1. 其他逻辑功能的 CMOS 门电路

（1）CMOS 与非门。图 3-44 所示为 CMOS 与非门的基本结构形式，它是由两个并联的 P 沟道增强型 MOS 管 VT1、VT3 和两个串联的 N 沟道增强型 MOS 管 VT2、VT4 组成。

工作原理分析如下：

1）当 $A=0$，$B=0$ 时，VT1 和 VT3 同时导通，VT2 和 VT4 同时截止，输出为高电平，即 $Y=1$。

2）当 $A=0$，$B=1$ 时，VT1 导通，VT2 截止，输出也为高电平，即 $Y=1$。

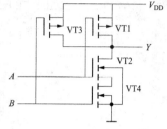

图 3-44　CMOS 与非门

3）当 $A=1$，$B=0$ 时，VT3 导通，VT4 截止，输出也为高电平，即 $Y=1$。

4）当 $A=1$，$B=1$ 时，VT2 和 VT4 同时导通，VT1 和 VT3 同时截止，输出为低电平，即 $Y=0$。

因此，Y 和 A、B 间是与非逻辑。

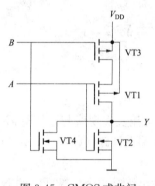

图 3-45　CMOS 或非门

（2）CMOS 或非门。图 3-45 所示为 CMOS 或非门的基本结构形式，它是由两个并联的 N 沟道增强型 MOS 管 VT2、VT4 和两个串联的 P 沟道增强型 MOS 管 VT1、VT3 组成。

工作原理分析如下：

1）当 $A=0$，$B=0$ 时，VT1 和 VT3 同时导通，VT2 和 VT4 同时截止，输出为高电平，即 $Y=1$。

2）当 $A=0$，$B=1$ 时，VT3 截止，VT4 导通，输出为低电平，即 $Y=0$。

3）当 $A=1$，$B=0$ 时，VT1 截止，VT2 导通，输出也为低电平，即 $Y=0$。

4）当 $A=1$，$B=1$ 时，VT2 和 VT4 同时导通，VT1 和 VT3 同时截止，输出为低电平，即 $Y=0$。

因此，Y 和 A、B 间是或非逻辑。

（3）带缓冲级的 CMOS 门电路。图 3-44 和图 3-45 所示的 CMOS 与非门和或非门的输入端数目可以根据需要增加。但是，对于与非电路来说，当输入端数目增加时，串联的 NMOS 管数目要增加，并联的 PMOS 管数目也要增加，这样会引起输出低电平变高；对于或非门电路来说，并联的 NMOS 管数目增加，串联的 PMOS 管数目也要增加，这样会引起输出高电平变低。为了稳定输出高、低电平，在目前生产的 CMOS 门电路中，在每个输入端、输出端各增设一级反相器（具有标准参数）作为缓冲级。

需要注意的一点是，输入、输出端增加缓冲级后，电路的逻辑功能发生了变化。如图 3-46 所示电路为带缓冲级的 2 输入端与非门，它是在图 3-45 所示的 CMOS 或非门电路的基础上增加了缓冲级以后得到的。在原来与非门的基础上增加缓冲级以后得到的或非门电路如图 3-47 所示。

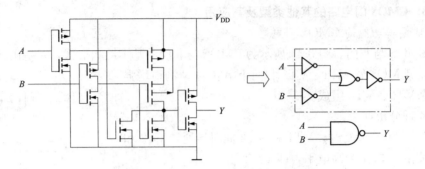

图 3-46　带缓冲级的 CMOS 与非门电路

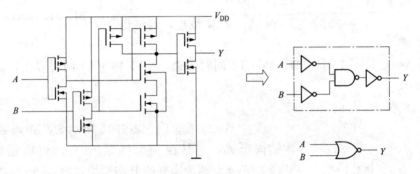

图 3-47　带缓冲级的 CMOS 或非门电路

2. 漏极开路输出门电路（OD 门）

在 CMOS 电路中，为了满足输出电平的转换、吸收大负载电流及实现线与连接等需要，有时将输出级电路结构改为一个漏极开路输出的 MOS 管，构成漏极开路（Open-Drain Output）门电路，简称 OD 门。

图 3-48 是 CMOS 漏极开路与非门的电路图和逻辑符号。输出级是一个漏极开路的 N 沟道增强型 MOS 管 VTN。OD 门工作时也必须将输出端外接上拉电阻 R_L 和电源 V_{DD2}。设 VTN 的截止内阻和导通内阻分别为 R_{OFF} 和 R_{ON}，则只要满足 $R_{OFF} \gg R_L \gg R_{ON}$，即一定能使 VTN 截止时 $u_O = V_{OH} \approx V_{DD2}$，VTN 导通时 $u_O = V_{OL} \approx 0$。

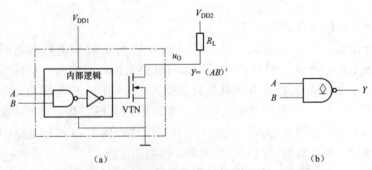

（a）　　　　　　　　　　　　　　　（b）

图 3-48　CMOS 漏极开路与非门电路和逻辑符号

（a）电路结构；（b）逻辑符号

工作原理如下：

当两个输入端 A、B 均输入高电平时，MOS 管导通，漏极输出低电平。

当两个输入端 A、B 至少有一个输入低电平时，MOS 管截止，漏极输出高电平。

OD 门外接上拉电阻 R_L 的计算已经在介绍 TTL 的 OC 门时讲过，此处不再重复。

3. CMOS 传输门和双向模拟开关

(1) CMOS 传输门。CMOS 传输门由一对互补的 PMOS 管和 NMOS 管并联而成，如图 3-49（a）所示。同 CMOS 反相器一样，CMOS 传输门也是构成各种 CMOS 逻辑电路的一种基本单元。CMOS 传输门的逻辑符号如图 3-49（b）所示。

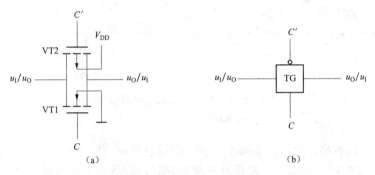

图 3-49　CMOS 传输门的电路结构和逻辑符号

(a) 电路结构；(b) 逻辑符号

如果传输门的一端接入正电压 u_I，另一端接负载电阻 R_L，那么 VT1 和 VT2 的工作状态将如图 3-50 所示。C 和 C' 是一对互补的控制信号，分别接在两个 MOS 管的栅极上。设 C 和 C' 的高、低电平分别为 V_{DD} 和 0V。

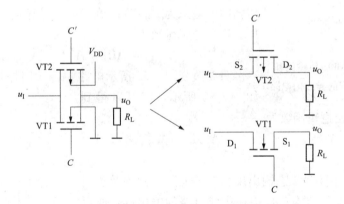

图 3-50　CMOS 传输门中两个 MOS 管的工作状态

当 $C=0$，$C'=1$ 时，即 C 接 0V，C' 接 V_{DD}，只要输入信号的变化范围不超出 $0 \sim V_{DD}$，VT1 和 VT2 就会同时截止，输入与输出之间呈高阻状态（$>10^9\Omega$），传输门截止。

当 $C=1$，$C'=0$ 时，即 C 接 V_{DD}，C' 接 0V，而且在 R_L 远远大于 VT1、VT2 的导通电阻的情况下，若 $0<u_I<V_{DD}-V_{GS(th)N}$，则 VT1 将导通；而若 $|V_{GS(th)P}|<u_I<V_{DD}$，则 VT2 导通。因此，u_I 在 $0 \sim V_{DD}$ 之间变化时，VT1 和 VT2 至少有一个是导通的，使 u_I 和 u_O 两端之间呈低阻状态（小于 $1k\Omega$），传输门导通。

由于 VT1 和 VT2 的结构形式是对称的，即漏极和源极可互易使用，因而 CMOS 传输门属于双向器件，它的输入端和输出端也可以互易使用。

（2）双向模拟开关。CMOS 传输门是 CMOS 电路所特有的一种门电路，它的使用使 CMOS 电路在电路构成方面比 TTL 电路更具灵活性。由于 CMOS 传输门所传递的信号不仅限于数字信号，对于幅度范围在 $0 \sim V_{DD}$ 内连续变化的模拟信号也能够传递，因此，CMOS 传输门还可作为双向模拟开关使用，用于模拟电路中的信号控制。将传输门和反相器结合可以组成双向模拟开关，如图 3-51 所示。

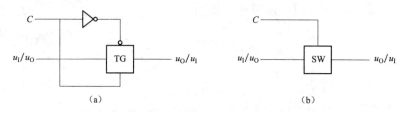

图 3-51　CMOS 双向模拟开关的电路结构和逻辑符号
(a) 电路结构；(b) 逻辑符号

从图 3-51 可以看出，通过控制端 C，就可以控制传输门的开启和关闭。当 $C=1$ 时，开关导通；当 $C=0$ 时，开关截止。模拟开关接负载时，应尽可能使负载远大于模拟开关的导通内阻，以得到大而稳定的电压传输。

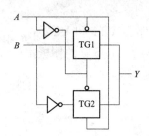

图 3-52　利用 CMOS 传输门和
CMOS 反相器构成的异或门电路

传输门和其他逻辑门组合在一起，可构成各种复杂的 CMOS 电路，如异或门、数据选择器、寄存器、计数器等。

图 3-52 所示电路为用传输门和反相器构成的异或门。图中逻辑变量 A 作为传输门的控制信号。TG1 在 $A=0$ 时导通，传输门的输入为 B。TG2 在 $A=1$ 时导通，传输门的输入为 B'。输出逻辑函数为

$$Y = AB' + A'B = A \oplus B \tag{3-15}$$

只要改变图 3-52 所示电路中传输门控制端 A 端的极性，如图 3-53 所示，就可以得到

同或门电路。输出逻辑函数为

$$Y = AB + A'B' = A \odot B \tag{3-16}$$

4. CMOS 三态门

图 3-54 所示电路是三态输出反相器的电路结构图及逻辑符号。因为这种电路结构总是接在集成电路的输出端，所以也将这种电路称为输出缓冲器（Output Buffer）。

为了实现三态控制，除了原有的输入端 A 以外，又增加了一个三态控制端 EN'。工作原理分析如下：

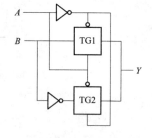

图 3-53　利用 CMOS 传输门和
CMOS 反相器构成的同或门电路

当 $EN'=0$ 时，若 $A=1$，则 G4、G5 的输出同为高电平，VT1 截止、VT2 导通，得到 $Y=0$；若 $A=0$，则 G4、G5 的输出同为低电平，VT1 导通、VT2 截止，得到 $Y=1$。因此，当 $EN'=0$ 时，$Y=A'$。

当 $EN'=1$ 时，不管 A 的状态如何，G4 输出高电平而 G5 输出低电平，VT1 和 VT2 同时截止，输出呈现高阻状态。

因此，图 3-54（a）所示三态输出的 CMOS 反相器是低电平有效控制的，在图 3-54（b）

的逻辑符号中有表示低电平有效控制的小圆圈。若控制端为高电平有效，则逻辑符号中没有这个小圆圈。

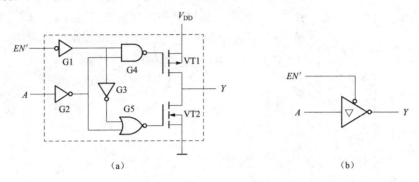

图 3-54 三态输出的 CMOS 反相器

(a) 电路结构；(b) 逻辑符号

三态输出的 CMOS 门电路的应用与 TTL 三态门类似，在此不再赘述。

3.5.4 CMOS 集成电路产品系列

到目前为止，已经生产出来的标准化、系列化的 CMOS 集成电路产品有 4000 系列、HC/HCT 系列、AHC/AHCT 系列、VHC/VHCT 系列、LVC 系列、ALVC 系列等。主要介绍以下几种：

1. 基本的 CMOS 4000 系列

CMOS 4000 系列的电路工作电源电压范围为 3~18V，由于具有功耗低、噪声容限大、扇出系数大等优点，已经得到普遍使用。但由于其工作频率低，最高工作频率不大于5MHz，驱动能力差，门电路的输出电流为 0.51mA/门，使 CMOS 4000 系列的产品使用受到了一定的限制。

2. 高速的 CMOS HC/HCT 系列

CMOS HC 系列电路主要从制造工艺上做了改进，使其大大提高了工作速度，平均传输延迟时间小于 10ns，最高工作频率可达 50MHz。HC 系列的电源电压范围为 2~6V。HCT 系列电路的主要特点是与 TTL 器件电压兼容，它的电源电压范围为 4.5~5.5V，输入电压参数为 $V_{IH(min)}=2.0V$，$V_{IL(max)}=0.8V$，与 TTL 完全相同。另外，74HC/HCT 系列与74LS 系列的产品，只要后面数字相同，则两种器件的逻辑功能、外形尺寸、引脚排列顺序也完全相同，这为 CMOS 电路代替 TTL 产品提供了方便。

3. 先进的 CMOS AHC/AHCT 系列

CMOS AHC 系列的电路工作频率得到了进一步的提高，同时保持了 CMOS 超低功耗的特点。其中 AHCT 系列电路与 TTL 器件电压兼容，电源电压范围为 4.5~5.5V。AHC系列的电源电压范围为 1.5~5.5V。AHC/AHCT 系列电路的逻辑功能、引脚排列顺序等都与同序号 HC/HCT 系列电路完全相同。

3.6 集成门电路使用中的一些问题

3.6.1 TTL 与 CMOS 器件之间的接口问题

在目前 TTL 和 CMOS 两种电路并存的情况下，经常会遇到需将两种器件互相对接的问

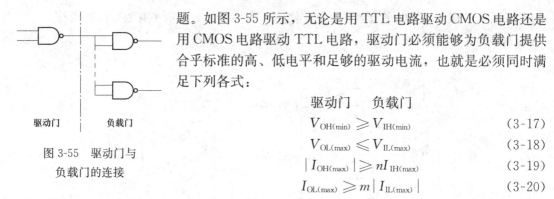

图 3-55　驱动门与
负载门的连接

题。如图 3-55 所示，无论是用 TTL 电路驱动 CMOS 电路还是用 CMOS 电路驱动 TTL 电路，驱动门必须能够为负载门提供合乎标准的高、低电平和足够的驱动电流，也就是必须同时满足下列各式：

驱动门　　负载门

$$V_{OH(min)} \geqslant V_{IH(min)} \tag{3-17}$$

$$V_{OL(max)} \leqslant V_{IL(max)} \tag{3-18}$$

$$|I_{OH(max)}| \geqslant n I_{IH(max)} \tag{3-19}$$

$$I_{OL(max)} \geqslant m |I_{IL(max)}| \tag{3-20}$$

其中，n 和 m 分别为负载电流中 I_{IH}、I_{IL} 的个数。通常将可以驱动负载门的数目称为扇出（Fan-Out）系数。

为便于对照比较，图 3-56 中列出了各种 TTL 和 CMOS 系列门电路在电源电压为 5V 时的 $V_{OH(min)}$、$V_{OL(max)}$、$V_{IH(min)}$ 和 $V_{IL(max)}$ 值，以便于相互比较。

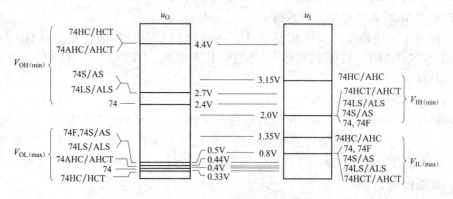

图 3-56　各种 TTL 和 CMOS 系列门电路的输出/输入电平

1. 用 TTL 电路驱动 CMOS 电路

由于 TTL 门的 $I_{OH(max)}$ 和 $I_{OL(max)}$ 远远大于 CMOS 门的 I_{IH} 和 I_{IL}，所以 TTL 门驱动 CMOS 门时，主要考虑 TTL 门的输出电平是否满足 CMOS 门输入电平的要求。

（1）TTL 门驱动 74HCT 系列和 AHCT 系列 CMOS 门电路。由图 3-56 可知，74HCT 系列、74AHCT 系列的 CMOS 门与 TTL 器件电压兼容。它的输入电压参数 $V_{IH(min)} = 2.0V$，而 TTL 的输出电压参数 $V_{OH(min)}$ 为 2.4V 或 2.7V，因此两者可以直接相连，不需要外加其他器件。

（2）TTL 门驱动 4000 系列、74HC 系列和 AHC 系列 CMOS 电路。从图 3-56 可以查得，当都采用 5V 电源时，TTL 的输出电压参数 $V_{OH(min)}$ 为 2.4V 或 2.7V，而 CMOS 4000 系列和 74HC 系列电路的输入电压参数 $V_{IH(min)} = 3.15V$，显然不满足要求。这时可在 TTL 电路的输出端和电源之间接上一个上拉电阻 R_L，以提高 TTL 门的输出高电平，如图 3-57（a）所示。当 TTL 门电路输出为高电平时，输出级的负载管和驱动管同时截止，故有

$$V_{OH} = V_{DD} - R_L(I_O + n I_{IH}) \tag{3-21}$$

其中，I_O 为 TTL 电路输出级 VT3 管截止时的漏电流。由于 I_O 和 I_{IH} 都很小，所以只要 R_L 的阻值不是特别大，输出高电平将被提升至 $V_{OH} \approx V_{DD}$。

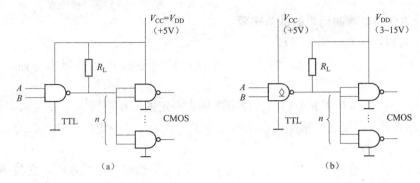

图 3-57 TTL 门电路驱动 CMOS 门电路

在 CMOS 电路的电源电压较高时，它所要求的 $V_{IH(min)}$ 值将超过推拉式输出结构 TTL 电路输出端所能承受的电压。例如，4000 系列 CMOS 电路在 $V_{DD}=15V$ 时，要求的 $V_{IH(min)}=11V$，因此，TTL 电路输出的高电平必须大于 11V，在这种情况下，应采用集电极开路输出结构的 TTL 门电路（OC 门）作为驱动门，如图 3-57（b）所示。OC 门输出端晶体管的耐压较高，可达 30V 以上。上拉电阻的计算方法与 OC 门外接上拉电阻的计算方法相同。

2. 用 CMOS 电路驱动 TTL 电路

由于 74HC/74HCT 系列的 $I_{OH(max)}$ 和 $I_{OL(max)}$ 均为 4mA，74AHC/74AHCT 系列的 $I_{OH(max)}$ 和 $I_{OL(max)}$ 均为 8mA，而所有 TTL 电路的 $I_{IH(max)}$ 和 $I_{IL(max)}$ 都在 2mA 以下，所以无论用 74HC/74HCT 系列还是用 74AHC/74AHCT 系列去驱动 TTL 电路，均能满足式（3-19）和式（3-20）的要求。同时，从图 3-56 可以看出，也能满足式（3-17）和式（3-18）的要求。因此，用 74HC/74HCT 系列或 74AHC/74AHCT 系列都可以直接驱动任何系列的 TTL 电路。可以驱动的负载门的个数可以通过式（3-19）和式（3-20）求出。

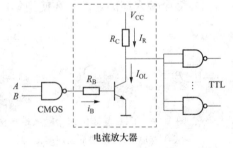

在找不到合适的驱动门足以满足大负载电流要求的情况下，可以使用分立器件的电流放大器实现电流扩展，如图 3-58 所示。

图 3-58 通过电流放大器驱动 TTL 电路

提高 CMOS 门的驱动能力，也可以将同一芯片上的多个门并联使用，如图 3-59（a）所示；或者在 CMOS 门的输出端与 TTL 门的输入端之间加一个 CMOS 驱动器，如图 3-59（b）所示。

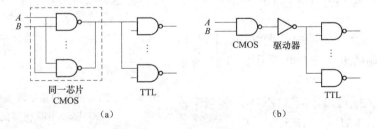

图 3-59 增强 CMOS 电路的驱动能力连接图
(a) 并联使用提高带负载能力；(b) 用 CMOS 驱动器驱动 TTL 电路

3.6.2 集成门电路使用中的注意事项

1. TTL 集成门电路注意事项

在使用 TTL 集成门电路时，为了保证集成电路的逻辑功能和使用寿命，要注意以下几点：

（1）工作电压。TTL 集成电路的工作电压均有一定的工作范围，一般在 4.75～5.25V，不允许超出其范围，否则会影响集成电路的正常工作或损坏集成电路。在工作时，工作电压的正、负极不能接反。

（2）输入/输出电平。TTL 集成电路的输入/输出电平也有一定的范围，它包括输入高电平下限 $V_{IH(min)}$、输入低电平上限 $V_{IL(max)}$、输出高电平下限 $V_{OH(min)}$ 和输出低电平上限 $V_{OL(max)}$。这些参数由各集成电路生产厂商给出。一般 TTL 集成电路输入/输出电平的变化范围如下。

输入低电平：$0 \leqslant u_1 \leqslant V_{IL(max)}$；

输入高电平：$V_{IH(min)} \leqslant u_1 \leqslant 5V$；

输出低电平：$0 \leqslant u_O \leqslant V_{OL(max)}$；

输出高电平：$V_{OH(min)} \leqslant u_O \leqslant 5V$。

如果信号在高电平下限和低电平上限之间，那么它既非高电平，又非低电平，这在使用时是不允许的。

（3）驱动负载。TTL 集成电路驱动负载时，其输出的电流必须满足输出高、低电平的要求，否则会发生输出逻辑错误。对于同系列的 TTL 集成电路，一般驱动能力是足够的，而当 TTL 集成电路驱动 CMOS 电路时，具体注意事项见 3.6.1 节的内容。

（4）多余输入端的处理。在使用集成门电路时，如果输入信号数小于门的输入端数，就会有多余输入端。对多余输入端的处理，必须以不改变电路逻辑工作状态及稳定可靠为原则。例如：

1）与非门多余输入端的处理方法。TTL 与非门多余输入端的处理方法可采用图 3-60 所示的三种接法。

① 多余输入端可以接电源 V_{CC}，相

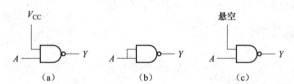

图 3-60　TTL 与非门多余输入端接法
(a) 接电源；(b) 并联使用；(c) 悬空

当于输入高电平，如图 3-60（a）所示。

② 将多余的输入端和其他某个信号输入端并联使用，如图 3-60（b）所示。

③ 将多余的输入端直接悬空，如图 3-60（c）所示。这种处理方法一般不采用，易引入干扰。

2）或非门多余输入端的处理方法。TTL 或非门多余输入端的处理方法可采用图 3-61 所示的两种接法。

① 多余输入端可以接地（GND），相当于输入低电平，如图 3-61（a）所示。

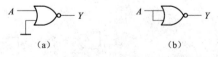

图 3-61　TTL 或非门多余输入端的处理方法
(a) 接地；(b) 并联使用

② 将多余的输入端和其他某个信号输入端并联使用，如图 3-62（b）所示。

（5）输出端连接。由 TTL 集成门电路的输出特性可知，当集成电路输出高电平时，能向负载提供 0.4～1.0mA 的外拉电流；而当输出低电平时，能吸收 8～20mA 的灌入电流。

基于上述特性，TTL 集成门电路输出端接线时应注意以下几个方面。

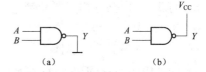

图 3-62　TTL 集成门电路输出端的错误接法
(a) 输出端直接接地；(b) 输出端直接接电源

1）输出端不能直接接地。若在实际使用时，出现如图 3-62（a）所示的 TTL 集成门电路输出端直接接地的情况，当门电路输出高电平时，输出负载电流 I_{OH} 将高达 30mA 以上，远远超出 TTL 集成门电路输出高电平时允许的外拉电流的范围，将导致电路永久性损坏。

2）输出端不能直接接电源 V_{CC}。若 TTL 集成门电路输出端出现如图 3-62（b）所示的直接与电源 V_{CC} 相连的情况，则当门电路输出低电平时，灌入门电路的负载电流将远大于门电路所能承受的电流值，造成器件损坏。

3）输出端不能并联（OC 门和三态门除外）。

（6）其他注意事项：

1）考虑集成门电路电源的滤波问题，一般在电源输入端与集成电路地之间并接一个 $100\mu F$ 的电容，作为低频滤波；而在每块集成块的电源输入端与地之间并接一个 $0.01\sim 0.1\mu F$ 的电容作为高频滤波，以保证电路的抗干扰能力。

2）严禁带电插拔和焊接集成电路。

2. CMOS 集成电路的注意事项

（1）工作电压。CMOS 集成电路中，4000/4500 系列的工作电压范围在 $3\sim 18V$，74HC 系列工作电压范围在 $2\sim 6V$。在工作时，工作电压的正、负极不能接反。

（2）输入/输出电平。CMOS 集成电路的输入/输出高、低电平判别如下：

高电平：

$$\frac{2}{3}V_{DD} \leqslant u_I(u_O) \leqslant V_{DD}$$

低电平：

$$0 \leqslant u_I(u_O) \leqslant \frac{1}{3}V_{DD}$$

（3）驱动负载。对于 CMOS 集成门电路，若同系列 CMOS 集成门电路之间驱动，一般可以满足负载要求。而当 CMOS 集成电路驱动 TTL 电路时，具体注意事项见 3.6.1 节的内容。

（4）多余输入端的处理。对于 CMOS 电路的多余输入端必须依据相应电路的逻辑功能决定是连在正电源 V_{DD} 上还是与地相连接，不允许悬空（容易产生静电击穿），这一点与 TTL 电路有所区别。此外，CMOS 电路的多余输入端一般不宜与使用的输入端并联使用，因为输入端并联过多，将使前级的负载电容增加，工作速度下降，动态功耗增加。

（5）输出端连接。CMOS 电路的输出端连接注意事项与 TTL 输出端连接的注意事项相同，这里不再重复。

（6）其他注意事项。

1）注意 CMOS 集成电路的防静电问题。CMOS 集成电路在存放、运输、高温老化过程中，必须放在接触良好的金属屏蔽盒内或用金属铝箔纸包装，以防外来感应电压将栅极击穿。

2）焊接时不能使用 25W 以上的电烙铁，以防止温度过高破坏电路内部结构。一般采用 20W 内热式烙铁为宜。焊接时间不宜过长，焊锡量不宜过多。

3）与 TTL 电路一样，严禁带电插拔和焊接集成块。

3. 门电路其他注意事项

（1）注意电子器件的选择。

1）注意电子器件的功能选择与电气特性的选择。

2）要考虑电子器件的性能价格比。

3）要注意电子器件的替换不仅考虑逻辑功能，还要考虑它们的引脚是否兼容，各项电气性能是否匹配。

（2）注意电子器件的失效。电子器件的失效主要受到温度、湿度、电压、机械振动及电磁场的影响。

（3）注意电子器件的可靠筛选。通过对选好型号的电子器件的可靠筛选，可以提高整个电子线路系统的工作稳定性。

（4）注意器件的非在线检测。集成电路器件的非在线检测是指电子器件安装在印制电路板之前的检测。检测目的是检验该集成电路是否工作正常。下面介绍几种常用的检测数字集成电路的方法。

1）利用 PLD 通用编程器进行检测。一般 PLD 通用编程器都附带有检测 TTL74 系列、CMOS 4000 系列和 74HC 系列数字集成电路的功能。

2）利用万用表进行检测。利用万用表可以测试集成电路各引脚的正、反向电阻。先选择一块好的集成电路，测试它的各个引脚的内部正、反向电阻，然后将所测得的结果记录下来，供测试其他同类型的集成电路参照。若数值完全符合，则说明该集成电路是完好的，否则，说明是有问题的。

3）自己设计简易电路进行非在线设计。依据集成电路的功能和相关检测原理，自己设计专用的简易测试电路，对特定的数字集成电路进行专门的非在线功能测试。

4）数字集成电路的查找方法。

① 利用 D. A. T. A. DIGEST（美国 D. A. T. A 公司出版的一种专门介绍电子器件的英文期刊）进行查找。

② 利用电子器件手册进行查找。

③ 利用电子技术期刊和报纸进行查找。

④ 利用网络进行查找。

本 章 小 结

门电路是构成各种数字逻辑电路的最基本的单元电路。掌握各种门电路的逻辑功能和电气特性，对于正确使用数字集成电路是十分必要的。

本章重点介绍了目前应用最广的 TTL 和 CMOS 两类集成门电路。在学习这些集成电路时应将重点放在它们的外部特性上。外部特性包含两个内容：一是输出与输入间的逻辑关系，即所谓逻辑功能；另一个是外部的电气特性，包括电压传输特性、输入特性、输出特性和动态特性等。本章介绍的有关集成电路内部结构和工作原理的内容，在于帮助读者加深对器件外特性的理解，以便更好地运用这些外特性。

在使用 CMOS 器件时应特别注意掌握正确的使用方法，否则容易造成损坏。

目前，在除 4000 系列以外的 CMOS 数字集成电路产品和所有的 TTL 数字集成电路产品中，都采用"54/74'系列标志'×××"的命名方式。其中的"系列标志"就是表示不同系列的 S、LS、AS、ALS、HC、HCT、AHC、AHCT、LVC、ALVC、ABT 等，只有 74 基本系列的这个标志是空白的。在不同系列的产品中，只要型号最后的数字代码××× 相同，则无论是哪一种系列的产品，它们的逻辑功能都是一样的，而且，在采用同样的封装形式时，集成电路外部引脚的排列顺序也完全一样。但是不同系列产品的电气特性就大不相同了，因此，不能简单地将它们相互替换使用。

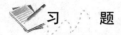
习 题

3.1 试说明能否将与非门、或非门、异或门作为反相器使用？如果可以，各输入端应如何连接？

3.2 试说明 TTL 与非门输出端的下列接法会产生什么后果，并说明原因。

(1) 输出端接电源电压 $V_{CC}=5V$；

(2) 输出端接地；

(3) 多个 TTL 与非门的输出端直接相连。

3.3 试画出图 3-63 中各个门电路输出端的电压波形。输入端 A、B 的电压波形如图中所示。

3.4 有两个 TTL 与非门，测得它们的关门电平分别为 $V_{OFF1}=$ 1.1V，$V_{OFF2}=0.9V$；开门电平分

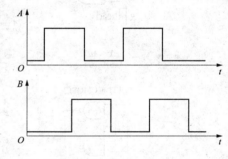

图 3-63 习题 3.3 图

别为 $V_{ON1}=1.3V$，$V_{ON2}=1.7V$。它们输出的高电平和低电平都相同。试判断哪一个与非门的抗干扰能力强（定量说明）。

3.5 说明图 3-64 所示各种情况下，万用表的测量结果是多少（图中的与非门为 74 系列的 TTL 电路，万用表使用 5V 量程，内阻为 20kΩ/V）。

(1) u_1 悬空；

(2) u_1 接低电平（0.2V）；

(3) u_1 接高电平（3.6V）；

(4) u_1 经 51Ω 电阻接地；

(5) u_1 经 10kΩ 电阻接地。

3.6 若将上题中的门电路改为 74 系列 TTL 或非门，试问在上述五种情况下万用表读数为多少？

3.7 如图 3-65 所示的 74 系列与非门组成的电路中，与非门 G 输出为低电平时最大负载灌电流 $I_{OL(max)}=16mA$，输出为高电平时最大负载拉电流 $I_{OH(max)}=0.4mA$，输出为低电平时负载门输入低电平电流 $I_{IL}=1.6mA$，输出为高电

图 3-64 习题 3.5 图

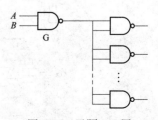

图 3-65 习题 3.7 图

平时负载门输入高电平电流 $I_{IH}=40\mu A$，已知 74 系列的与非门输出高、低电平分别为 $V_{OH}\geqslant$ 3.2V，$V_{OL}\leqslant 0.4V$。试求与非门 G 驱动同类门的个数。

3.8　什么叫做三态门？为何采用三态门结构？总线的作用是什么？

3.9　试说明下列门电路中，哪些可以将输出端并联使用。假设各个门电路输入端的状态不一定相同。

（1）具有推拉式输出级的 TTL 电路；

（2）TTL 电路的 OC 门电路；

（3）三态门；

（4）普通的 CMOS 门电路；

（5）CMOS 门电路的 OD 门。

3.10　试判断图 3-66 所示电路能否按各图要求的逻辑关系正常工作。若电路的接法有误，请修改电路。

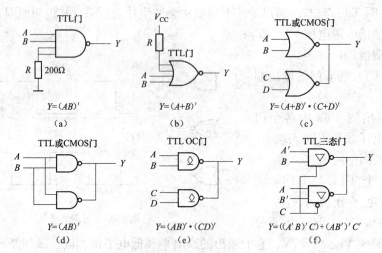

图 3-66　习题 3.10 图

3.11　指出图 3-67 所示的各门电路的输出是什么状态（高电平、低电平或高阻状态）。已知它们都是 74 系列的 TTL 电路。

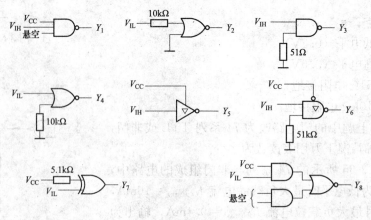

图 3-67　习题 3.11 图

3.12 指出图 3-68 所示的各门电路的输出是什么状态（高电平、低电平或高阻状态）。已知它们都是 74HC 系列的 CMOS 电路。

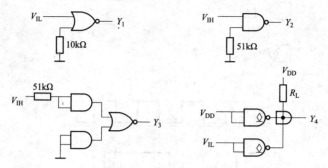

图 3-68 习题 3.12 图

3.13 试分析图 3-69 中各电路的逻辑功能，写出输出的逻辑函数式。

3.14 试画出图 3-70（a）、（b）两个电路的输出电压波形。输入电压波形如图（c）所示。

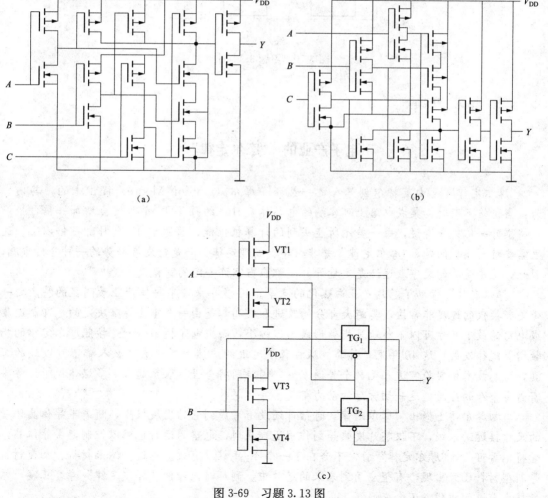

图 3-69 习题 3.13 图

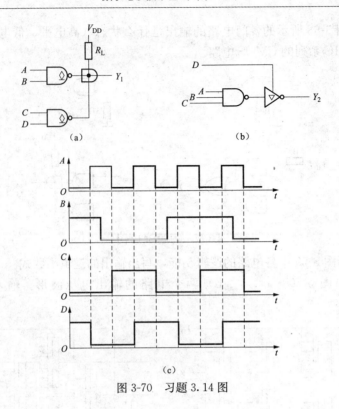

图 3-70　习题 3.14 图

拓展阅读

电子产业的 "摩尔定律"

"摩尔定律"是由英特尔创始人之一戈登·摩尔（Gordon Moore）提出来的。其内容为：当价格不变时，集成电路上可容纳的电晶体数目，约每隔18个月便会增加一倍，性能也将提升一倍；或者说，每一美元所能买到的计算机性能，将每隔18个月翻一倍以上。这里需要特别指出的是，"摩尔定律"并非数学、物理定律，而是对发展趋势的一种分析预测，因此，无论是它的文字表述还是定量计算，都应当容许一定的宽裕度。

"摩尔定律"带动了芯片产业白热化的竞争。40多年来，半导体产业最明显的特点之一是更新换代的速度非常快。其绝大部分的改进和提高都是由一个重要特征决定的，即制造集成电路的最小尺寸可以不断地呈指数形式迅速缩小，而微电子技术一直是按照摩尔定律的指数增长规律发展。这40年里，计算机从神秘不可近的庞然大物变成多数人都不可或缺的工具，信息技术由实验室进入无数个普通家庭，因特网将全世界联系起来，多媒体视听设备丰富着每个人的生活，这一切背后的动力都是半导体芯片。

当初摩尔博士提出"摩尔定律"时估计还没有考虑到它的发展极限，随着半导体晶体管的尺寸接近纳米级，不仅芯片发热等副作用逐渐显现，电路的运行也难以控制，半导体晶体管将不再可靠，"摩尔定律"肯定不会在下一个40年继续有效。不过，纳米材料、相变材料等新型材料已经出现，有望应用到未来的芯片中。到那时，即使"摩尔定律"寿终正寝，信息技术前进的步伐也不会变慢。

4　组合逻辑电路

【引入】

　　当今时代，数字电路已广泛地应用于各个领域。例如，红绿灯的应用使我们的交通得以安全地运行，病房呼叫器使护士可以及时帮助病人，安全报警系统大大减少了人们不必要的损失，等等。这些功能各异、给人们带来极大方便的电子产品，都是由第 3 章学过的各种门电路作为基本单元电路构成的。那么，这些电路是如何设计出来的呢？

4.1　概　　述

　　数字电路按逻辑功能和电路结构的不同特点，可划分为两类。一类为组合逻辑电路（简称组合电路），另一类为时序逻辑电路（简称时序电路，将在第 5、6 章讨论）。本章在介绍组合电路的特点并结合实例讨论用小规模集成电路（SSI）进行组合电路的分析和设计方法的基础上，重点介绍数字系统中常见的几种典型中规模集成组合逻辑电路（MSI）。

图 4-1　组合逻辑电路的框图

4.1.1　组合逻辑电路的特点

　　一个多输入、多输出的组合电路，可以用图 4-1 所示的框图表示。其中，a_1，a_2，$\cdots$，a_n 表示输入变量，y_1，y_2，$\cdots$，y_m 表示输出变量。

　　1. 组合电路在逻辑功能上的特点

　　电路任何时刻的输出仅仅取决于该时刻电路的输入信号，而与原来状态无关。

　　2. 组合电路在电路结构上的特点

　　（1）电路由逻辑门电路组成，不含有任何记忆元件，电路没有记忆能力。

　　（2）输入信号是单向传输的，电路中没有反馈通路。

4.1.2　组合逻辑电路的功能描述

　　组合逻辑电路的功能可以用逻辑表达式、真值表、卡诺图、逻辑图等来描述。图 4-1 所示的组合电路的框图可以用如下逻辑函数式描述：

$$\begin{cases} y_1 = f_1(a_1, a_2, \cdots, a_n) \\ y_2 = f_2(a_1, a_2, \cdots, a_n) \\ \cdots\cdots \\ y_m = f_m(a_1, a_2, \cdots, a_n) \end{cases} \tag{4-1}$$

或者写成向量函数的形式

$$Y = F(A) \tag{4-2}$$

4.2　组合逻辑电路的分析

　　组合逻辑电路的分析就是通过分析给定的电路，找出输出变量和输入变量之间的逻辑关系，描述出电路的逻辑功能。本节介绍的是针对小规模集成电路（SSI）作为单元电路的组合逻辑电路的分析方法。

4.2.1 组合逻辑电路的分析步骤

组合逻辑电路的分析步骤如下：

（1）根据给出的逻辑电路，从输入到输出逐级写出每个逻辑门的输出逻辑函数式，最后得到以输入变量表示的输出变量的逻辑函数式。

（2）用公式化简法或卡诺图化简法将得到的函数式化简或变换，使逻辑关系简单明了。

（3）根据化简或变换后的逻辑函数式列出真值表。

（4）根据真值表判断电路的逻辑功能。

4.2.2 组合逻辑电路的分析举例

例 4-1 分析如图 4-2 所示逻辑电路的逻辑功能。

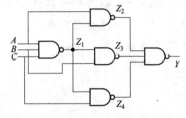

图 4-2 例 4-1 的电路

解 （1）根据给出的逻辑电路，从输入到输出逐级写出每个逻辑门的输出逻辑函数式。

为示例方便，在图 4-2 中标注了四个中间变量 Z_1、Z_2、Z_3 和 Z_4，则

$$
\begin{cases}
Z_1 = (ABC)' \\
Z_2 = (A \cdot (ABC)')' \\
Z_3 = (B \cdot (ABC)')' \\
Z_4 = (C \cdot (ABC)')' \\
Y = (Z_2 Z_3 Z_4)' = ((A \cdot (ABC)')' \cdot (B \cdot (ABC)')' \cdot (C \cdot (ABC)')')'
\end{cases}
\tag{4-3}
$$

（2）用公式化简法或卡诺图化简法将得到的函数式化简或变换。

$$
\begin{aligned}
Y &= ((A \cdot (ABC)')' \cdot (B \cdot (ABC)')' \cdot (C \cdot (ABC)')')' \\
&= A \cdot (ABC)' + B \cdot (ABC)' + C \cdot (ABC)' \\
&= (A+B+C)(A'+B'+C') \\
&= AB' + AC' + A'B + BC' + A'C + B'C \\
&= AB' + A'C + BC'
\end{aligned}
\tag{4-4}
$$

（3）根据化简或变换后的逻辑函数式列出真值表，见表 4-1。

（4）根据真值表判断电路的逻辑功能。由真值表可知此电路为非一致电路，即输入 A、B、C 取值不一样时输出为 1，否则输出为 0。

例 4-2 分析如图 4-3 所示逻辑电路的逻辑功能。

表 4-1　　　　　　　　例 4-1 的逻辑真值表

输入			输出	输入			输出
A	B	C	Y	A	B	C	Y
0	0	0	0	1	0	0	1
0	0	1	1	1	0	1	1
0	1	0	1	1	1	0	1
0	1	1	1	1	1	1	0

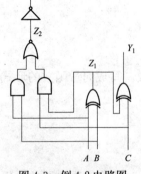

图 4-3 例 4-2 电路图

解　（1）根据给出的逻辑电路，从输入到输出逐级写出每个逻辑门的输出逻辑函数式。为示例方便，在图 4-3 中标注了两个中间变量 Z_1 和 Z_2，则

$$\begin{cases} Z_1 = A \oplus B \\ Y_1 = Z_1 \oplus C = A \oplus B \oplus C \\ Z_2 = (AB + Z_1C)' = (AB + (A \oplus B)C)' \\ Y_2 = (Z_2)' = AB + (A \oplus B)C \end{cases} \qquad (4\text{-}5)$$

（2）用公式化简法或卡诺图化简法将得到的函数式化简或变换。

$$\begin{cases} Y_1 = A \oplus B \oplus C \\ Y_2 = AB + (A \oplus B)C = AB + A'BC + AB'C = AB + BC + AC \end{cases} \qquad (4\text{-}6)$$

（3）根据化简或变换后的逻辑函数式列出真值表，见表 4-2。

（4）根据真值表判断电路的逻辑功能。由真值表可知，此电路为全加器（全加器参见 4.4 节内容）。

有必要说明，不同的组合逻辑电路其分析方法相同，仅复杂程度不同

表 4-2　　　　例 4-2 的真值表

输入			输出		输入			输出	
A	B	C	Y_1	Y_2	A	B	C	Y_1	Y_2
0	0	0	0	0	1	0	0	1	0
0	0	1	1	0	1	0	1	0	1
0	1	0	1	0	1	1	0	0	1
0	1	1	0	1	1	1	1	1	1

而已；实际分析过程中可根据具体情况省略其中某些步骤。

用公式化简法或卡诺图化简法将得到的函数式化简或变换的目的是列出函数逻辑功能比较明了的真值表，所以公式化简或变换到何种地步，应以容易列出真值表为准。例如，例 4-1 中，公式化简到了最简，而例 4-2 中，Y_1 的表达式没有经过任何化简变换。

4.3　组合逻辑电路的设计

组合逻辑电路的设计是分析的逆过程，它的任务是根据实际的逻辑问题，求出实现这一逻辑功能的最简逻辑电路。这里所说的"最简"，是指电路所用的器件数最少，器件的种类最少，而且器件之间的连线也最少。

4.3.1　组合逻辑电路的设计步骤

（1）对实际问题进行逻辑抽象。一般情况下，设计要求是用文字描述出的一个具有一定因果关系的逻辑事件，所以需要用逻辑抽象的方法，把该事件对应的逻辑函数建立并用真值表的形式描述出来。

1）分析事件的因果关系，确定输入变量和输出变量。一般把事件的因作为输入变量，把事件的果作为输出变量。

2）定义逻辑状态的含义（或称为逻辑状态的赋值）。定义逻辑变量取值 0、1 的状态含义。

3）根据事件的因果关系列出真值表。

（2）写出逻辑函数式，以便于化简。将一个逻辑函数的真值表表示形式转换为逻辑函数式的方法在第 2 章已介绍过。

（3）根据选定的器件类型对逻辑函数式进行化简变换。

1）若采用小规模的集成门电路（SSI）来实现，应根据要求使门的个数尽可能少（对应的逻辑函数式应为最简表达式），使用的门的类型尽可能少（对应的逻辑函数式不一定为最简）。

2）若采用中规模的组合逻辑电路（MSI）来实现，需要将函数式变换为适当的形式，以便能用最少的器件和最简单的连线接成所要求的逻辑电路。具体做法将在 4.5 节中介绍。

（4）根据化简或者变换后的逻辑函数式，画出逻辑电路的连接图。

（5）仿真。原理性设计完成后，可应用仿真软件进行仿真，以检验设计是否正确。

（6）工艺设计。为了将逻辑电路转化为具体电路，还需要做一系列的工艺设计，请读者自行参阅相关资料。

图 4-4 中以框图的形式总结了组合逻辑电路的设计过程。

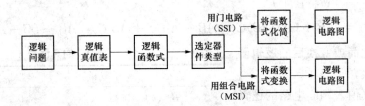

图 4-4　组合逻辑电路的设计过程

本节只介绍用 SSI 设计组合逻辑电路的方法。

4.3.2　组合逻辑电路的设计举例

例 4-3　设计三人表决电路。每人一个按键，如果同意则按下，不同意则不按。结果用指示灯表示，多数同意时指示灯亮，否则不亮。

解　（1）逻辑抽象。设变量 A、B、C 表示三个人，Y 为结果指示灯。A、B、C 取值为 1 代表同意，取值为 0 代表不同意。Y 取值为 1 代表灯亮，取值为 0 代表灯不亮。根据题意列出表 4-3 所示的逻辑真值表。

表 4-3　　　　　　例 4-3 三人表决器真值表

输入			输出	输入			输出
A	B	C	Y	A	B	C	Y
0	0	0	0	1	0	0	0
0	0	1	0	1	0	1	1
0	1	0	0	1	1	0	1
0	1	1	1	1	1	1	1

（2）写出逻辑函数式：

$$Y = A'BC + AB'C + ABC' + ABC \tag{4-7}$$

（3）化简逻辑函数。由于题目中未对器件类型有特殊要求，则将逻辑函数式（4-7）化为最简与或式即可。

$$Y = AB + BC + AC \tag{4-8}$$

（4）画出逻辑电路的连接图，如图 4-5 所示。

若题目中要求用与非门实现该函数，则需将式（4-8）转化为与非-与非式，得到式（4-9）：

$$Y = ((AB)' \cdot (BC)' \cdot (AC)')' \tag{4-9}$$

实现的电路如图 4-6 所示。

用 Multisim 仿真软件仿真出图 4-6 所示电路，如图 4-7 所示，通过看运行结果是否满足题意来判断设计是否正确。通过逻辑转换器把逻辑图转换成真值表，与表 4-3 对比，进一步验证真值表是否正确。

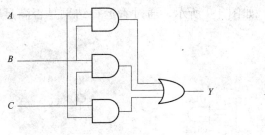

图 4-5   门电路实现三人表决器

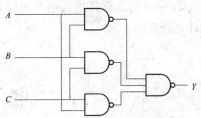

图 4-6   与非门实现三人表决器

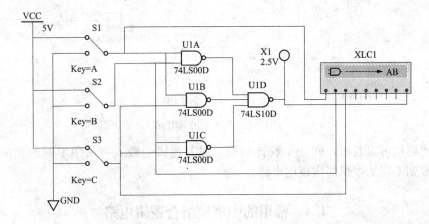

图 4-7   用 Multisim 仿真软件仿真出的三人表决器仿真电路

例 4-4   设计一个用三个开关控制灯的逻辑电路,要求任意一个开关都能控制灯的由亮到灭或由灭到亮。

表 4-4   **例 4-4 真值表**

输入			输出	输入			输出
A	B	C	Y	A	B	C	Y
0	0	0	0	1	0	0	1
0	0	1	1	1	0	1	0
0	1	0	1	1	1	0	0
0	1	1	0	1	1	1	1

解   (1)逻辑抽象。用 A、B、C 分别表示三个开关,作为输入变量,用"0"表示开关"打开","1"表示开关"闭合"。Y 表示灯,作为输出变量,用"0"表示灯"灭","1"表示灯"亮"。根据题意列出表 4-4 所示的逻辑真值表。

(2)写出逻辑函数式:

$$Y = A'B'C + A'BC' + AB'C' + ABC \tag{4-10}$$

(3)化简逻辑函数。该例题题目中未对器件类型有要求,则化为最简与或式即可。式(4-10)即为最简与或式。

(4)画出逻辑电路的连接图,如图 4-8 所示。

若题目中要求用与非门实现,则将式(4-10)转换成与非-与非式,得

$$Y = ((A'B'C + A'BC' + AB'C' + ABC)')'$$
$$= ((A'B'C)' \cdot (A'BC')' \cdot (AB'C')' \cdot (ABC)')' \tag{4-11}$$

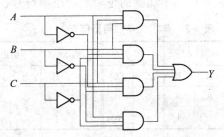

图 4-8   例 4-4 实现的电路图

用 Multisim 仿真软件仿真出该电路，如图 4-9 所示，通过看运行结果是否满足题意来判断设计是否正确。

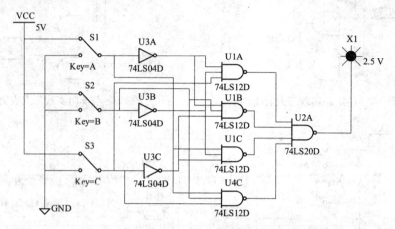

图 4-9　例 4-4 仿真电路

从上述两例可以看出，同一个设计问题，对其逻辑函数式可采用不同的化简、变换方法，从而得到不同的逻辑门实现的电路。

4.4　常用的中规模组合逻辑电路

4.4.1　加法器

在数字系统中，尤其是在计算机的数字系统中，二进制加法器是基本的部件之一。在进行两个二进制数之间的算术运算时，加、减、乘、除最后都可化作加法运算来实现。能够实现加法运算的电路称为加法器，它是算术运算的基本单元电路。

1. 一位加法器

（1）半加器。两个一位二进制数相加，若只考虑两个加数本身，而不考虑由低位来的进位，称为半加，实现半加运算的逻辑电路称为半加器（Half Adder）。半加器的逻辑关系可用真值表（见表 4-5）表示。其中，A 和 B 分别是两个加数，S 表示和，CO 表示向高位的进位数。由真值表可得出逻辑表达式为

$$\begin{cases} S = A'B + AB' = A \oplus B \\ CO = AB \end{cases} \tag{4-12}$$

由此得出半加器的逻辑图和逻辑符号，如图 4-10 所示。

表 4-5　　　　半加器真值表

输入		输出		输入		输出	
A	B	S	CO	A	B	S	CO
0	0	0	0	1	0	1	0
0	1	1	0	1	1	0	1

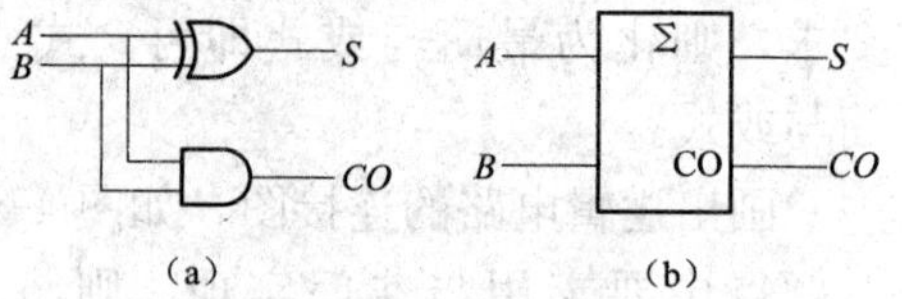

图 4-10　半加器

(a) 逻辑电路图；(b) 逻辑符号

（2）全加器。在将两个多位二进制数相加时，除了最低位以外，每一位都应该考虑来自低位的进位，即将两个对应位的加数和来自低位的进位数 3 个数相加。这种运算称为全加，

表 4-6					全加器真值表				
输入			输出		输入			输出	
A	B	CI	S	CO	A	B	CI	S	CO
0	0	0	0	0	1	0	0	1	0
0	0	1	1	0	1	0	1	0	1
0	1	0	1	0	1	1	0	0	1
0	1	1	0	1	1	1	1	1	1

所用的电路称为全加器。

根据二进制加法运算规则可列出一位全加器的真值表，见表 4-6，其中，A、B 为被加数和加数，CI 为相邻低位来的进位数，S 为本位和，CO 为本位向高位的进位数。

由真值表写出逻辑表达式并加以转换，可得

$$\begin{cases} S = (A'B'CI' + A'BCI + AB'CI + ABCI')' = A \oplus B \oplus CI \\ CO = (A'B' + B'CI' + A'CI')' = AB + CI(A \oplus B) \end{cases} \tag{4-13}$$

用两个半加器和一个或门可以实现一位全加器功能，逻辑图和符号如图 4-11 所示。

全加器的电路结构还有多种其他形式，但它们的逻辑功能必须符合表 4-6 所给出的全加器的真值表。

2. 多位加法器

(1) 串行进位加法器。两个多位二进制数相加，必须利用全加器。n 位二进制数相加用 n 个全加器。若将低位全加器的进位输出端接到高位全加器的进位输入端，既逐位进位，称为串行进位。图 4-12 所示为四位串行进位加法器。这种进位方式的加法器逻辑电路比较简单，但运算速度不快。

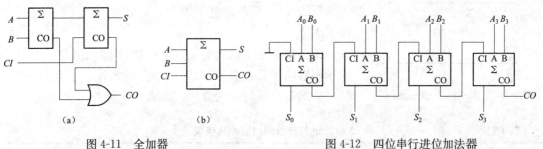

图 4-11　全加器

(a) 逻辑电路图；(b) 逻辑符号

图 4-12　四位串行进位加法器

(2) 超前进位加法器。为了克服串行进位加法器运算速度慢的缺点，又设计了一种超前进位加法器。由表 4-6 可知：当 A、B 两个二进制数相加时，如 $A = B = 1$ 时，$CO = 1$，有进位输出；若 $A + B = 1$，且 $CI = 1$，则 $CO = 1$，有进位输出；而其他情况下无进位。多位相加时，进位信号的产生同样符合上述规律，可一直递推下去。由此可见，每一位全加器的进位信号直接由并行输入的两个加数及进位信号决定，不再需要逐级等待低位送来的进位信号。利用这种规律就可构成超前进位加法器。

中规模集成电路 74LS283 是四位二进制超前进位加法器，其逻辑电路图如图 4-13 所示，逻辑符号如图 4-14 所示。

4.4.2　编码器

在数字系统中，常用二进制数表示某个字符或某个具有特定意义的信息，这一过程称为编码。能够实现编码的电路称为编码器。编码器是一种多输出的组合逻辑电路。

1. 普通编码器

在普通编码器中，任何时刻只允许输入一个编码请求信号，否则输出将发生混乱。

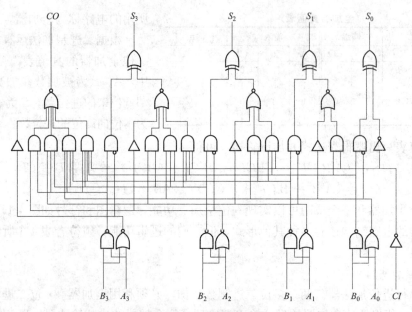

图 4-13　四位超前进位加法器 74LS283 电路图

现以 3 位二进制普通编码器（8 线‑3 线普通编码器）为例，分析普通编码器的工作原理。8 线‑3 线普通编码器有 8 个信号输入，3 个输出。输入信号为 $I_0 \sim I_7$，高电平有效；输出的是 3 位二进制代码 $Y_2 Y_1 Y_0$。

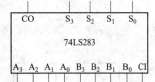

图 4-14　74LS283 的惯用逻辑符号

该函数有 8 个输入变量，应有 2^8 个输入组合，根据普通编码器的定义，会有（$2^8 - 8$）个输入组合不允许出现，其对应的最小项均为约束项。真值表见表 4-7。

表 4-7　　　　　　　　　　　　3 位二进制普通编码器的真值表

输 入								输 出		
I_0	I_1	I_2	I_3	I_4	I_5	I_6	I_7	Y_2	Y_1	Y_0
1	0	0	0	0	0	0	0	0	0	0
0	1	0	0	0	0	0	0	0	0	1
0	0	1	0	0	0	0	0	0	1	0
0	0	0	1	0	0	0	0	0	1	1
0	0	0	0	1	0	0	0	1	0	0
0	0	0	0	0	1	0	0	1	0	1
0	0	0	0	0	0	1	0	1	1	0
0	0	0	0	0	0	0	1	1	1	1

利用具有无关项的函数化简，可由表 4-7 整理得到编码器输出端的函数式，即

$$Y_2 = I_4 + I_5 + I_6 + I_7$$
$$Y_1 = I_2 + I_3 + I_6 + I_7$$
$$Y_0 = I_1 + I_3 + I_5 + I_7$$

(4-14)

由式（4-14）可画出 3 位二进制普通编码器的电路图，如图 4-15 所示。

2. 优先编码器

优先编码器与普通编码器的区别在于：可以同时输入多个有效的编码请求信号，电路可以根据事先设定好的优先顺序，仅对优先级别最高的输入信号进行编码，对其他输入信号不予理睬。

下面以 74HC148 为例，分析优先编码器的工作原理。图 4-16 为 74HC148 的逻辑电路图，其逻辑符号如图 4-17 所示，功能表见表 4-8。

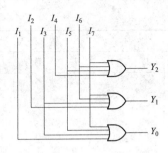

图 4-15　3 位二进制普通编码器的电路图

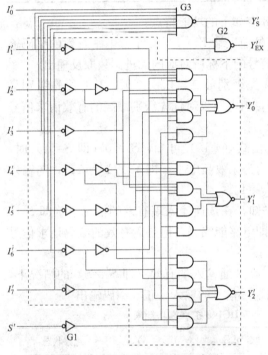

图 4-16　74HC148 的逻辑电路图

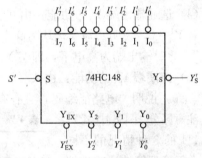

图 4-17　74HC148 的惯用逻辑符号

由图 4-16 可以写出各输出端的逻辑表达式：

$$\begin{cases} Y'_2 = ((I_4 + I_5 + I_6 + I_7)S)' \\ Y'_1 = ((I_2 I'_4 I'_5 + I_3 I'_4 I'_5 + I_6 + I_7)S)' \\ Y'_0 = ((I_1 I'_2 I'_4 I'_6 + I_3 I'_4 I'_6 + I_5 I'_6 + I_7)S)' \end{cases} \tag{4-15}$$

$$Y'_S = (I'_0 I'_1 I'_2 I'_3 I'_4 I'_5 I'_6 I'_7 S)' \tag{4-16}$$

$$\begin{aligned} Y'_{EX} &= (Y'_S S)' = ((I'_0 I'_1 I'_2 I'_3 I'_4 I'_5 I'_6 I'_7 S)'S)' \\ &= ((I_0 + I_1 + I_2 + I_3 + I_4 + I_5 + I_6 + I_7)S)' \end{aligned} \tag{4-17}$$

表 4-8　　　　　　　　　　　　　　**74HC148 的功能表**

输　　　入									输　　出				
S'	I'_0	I'_1	I'_2	I'_3	I'_4	I'_5	I'_6	I'_7	Y'_2	Y'_1	Y'_0	Y'_S	Y'_{EX}
1	×	×	×	×	×	×	×	×	1	1	1	1	1
0	1	1	1	1	1	1	1	1	1	1	1	0	1

续表

	输		入						输	出			
S'	I'_0	I'_1	I'_2	I'_3	I'_4	I'_5	I'_6	I'_7	Y'_2	Y'_1	Y'_0	Y'_S	Y'_{EX}
0	×	×	×	×	×	×	×	0	0	0	0	1	0
0	×	×	×	×	×	×	0	1	0	0	1	1	0
0	×	×	×	×	×	0	1	1	0	1	0	1	0
0	×	×	×	×	0	1	1	1	0	1	1	1	0
0	×	×	×	0	1	1	1	1	1	0	0	1	0
0	×	×	0	1	1	1	1	1	1	0	1	1	0
0	×	0	1	1	1	1	1	1	1	1	0	1	0
0	0	1	1	1	1	1	1	1	1	1	1	1	0

根据逻辑图，对照功能表可以看出 74HC148 有如下的功能特点：

（1）该电路有 8 个低电平有效的编码请求信号输入端 $I'_0 \sim I'_7$，3 个低电平有效的编码输出端 $Y'_2 Y'_1 Y'_0$，输出值分别为其对应的编码请求信号的下标所对应的二进制数取反输出。

（2）编码请求信号输入端有优先顺序，I'_7 优先级别最高，依次降低，I'_0 的优先级别最低。电路可以同时输入几个有效的编码请求信号，但电路仅对优先级别最高的有效请求信号进行编码。

（3）控制输入端（选通输入端）S' 的功能：由式（4-15）可知，$S'=0$（即 $S=1$）时，电路正常编码输出；$S'=1$（即 $S=0$）时，输出均为无效高电平，即 $Y'_2 Y'_1 Y'_0 = 111$，与输入信号无关。同时，选通输出端 $Y'_S = 1$，扩展端 $Y'_{EX} = 1$。

（4）选通输出端 Y'_S 的功能：由式（4-16）可知，在选通输入端有效的情况下（即 $S'=0$），若 $Y'_S = 0$，说明"输入端均为高电平输入，即电路能编码，但是无有效的编码请求信号输入"。此时输出端为高电平，即 $Y'_2 Y'_1 Y'_0 = 111$。

（5）扩展端 Y'_{EX} 的功能：由式（4-17）可知，在选通输入端有效（即 $S'=0$）的情况下，若 $Y'_{EX} = 0$，说明"电路能编码，且有有效的编码请求信号的输入，正在编码输出"。

注意区分表 4-8 中 $Y'_2 Y'_1 Y'_0 = 111$ 的 3 种情况的不同含义。正确理解选通输出端 Y'_S 和扩展端 Y'_{EX} 的功能，见表 4-9。

表 4-9　　　　74HC148 扩展端功能表

Y'_S	Y'_{EX}	电路状态	Y'_S	Y'_{EX}	电路状态
1	1	不工作（$S'=1$）	1	0	工作，且有编码输入
0	1	工作，但无编码输入	0	0	不可能出现

例 4-5　试用两片 74HC148 接成 16 线-4 线优先编码器，将 $A'_0 \sim A'_{15}$ 共 16 个低电平输入信号编为 0000~1111 共 16 个 4 位二进制代码，其中 A'_{15} 的优先权最高，A'_0 的优先权最低。

解　分析思路如下：

（1）将 16 个编码请求输入分成两组，$A'_{15} \sim A'_8$ 的优先级别较高，接到第（1）片 74HC148 的 $I'_7 \sim I'_0$ 上，而 $A'_7 \sim A'_0$ 的优先级别较低，接到第（2）片 74HC148 的 $I'_7 \sim I'_0$ 上。

（2）按照优先顺序，只要 $A'_{15} \sim A'_8$ 中有有效编码请求信号输入，片（1）工作，片（2）不工作；只有当 $A'_{15} \sim A'_8$ 无有效编码请求时，$A'_7 \sim A'_0$ 中的有效编码请求才会被片（2）处理，即片（1）和片（2）根据编码请求信号端的优先级别轮流工作。因此，片（1）的选通输入信号 S' 始终接有效低电平，而片（2）的选通输入信号 S' 应接到片（1）的表示"无编码信号输入"信号 Y'_S 上。

（3）因为题目中要求"将 $A'_0 \sim A'_{15}$ 共 16 个低电平输入信号编为 0000～1111 共 16 个 4 位二进制代码"，所以需要找出编码输出的第四位码的来源。根据表 4-9 可知，当片（1）编码工作时，它的 $Y'_{EX}=0$；当片（1）无码可编时，它的 $Y'_{EX}=1$。因此，可以利用片（1）的 Y'_{EX} 作为编码输出的第四位码。根据题意，编码输出的低 3 位码应为两片输出端 $Y'_2 Y'_1 Y'_0$ 的逻辑与非。

根据上述分析，可得如图 4-18 所示的逻辑图。

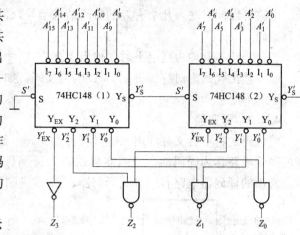

图 4-18　用两片 74HC148 连接成 16 线-4 线优先编码器

当输入的 16 个编码请求信号 $A'_{15} \sim A'_0$ 为"111111111110××××"时，根据优先级别可知，片（1）无码可编，$Y'_S=0$，$Y'_{EX}=1$，$Y'_2 Y'_1 Y'_0=111$（封锁在高电平），所以片（2）工作，且对 A'_4 即片（2）的 I'_4 输入进行编码，编码输出 $Y'_2 Y'_1 Y'_0=011$。最后在输出端得到 $Z_3 Z_2 Z_1 Z_0=0100$。其他输入情况读者可自行分析。

3. 二-十进制编码器

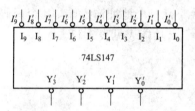

图 4-19　74LS147 的惯用逻辑符号

二-十进制编码器是将输入的 10 个信号编成二进制代码的逻辑电路。这种二进制代码又称为二-十进制代码，简称 BCD 码。下面以二-十进制优先编码器 74LS147 为例，分析二-十进制编码器的工作原理。74LS147 的逻辑符号如图 4-19 所示。

二-十进制优先编码器 74LS147 有 10 个输入端，4 个输出端。其功能表见表 4-10。

表 4-10　74LS147 的功能表

输入									输出			
I'_1	I'_2	I'_3	I'_4	I'_5	I'_6	I'_7	I'_8	I'_9	Y'_3	Y'_2	Y'_1	Y'_0
1	1	1	1	1	1	1	1	1	1	1	1	1
×	×	×	×	×	×	×	×	0	0	1	1	0
×	×	×	×	×	×	×	0	1	0	1	1	1
×	×	×	×	×	×	0	1	1	1	0	0	0
×	×	×	×	×	0	1	1	1	1	0	0	1
×	×	×	×	0	1	1	1	1	1	0	1	0
×	×	×	0	1	1	1	1	1	1	0	1	1
×	×	0	1	1	1	1	1	1	1	1	0	0
×	0	1	1	1	1	1	1	1	1	1	0	1
0	1	1	1	1	1	1	1	1	1	1	1	0

由功能表可以看出 74LS147 具有如下功能：

（1）编码请求信号输入端有优先顺序，I'_9 优先级别最高，依次降低，I'_0 的优先级别最低。电路可以同时输入几个有效的编码请求信号，但电路仅对优先级别最高的有效请求信号进行编码。

（2）当 $I_1' \sim I_9'$ 均为高电平时，输出 $Y_3'Y_2'Y_1'Y_0' = 1111$。

（3）输出代码为对应二进制 BCD 码的反码，如 $I_6' = 0$ 时，输出为 $Y_3'Y_2'Y_1'Y_0' = 1001$，为 0110 的反码。

4.4.3 译码器

将代码的特定含义翻译出来的过程称为译码。显然，译码是编码的逆过程。具有译码功能的逻辑电路称为译码器。译码器可以将二进制代码转换成十进制数、字符或其他输出信号，常用的译码器电路有二进制译码器、二-十进制译码器和显示译码器等。

1. 二进制译码器

图 4-20　二进制译码器框图

图 4-20 为二进制译码器的框图，它有 n 个输入端（即输入为 n 位二进制代码），又称为地址输入端，有 2^n 个输出端。对应于一个输入代码，只有一个输出端为有效电平，其他的输出端均为无效电平。

常用的二进制译码器有中规模集成译码器 74LS139（双 2 线-4 线译码器）、74HC138（3 线-8 线译码器）和 74HC154（4 线-16 线译码器）等。

下面以常用的 74HC138 为例，介绍二进制译码器的工作原理。

74HC138 是由 CMOS 门电路组成的 3 线-8 线译码器，有 3 个地址输入端，8 个译码输出端。它的逻辑图如图 4-21 所示，逻辑符号如图 4-22 所示，功能表见表 4-11。

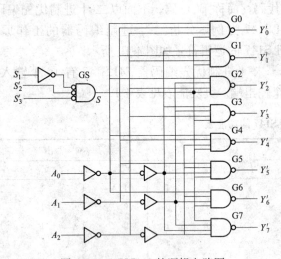

图 4-21　74HC138 的逻辑电路图

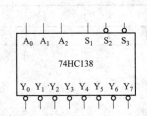

图 4-22　74HC138 的惯用逻辑符号

表 4-11　74HC138 的功能表

输　入					输　出							
S_1'	$S_2'+S_3'$	A_2	A_1	A_0	Y_7'	Y_6'	Y_5'	Y_4'	Y_3'	Y_2'	Y_1'	Y_0'
0	×	×	×	×	1	1	1	1	1	1	1	1
×	1	×	×	×	1	1	1	1	1	1	1	1
1	0	0	0	0	1	1	1	1	1	1	1	0

续表

输　入					输　出							
S_1	$S_2'+S_3'$	A_2'	A_1'	A_0'	Y_7'	Y_6'	Y_5'	Y_4'	Y_3'	Y_2'	Y_1'	Y_0'
1	0	0	0	1	1	1	1	1	1	1	0	1
1	0	0	1	0	1	1	1	1	1	0	1	1
1	0	0	1	1	1	1	1	1	0	1	1	1
1	0	1	0	0	1	1	1	0	1	1	1	1
1	0	1	0	1	1	1	0	1	1	1	1	1
1	0	1	1	0	1	0	1	1	1	1	1	1
1	0	1	1	1	0	1	1	1	1	1	1	1

由图 4-21 可以写出各输出端的逻辑表达式：

$$\begin{cases} Y_0' = (S \cdot A_2'A_1'A_0')' = (S \cdot m_0)' \\ Y_1' = (S \cdot A_2'A_1'A_0)' = (S \cdot m_1)' \\ Y_2' = (S \cdot A_2'A_1A_0')' = (S \cdot m_2)' \\ Y_3' = (S \cdot A_2'A_1A_0)' = (S \cdot m_3)' \\ Y_4' = (S \cdot A_2A_1'A_0')' = (S \cdot m_4)' \\ Y_5' = (S \cdot A_2A_1'A_0)' = (S \cdot m_5)' \\ Y_6' = (S \cdot A_2A_1A_0')' = (S \cdot m_6)' \\ Y_7' = (S \cdot A_2A_1A_0)' = (S \cdot m_7)' \end{cases} \qquad (4\text{-}18)$$

由式（4-18）可以看出，74HC138 的各个输出端除了和地址输入端（3 位二进制代码输入端）$A_2A_1A_0$ 有关之外，还与 S 有关。

在门电路的图形符号中，有时为了强调“低电平”有效，在输入端加上小圆圈，同时在信号名称上加非号，如图 4-21 中的 GS 那样。这种画法可以看作是一种用输入端的小圆圈来代替反相器的简化画法，如图 4-23 所示。

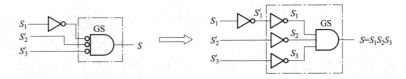

图 4-23　门电路输入端反相记号的等效替代

写出 S 的表达式，来分析输入与输出之间的关系：

$$S = S_1 S_2 S_3 = S_1(S_2')'(S_3')' = S_1(S_2'+S_3')' \qquad (4\text{-}19)$$

由式（4-18）和式（4-19）分析得出，只有 $S=1$，即 $S_1=1$，$S_2'=S_3'=0$ 的情况下，74HC138 的各个输出端才会和地址输入端 $A_2A_1A_0$ 有关，即译码输出。若 $S=0$，则输出端均为高电平，与地址输入端 $A_2A_1A_0$ 无关，即不能译码工作。所以，将 S_1、S_2' 和 S_3' 称为选通输入端（或"片选"输入端），用来控制电路是否能够译码工作。利用选通输入端也可以将多片 74HC138 连接起来扩展译码器的功能。

当 74HC138 选通输入端 $S_1=1$，$S_3'=S_3'=0$ 时，式（4-18）可以化简为

$$\begin{cases} Y_0'=(A_2'A_1'A_0')'=(m_0)' \\ Y_1'=(A_2'A_1'A_0)'=(m_1)' \\ Y_2'=(A_2'A_1A_0')'=(m_2)' \\ Y_3'=(A_2'A_1A_0)'=(m_3)' \\ Y_4'=(A_2A_1'A_0')'=(m_4)' \\ Y_5'=(A_2A_1'A_0)'=(m_5)' \\ Y_6'=(A_2A_1A_0')'=(m_6)' \\ Y_7'=(A_2A_1A_0)'=(m_7)' \end{cases} \tag{4-20}$$

由式（4-20）可以看出，$Y_0' \sim Y_7'$ 同时又是 A_2、A_1、A_0 这 3 个变量的全部最小项的取反输出，所以也将这种译码器称为最小项译码器。若 $A_2A_1A_0=001$，则对应的输出端 $Y_1'=0$，其余输出均为 1。

例 4-6　用两片 3 线-8 线译码器 74HC138 组成 4 线-16 线译码器，将输入的 4 位二进制代码 $D_3D_2D_1D_0$ 译成 16 个独立的低电平信号 $Z_0' \sim Z_{15}'$。

解　由于 74HC138 仅有 3 个地址输入端 A_2、A_1、A_0。如果想对 4 位二进制代码 $D_3D_2D_1D_0$ 译码，只能利用一个附加控制端（S_1、S_2'、S_3' 当中的一个）作为第 4 个地址输入端。

令两个芯片的 $A_2A_1A_0=D_2D_1D_0$；片（1）的 $S_2'=S_3'=D_3$，$S_1=1$；片（2）的 $S_1=D_3$，$S_2'=S_3'=0$。连接图如图 4-24 所示。于是得到两片 74HC138 的输出分别为

$$\begin{cases} Z_0'=(D_3'D_2'D_1'D_0')'=m_0' \\ \quad\vdots \\ Z_7'=(D_3'D_2D_1D_0)'=m_7' \end{cases} \tag{4-21}$$

$$\begin{cases} Z_8'=(D_3D_2'D_1'D_0')'=m_8' \\ \quad\vdots \\ Z_{15}'=(D_3D_2D_1D_0)'=m_{15}' \end{cases} \tag{4-22}$$

式（4-21）表明，$D_3=0$ 时，片（1）工作而片（2）禁止工作，$D_3D_2D_1D_0$ 的 0000～0111 这 8 个代码被片（1）译成 $Z_0' \sim Z_7'$ 共 8 个低电平信号。式（4-22）表明，$D_3=1$ 时，片（2）工作而片（1）禁止工作，$D_3D_2D_1D_0$ 的 1000～1111 这 8 个代码被片（2）译成 $Z_8' \sim Z_{15}'$ 这 8 个低电平信号。这样就用两个 3 线-8 线译码器扩展成了一个 4 线-16 线译码器。

2. 二-十进制译码器

二-十进制译码器的逻辑功能是将输入 BCD 码的 10 组代码译成 10 个高低电平输出信号。

典型的二-十进制译码器是 74HC42，其内部逻辑图如图 4-25 所示，功能表见表 4-12。

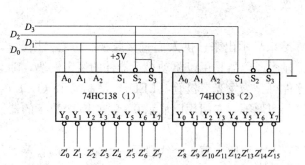

图 4-24　用两片 74HC138 连接成 4 线- 16 线译码器　　图 4-25　二-十进制译码器 74HC42 逻辑电路图

表 4-12　　　　　　　　　　　　　　**74HC42 的功能表**

序号	输　　　入				输　　　出									
	A_3	A_2	A_1	A_0	Y'_0	Y'_1	Y'_2	Y'_3	Y'_4	Y'_5	Y'_6	Y'_7	Y'_8	Y'_9
0	0	0	0	0	0	1	1	1	1	1	1	1	1	1
1	0	0	0	1	1	0	1	1	1	1	1	1	1	1
2	0	0	1	0	1	1	0	1	1	1	1	1	1	1
3	0	0	1	1	1	1	1	0	1	1	1	1	1	1
4	0	1	0	0	1	1	1	1	0	1	1	1	1	1
5	0	1	0	1	1	1	1	1	1	0	1	1	1	1
6	0	1	1	0	1	1	1	1	1	1	0	1	1	1
7	0	1	1	1	1	1	1	1	1	1	1	0	1	1
8	1	0	0	0	1	1	1	1	1	1	1	1	0	1
9	1	0	0	1	1	1	1	1	1	1	1	1	1	0
伪	1	0	1	0	1	1	1	1	1	1	1	1	1	1
	1	0	1	1	1	1	1	1	1	1	1	1	1	1
	1	1	0	0	1	1	1	1	1	1	1	1	1	1
	1	1	0	1	1	1	1	1	1	1	1	1	1	1
码	1	1	1	0	1	1	1	1	1	1	1	1	1	1
	1	1	1	1	1	1	1	1	1	1	1	1	1	1

由图 4-25 得到输出端逻辑函数表达式，即

$$\begin{cases}
Y'_0 = (A'_3 A'_2 A'_1 A'_0)' = m'_0 \\
Y'_1 = (A'_3 A'_2 A'_1 A_0)' = m'_1 \\
Y'_2 = (A'_3 A'_2 A_1 A'_0)' = m'_2 \\
Y'_3 = (A'_3 A'_2 A_1 A_0)' = m'_3 \\
Y'_4 = (A'_3 A_2 A'_1 A'_0)' = m'_4 \\
Y'_5 = (A'_3 A_2 A'_1 A_0)' = m'_5 \\
Y'_6 = (A'_3 A_2 A_1 A'_0)' = m'_6 \\
Y'_7 = (A'_3 A_2 A_1 A_0)' = m'_7 \\
Y'_8 = (A_3 A'_2 A'_1 A'_0)' = m'_8 \\
Y'_9 = (A_3 A'_2 A'_1 A_0)' = m'_9
\end{cases} \tag{4-23}$$

74HC42 的功能如下：

（1）地址输入端 $A_3A_2A_1A_0$ 是 8421BCD 码输入。当输入 8421BCD 码以外的伪码（即 1010～1111）时，输出全部为无效的高电平，所以这个电路结构具有拒绝伪码的功能。

（2）Y_0'～Y_9' 是译码输出，输出低电平有效。

3. 显示译码器

在数字系统中，常常需要把数字或运算结果显示出来，供人们直接监视、查看。因此，数字显示电路是数字系统的重要组成部分。显示译码器是用以驱动显示器件的逻辑模块，随显示器件的类型不同而不同。常用的显示器件可分为发光二极管（LED）、液晶显示（LCD）和荧光显示等，显示内容可以是数字、字符和图形等。专门用以显示 0～9 这 10 个数字的器件称为数码管，显示方式有七段和八段之分。

（1）七段显示数码管。七段显示数码管有七个线段，每一个线段是一个发光二极管，如图 4-26（a）所示。当其中的某些发光二极管因为有驱动电流而发光时，根据发光的线段不同，就可以组成 0～9 十个数字。

为了使用方便，通常将各发光二极管的阳极或阴极连接在一起，这样七段显示数码管就有两种连接方式。如果将各发光二极管的阴极连接在一起作为公共阴极，则称为共阴极接法，如图 4-26（b）所示；如果将各发光二极管的阳极连接在一起作为公共阳极，则称为共阳极接法，如图 4-26（c）所示。有的显示数码管还在右下角处增设了一个小数点，形成了所谓的八段数码管。BS201A（八段共阴极）为常用的数码管。

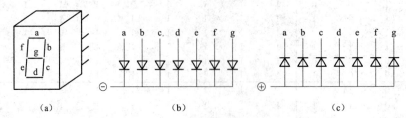

图 4-26　七段显示数码管（LED）

（a）外形图；（b）共阴极接法；（c）共阳极接法

（2）七段显示译码器。七段显示译码器的输入是 8421BCD 码，输出是能驱动七段显示数码管的高低电平。所以，七段显示译码器有四个数据输入端 A_3、A_2、A_1、A_0，七个输出端 Y_a、Y_b、Y_c、Y_d、Y_e、Y_f、Y_g，七个输出信号分别驱动七段显示器的七个光段，如图 4-27 所示。

7448 为 BCD 七段显示译码器，可以驱动共阴极的数码显示器，逻辑符号如图 4-28 所示，功能表见表 4-13。

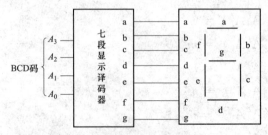

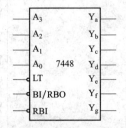

图 4-27　七段显示译码器与显示器接线图　　　图 4-28　BCD 七段显示译码器 7448 逻辑符号

表 4-13　　　　　　　　　**BCD 七段显示译码器功能表**

十进制数或功能	输 入						BI'/RBO'	输 出						
	LT'	RBI'	A_3	A_2	A_1	A_0		a	b	c	d	e	f	g
0	1	1	0	0	0	0	1	1	1	1	1	1	1	0
1	1	×	0	0	0	1	1	0	1	1	0	0	0	0
2	1	×	0	0	1	0	1	1	1	0	1	1	0	1
3	1	×	0	0	1	1	1	1	1	1	1	0	0	1
4	1	×	0	1	0	0	1	0	1	1	0	0	1	1
5	1	×	0	1	0	1	1	1	0	1	1	0	1	1
6	1	×	0	1	1	0	1	0	0	1	1	1	1	1
7	1	×	0	1	1	1	1	1	1	1	0	0	0	0
8	1	×	1	0	0	0	1	1	1	1	1	1	1	1
9	1	×	1	0	0	1	1	1	1	1	0	0	1	1
10	1	×	1	0	1	0	1	0	0	0	1	1	0	1
11	1	×	1	0	1	1	1	0	0	1	1	0	0	1
12	1	×	1	1	0	0	1	0	1	0	0	0	1	1
13	1	×	1	1	0	1	1	1	0	0	1	0	1	1
14	1	×	1	1	1	0	1	0	0	0	1	1	1	1
15	1	×	1	1	1	1	1	0	0	0	0	0	0	0
消隐	×	×	×	×	×	×	0	0	0	0	0	0	0	0
动态灭零	1	0	0	0	0	0	0	0	0	0	0	0	0	0
灯测试	0	×	×	×	×	×	1	1	1	1	1	1	1	1

除了输入、输出端外，7448 的还有些附加功能端：

1）灯测试输入端 LT'。当 $LT'=0$ 时，便可使被驱动数码管的七段同时点亮，以检查该数码管各段能否正常发光。平时应置 LT' 为高电平。

2）灭零输入端 RBI'。用来熄灭不需要显示的零，对其他数字不起熄灭作用。当 $A_3A_2A_1A_0=0000$ 时，显示器应显示字符"0"，但当 $RBI'=0$ 时，可以将字符"0"灭掉。即用来熄灭多位七段显示器不必要的零，从而提高视读的清晰度。例如，用 8 位显示器显示 88.8，就可以利用 RBI' 消去 000088.80 中前后无意义的零。

3）双重功能端 BI'/RBO'。BI'/RBO' 既可作为输入端也可作为输出端。当作为输入端使用时，称为灭灯输入控制端，只要令 $BI'=0$，无论 $A_3A_2A_1A_0$ 的状态是什么，都会将被驱动数码管的各段同时熄灭。BI'/RBO' 作为输出端使用时，称为灭零输出端，当 $RBO'=0$ 时，表示已将本来应该显示的零熄灭了，即输入 $A_3A_2A_1A_0=0000$，且 $RBI'=0$，译码器有灭零操作。

将灭零输入端 RBI' 与灭零输出端 RBO' 配合使用，可实现多位数码显示系统的灭零控制。图 4-29 为灭零控制的连接方法。

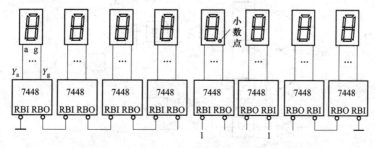

图 4-29　有灭零控制的 8 位数码显示系统

在这种连接方式下，整数部分只有高位是零，并且被熄灭的情况下，低位才有灭零信号的输入。同理，小数部分只有低位是零，并且被熄灭时，高位才有灭零信号的输入。

4.4.4　数据选择器

数据选择器又称多路开关，简称 MUX，相当于一只单刀多掷选择开关。如图 4-30 所示，在选择输入（又称地址输入）信号的作用下，从多个数据输入通道中选择某一通道的数据传送到输出端。

数据选择器较常见的有：2 选 1，4 选 1，8 选 1，16 选 1。数据选择器的输入/输出逻辑关系如图 4-31 所示。

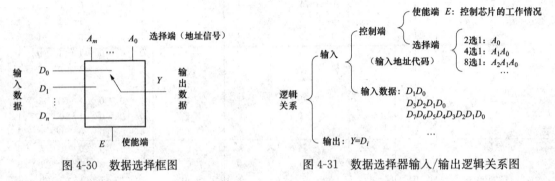

图 4-30　数据选择框图　　　　　图 4-31　数据选择器输入/输出逻辑关系图

1. 4 选 1 数据选择器

74HC153 为双 4 选 1 数据选择器。图 4-32 是 74HC153 的逻辑图，它包含两个完全相同的 4 选 1 数据选择器。

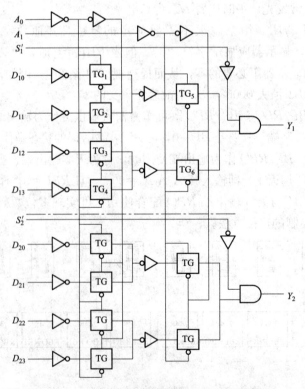

图 4-32　双 4 选 1 数据选择器 74HC153 逻辑图

A_1A_0 是两个 4 选 1 数据选择器的公共地址输入端，而数据输入端和输出端是独立的。S_1' 和 S_2' 分别是两个 4 选 1 数据选择器的附加控制端，用于控制电路工作状态和扩展功能。

下面以其中一个 4 选 1 数据选择器为例，分析输出和输入之间的关系。电路中出现了 6 个传输门。根据 A_1A_0 的取值，可以控制传输门导通与否，得到输出端的逻辑函数式：

$$Y_1 = (D_{10}A_1'A_0' + D_{11}A_1'A_0 + D_{12}A_1A_0' + D_{13}A_1A_0)S_1 \tag{4-24}$$

从式（4-24）可以看出，$S_1'=0$ 时数据选择器工作，$S_1'=1$ 时数据选择器被禁止工作，输出被封锁为低电平。逻辑功能见表 4-14，逻辑符号如图 4-33 所示。

表 4-14　4 选 1 数据选择器功能表

输入			输出
S_1'	A_1	A_0	Y_1
1	$\times$	$\times$	0
0	0	0	D_{10}
0	0	1	D_{11}
0	1	0	D_{12}
0	1	1	D_{13}

2. 8 选 1 数据选择器

74HC151 为 8 选 1 数据选择器，逻辑符号如图 4-34 所示。A_2、A_1、A_0 是地址输入端，$D_0 \sim D_7$ 是 8 个数据输入端，S' 是使能控制端。功能表见表 4-15。

由表 4-15 可知，$S'=1$ 时，电路处于禁止工作状态，输出 $Y=0$，$W'=1$；$S'=0$ 时，根据

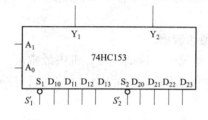

图 4-33　74HC153 的逻辑符号

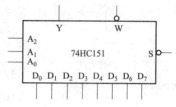

图 4-34　74HC151 的逻辑符号

表 4-15　　　　　　　　　　　　　　　74HC151 的功能表

输　入				输　出	
使能	地址				
S'	A_2	A_1	A_0	Y	W'
1	$\times$	$\times$	$\times$	0	1
0	0	0	0	D_0	D_0'
0	0	0	1	D_1	D_1'
0	0	1	0	D_2	D_2'
0	0	1	1	D_3	D_3'
0	1	0	0	D_4	D_4'
0	1	0	1	D_5	D_5'
0	1	1	0	D_6	D_6'
0	1	1	1	D_7	D_7'

地址端 A_2、A_1、A_0 的输入选择 $D_0 \sim D_7$ 某一通道的数据输出。输出端 Y 的表达式为

$$\begin{aligned} Y = &(A_2'A_1'A_0')D_0 + (A_2'A_1'A_0)D_1 + (A_2'A_1A_0')D_2 + (A_2'A_1A_0)D_3 \\ &+ (A_2A_1'A_0')D_4 + (A_2A_1'A_0)D_5 + (A_2A_1A_0')D_6 + (A_2A_1A_0)D_7 \end{aligned} \tag{4-25}$$

W' 的输出与 Y 的输出互补。

例 4-7　用一片 74HC153 组成一个 8 选 1 数据选择器。

解　双 4 选 1 数据选择器 74HC153 能够提供 8 个数据输入端，满足题目要求，对 8 个输入数据进行选择。本题需要 3 位地址输入，而 4 选 1 数据选择器的地址输入只有两个，因此需要借助控制端 S' 来提供第三位的地址输入。

8 个输入数据 $D_0 \sim D_7$ 应被 8 选 1 的数据选择器根据地址输入端 $A_2 A_1 A_0$ 的 $000 \sim 111$ 八组地址码依次选中输出。所以，将两个 4 选 1 的数据选择器的公共地址输入端 A_1 和 A_0 作为 8 选 1 的数据选择器地址输入端 $A_2 A_1 A_0$ 的低两位 $A_1 A_0$；而高位 A_2 接到一个 4 选 1 数据选择器的附加控制端 S_1'，取反后接另一个 4 选 1 数据选择器的附加控制端 S_2'。这样，通过 A_2 取值为 0 或 1 来控制两个 4 选 1 数据选择器轮流工作。将两个 4 选 1 数据选择器的输出相或，结果即为 8 选 1 数据选择器的输出。连接图如图 4-35 所示。

根据图 4-35 列出的输出与输入间的逻辑函数式满足式 (4-25)。

若要对接成的 8 选 1 的数据选择器的工作状态进行控制，可以在门 G2 上增加一个控制输入端即可（图 4-35 中未画出）。

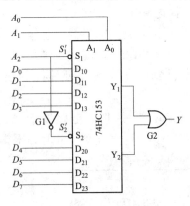

图 4-35　用两个 4 选 1 数据选择器接成 8 选 1 数据选择器

4.4.5　数值比较器

在一些数字系统中，特别是计算机中经常需要比较两个数字的大小，为完成这一功能所设计的逻辑电路称为数值比较器。

1. 1 位数值比较器

两个 1 位二进制数 A 和 B 比较结果有三种可能：

(1) $A > B$（即 $A=1$，$B=0$），则 $AB'=1$，故可以用 AB' 作为 $A > B$ 的输出信号 $Y_{(A>B)}$。

(2) $A < B$（即 $A=0$，$B=1$），则 $A'B=1$，故可以用 $A'B$ 作为 $A < B$ 的输出信号 $Y_{(A<B)}$。

(3) $A = B$（即 $A = B = 0$ 或 1），则 $A \odot B = 1$，故可以用 $A \odot B$ 作为 $A = B$ 的输出信号 $Y_{(A=B)}$。

根据上述三种情况，可以直接列出 1 位数值比较器的真值表，见表 4-16。

由表 4-16 可以得到输出端逻辑函数表达式，即

表 4-16　　1 位数值比较器真值表

输入		输　　出		
A	B	$Y_{(A<B)}$	$Y_{(A=B)}$	$Y_{(A>B)}$
0	0	0	1	0
0	1	1	0	0
1	0	0	0	1
1	1	0	1	0

$$Y_{(A<B)} = A'B$$
$$Y_{(A=B)} = A'B' + AB = A \odot B \qquad (4\text{-}26)$$
$$Y_{(A>B)} = AB'$$

图 4-36 给出了 1 位数值比较器的逻辑图。

2. 多位数值比较器

在比较两个多位数的大小时，必须自高而低地逐位比较，而且只有在高位相等时，才需要比较低位。例如，比较两个 4 位二进制数 $A_3 A_2 A_1 A_0$ 和 $B_3 B_2 B_1 B_0$ 大小，见表 4-17。

图 4-36　1 位数值比较器

表 4-17 　　　　　　　　　　　　　　　　4 位二进制数逐位比较关系表

A_3 与 B_3	A_2 与 B_2	A_1 与 B_1	A_0 与 B_0	$A>B$	$A<B$	$A=B$
$A_3>B_3$	$\times$	$\times$	$\times$	1	0	0
$A_3<B_3$	$\times$	$\times$	$\times$	0	1	0
$A_3=B_3$	$A_2>B_2$	$\times$	$\times$	1	0	0
	$A_2<B_2$	$\times$	$\times$	0	1	0
$A_3=B_3$	$A_2=B_2$	$A_1>B_1$	$\times$	1	0	0
		$A_1<B_1$	$\times$	0	1	0
$A_3=B_3$	$A_2=B_2$	$A_1=B_1$	$A_0>B_0$	1	0	0
			$A_0<B_0$	0	1	0
$A_3=B_3$	$A_2=B_2$	$A_1=B_1$	$A_0=B_0$	0	0	1

从表 4-17 中可以得出逐位比较的结果：

(1) 若要得出 $A=B$ 的结果，必须满足 $A_3=B_3$ 且 $A_2=B_2$ 且 $A_1=B_1$ 且 $A_0=B_0$。结合 1 位数值比较分析的结果，得出

$$Y_{(A=B)} = (A_3 \odot B_3)(A_2 \odot B_2)(A_1 \odot B_1)(A_0 \odot B_0) \tag{4-27}$$

(2) 若要得出 $A>B$ 的结果，必须满足 $A_3>B_3$；或者 $A_3=B_3$，$A_2>B_2$；或者 $A_3=B_3$ 且 $A_2=B_2$，$A_1>B_1$；或者 $A_3=B_3$ 且 $A_2=B_2$ 且 $A_1=B_1$，$A_0>B_0$。结合 1 位数值比较分析的结果，得出

$$Y_{(A>B)} = A_3 B_3' + (A_3 \odot B_3)A_2 B_2' + (A_3 \odot B_3)(A_2 \odot B_2)A_1 B_1'$$
$$+ (A_3 \odot B_3)(A_2 \odot B_2)(A_1 \odot B_1)A_0 B_0' \tag{4-28}$$

(3) 若要得出 $A<B$ 的结果，必须满足 $A_3<B_3$；或者 $A_3=B_3$，$A_2<B_2$；或者 $A_3=B_3$ 且 $A_2=B_2$，$A_1<B_1$；或者 $A_3=B_3$ 且 $A_2=B_2$ 且 $A_1=B_1$，$A_0<B_0$。结合 1 位数值比较分析的结果，得出

$$Y_{(A<B)} = A_3' B_3 + (A_3 \odot B_3)A_2' B_2 + (A_3 \odot B_3)(A_2 \odot B_2)A_1' B_1$$
$$+ (A_3 \odot B_3)(A_2 \odot B_2)(A_1 \odot B_1)A_0' B_0 \tag{4-29}$$

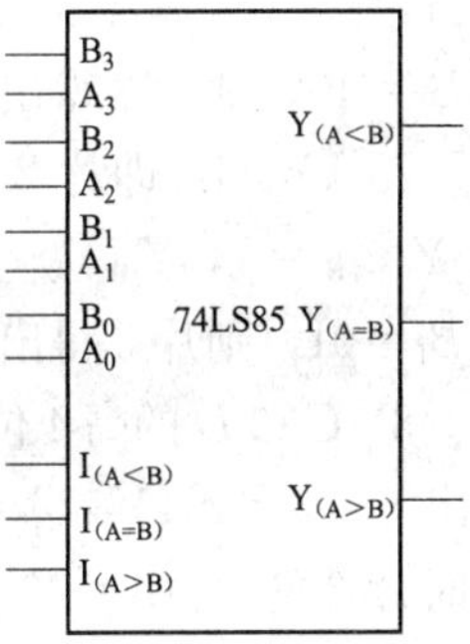

74LS85 是集成 4 位二进制数值比较器，其逻辑符号如图 4-37 所示。

图 4-37　4 位二进制数
值比较器逻辑符号

4 位二进制数值比较器 74LS85 除了两个 4 位二进制数的输入端、三个比较结果输出端之外，还有三个扩展端 $I_{(A>B)}$、$I_{(A<B)}$ 和 $I_{(A=B)}$。利用这三个扩展端，就可以比较多于 4 位的二进制数。4 位二进制数值比较器 74LS85 输出端的逻辑函数式为

$$Y_{(A>B)} = A_3 B_3' + (A_3 \odot B_3)A_2 B_2' + (A_3 \odot B_3)(A_2 \odot B_2)A_1 B_1'$$
$$+ (A_3 \odot B_3)(A_2 \odot B_2)(A_1 \odot B_1)A_0 B_0' \tag{4-30}$$
$$+ (A_3 \odot B_3)(A_2 \odot B_2)(A_1 \odot B_1)(A_0 \odot B_0)I_{(A>B)}$$

$$Y_{(A<B)} = A_3' B_3 + (A_3 \odot B_3)A_2' B_2 + (A_3 \odot B_3)(A_2 \odot B_2)A_1' B_1 \tag{4-31}$$
$$+ (A_3 \odot B_3)(A_2 \odot B_2)(A_1 \odot B_1)A_0' B_0$$
$$+ (A_3 \odot B_3)(A_2 \odot B_2)(A_1 \odot B_1)(A_0 \odot B_0)I_{(A<B)}$$

$$Y_{(A=B)} = (A_3 \odot B_3)(A_2 \odot B_2)(A_1 \odot B_1)(A_0 \odot B_0)I_{(A=B)} \tag{4-32}$$

式（4-30）中就会出现 $A>B$ 的第五种情况（即 $A_3=B_3$ 且 $A_2=B_2$ 且 $A_1=B_1$ 且 $A_0=B_0$ 的情况下，看 $I_{(A>B)}$ 的取值）。$I_{(A>B)}=1$ 是来自低位的比较结果。同理，$I_{(A<B)}$ 和 $I_{(A=B)}$ 也是来自低位的比较结果。若用 74LS85 只比较两个 4 位二进制数，应令 $I_{(A>B)}=I_{(A<B)}=0$，$I_{(A=B)}=1$；若比较多于 4 位的二进制数，则需要考虑来自低位比较的结果，即从三个扩展端 $I_{(A>B)}$、$I_{(A<B)}$ 和 $I_{(A=B)}$ 接收到的信号。

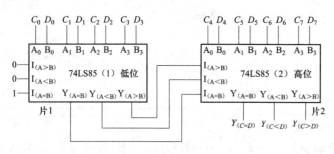

图 4-38　串联方式扩展 8 位数值比较器

例 4-8　试用两片 74LS85 组成一个 8 位数值比较器。

解　数值比较器的位数扩展有两种方法，分析如下。

方法一：串联方式扩展。

如图 4-38 所示，片 1 比较低 4 位数值，没有来自更低位的比较结果，所以片 1 的扩展端 $I_{(A>B)}=I_{(A<B)}=0$，$I_{(A=B)}=1$；低 4 位比较结果 $Y_{(A>B)}$、$Y_{(A<B)}$ 和 $Y_{(A=B)}$ 接到片 2 的 $I_{(A>B)}$、$I_{(A<B)}$ 和 $I_{(A=B)}$ 上，这样就能满足多位数比较的规则，在高位相等时取决于低位的比较结果。

方法二：并联方式扩展。

如图 4-39 所示，分析高 4 位比较结果有如下三种情况：

1) $C>D$：即片 2 的输出 $Y_{(A>B)}=1$，$Y_{(A<B)}=0$，$Y_{(A=B)}=0$。此时片 3 的 $A_1B_1=10$，则片 3 得出 $Y_{(C>D)}$ 的结论。

2) $C<D$：即片 2 的输出 $Y_{(A>B)}=0$，$Y_{(A<B)}=1$，$Y_{(A=B)}=0$。此时片 3 的 $A_1B_1=01$，则片 3 得出 $Y_{(C<D)}$ 的结论。

3) C 和 D 的高 4 位相等：即片 2 的输出 $Y_{(A>B)}=0$，$Y_{(A<B)}=0$，$Y_{(A=B)}=1$。

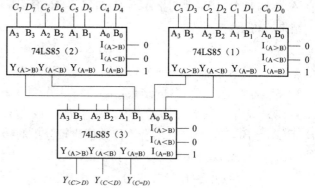

图 4-39　并联方式扩展 8 位数值比较器

此时片 3 的 $A_1B_1=00$，则片 3 的输出结果由 A_0B_0 的输入比较得出。而 A_0B_0 的输入由片 1 的 $Y_{(A>B)}$、$Y_{(A<B)}$，也就是 C 和 D 的低 4 位比较结果提供（分析同高 4 位）。

4.4.6　奇偶校验器

在数字系统中，代码在传送、存储过程中，由于线路本身的缺陷、传输线上的噪声、干扰或其他偶然因素的影响，会使代码出现差错，将 1 变成 0 或 0 变成 1。

奇偶校验法是对数据传输正确性的一种校验方法，它是奇校验和偶校验的统称。

1. 奇偶校验原理

奇偶校验是一种结构最简单也是最常用的校验方法。其方法是在 n 位长的数据代码上增加一个二进制位做校验位，放在 n 位代码的最高位之前或最低位之后，组成 $n+1$ 位的码。这个校验位取"0"还是取"1"的原则是：若设定为奇校验，应使代码里含"1"的个数连同校验位共有奇数个"1"；若设定为偶校验，则代码里含"1"的个数连同校验位共有偶数个"1"。

表 4-18　4 位二进制信息码奇偶校验编码举例

四位二进制信息码				奇校验位	偶校验位
A_3	A_2	A_1	A_0	P_{ODD}	P_{EVEN}
0	0	0	0	1	0
0	0	0	1	0	1
0	0	1	0	0	1
0	0	1	1	1	0
0	1	0	0	0	1
0	1	0	1	1	0
0	1	1	0	1	0
0	1	1	1	0	1
1	0	0	0	0	1
1	0	0	1	1	0
1	0	1	0	1	0
1	0	1	1	0	1
1	1	0	0	1	0
1	1	0	1	0	1
1	1	1	0	0	1
1	1	1	1	1	0

例如，需要传输"11001110"，若采用奇校验，因为传输数据中含 5 个"1"，所以增加奇校验位为"0"（增加在最低位之后），同时把"110011100"传输给接收方，接收方收到数据后再一次计算奇偶性，"110011100"中仍然含有 5 个"1"，所以接收方计算出的奇校验位还是"0"，与发送方一致，表示在此次传输过程中未发生错误。若采用偶校验，则校验码为"110011101"。

对 4 位二进制信息码奇偶检验编码见表 4-18。

如图 4-40 所示是一个典型的奇偶校验码传输和校验系统。一个奇偶校验系统包含两部分，即奇偶发生器和奇偶校验器。由奇偶发生器确定在 $n-1$ 位信息位外应添加到校验位是 1 还是 0，以构成奇（偶）数个 1。代码传送后，再由奇偶校验器对传送的 n 位代码进行校验，查看它是否有奇（偶）数个 1。如果是奇（偶）数个 1，说明代码传送无误；否则，表示出错。

图 4-40　二进制数码传输和校验系统

2. 奇偶校验电路

奇偶校验的基本运算是异或运算。以表 4-18 为例，如图 4-41 所示为奇校验位产生器的原理

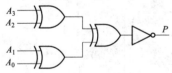

图 4-41　奇校验码产生原理电路

电路。当信息码中 1 的个数为偶数时，异或的结果为 0，则产生的校验码应为 1，所以将异或结果反相得到校验码 P；当信息码中 1 的个数为奇数时，异或的结果为 1，经反相后得到校验码 $P=0$。

图 4-42 所示为奇校验器原理电路，信息位和校验码一起作为校验器的输入信号，运算结果如下：

（1）信息码中 1 的个数为偶数个时，产生的校验位 $P=1$，则奇校验器输入信号中 1 的个数为奇数，那么奇校验器的检测结果 $F=1$。

（2）信息码中 1 的个数为奇数个时，产生的校验位 $P=0$，则奇校验器输入信号中 1 的个数为奇数，那么奇校验器的检测结果 $F=1$。

综上，当 $F=1$ 时，表示数据传输正确；当 $F=0$ 时，表示数据传输错误。

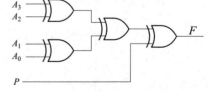

图 4-42　奇校验器原理电路

74LS280 是 9 位奇偶发生器/校验器。引脚图如图 4-43 所示。$A\sim I$ 为 9 位信息码输入端，ΣODD 为奇校验输出端，$\Sigma EVEN$ 为偶校验输出端。当 $A\sim I$ 这 9 个输入中有奇数个 1 时，$\Sigma ODD=1$，$\Sigma EVEN=0$；当 $A\sim I$ 这 9 个输入中有偶数个 1 时，$\Sigma EVEN=1$，$\Sigma ODD=0$。

奇偶校验的缺点是只能发现有无差错，而不能确定发生差错的具体位置，且当有偶数个二进制位发生错误时，这种校验方式不能发现错误，失去校验能力。

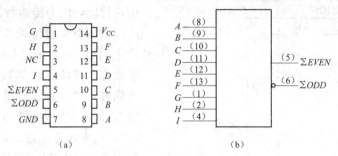

图 4-43　74LS280 引脚图与逻辑符号

(a) 引脚图；(b) 逻辑符号

4.5　用中规模组合电路设计一般组合电路

随着电子工业的发展，集成电路的集成度越来越高，且性能可靠，成本低廉。因此，在构成数字系统时，为了使系统体积小，可靠性高，设计者多使用中规模集成电路（MSI）或大规模集成电路（LSI）。用 MSI 进行组合电路设计时，其设计方法与 4.3.1 节所介绍的步骤大致相同，在得到函数式后，应将函数式变换为所选用 MSI 产品的标准输出表达式形式进行对照比较，确定所用器件各输入端应当接入到的变量或常量（1 或 0），以及各片之间的连接方式，从而设计出逻辑图。本节通过具体的实例分别讲述利用全加器、译码器和数据选择器设计一般组合电路的方法。

4.5.1　用加法器设计

如果能将要产生的逻辑函数化成输入变量与输入变量相加或者输入变量与常量在数值上相加的形式，则用加法器实现这种逻辑功能的电路往往是比较简单的。

例 4-9　设计一个代码转换电路，将十进制代码中的 8421 码转换为余 3 码。

解　以 8421 码为输入、余 3 码为输出，列出代码转换电路的逻辑真值表，见表 4-19。

表 4-19　　　例 4-9 的代码转换表

输	入			输	出		
D	C	B	A	Y_3	Y_2	Y_1	Y_0
0	0	0	0	0	0	1	1
0	0	0	1	0	1	0	0
0	0	1	0	0	1	0	1
0	0	1	1	0	1	1	0
0	1	0	0	0	1	1	1
0	1	0	1	1	0	0	0
0	1	1	0	1	0	0	1
0	1	1	1	1	0	1	0
1	0	0	0	1	0	1	1
1	0	0	1	1	1	0	0

由表 4-19 可以看出，输出端余 3 码 $Y_3 Y_2 Y_1 Y_0$ 和输入端 8421 码 $DCBA$ 之间始终相差 0011，即十进制数的 3，故可得

$$Y_3 Y_2 Y_1 Y_0 = DCBA + 0011 \qquad (4\text{-}33)$$

式（4-33）也体现了余 3 码的特征。因此，用一片 4 位加法器 74LS283 便可接成题目要求的代码转换电路，如图 4-44 所示。

例 4-10　设计一个代码转换电路，将余 3 码转换为十进制代码的 8421 码。

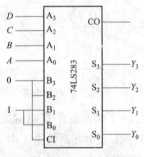

图 4-44　例 4-9 代码转换图

解 由式 4-33 可知余 3 码和 8421 码之间的关系，则要实现余 3 码到 8421 码的转换，只要将余 3 码减去 3 (0011) 即可。为了用加法器实现减法运算，减数应变成补码（即 $0011 \rightarrow 1101$）。输入端余 3 码 $Y_3Y_2Y_1Y_0$ 和输出端 8421 码 $DCBA$ 之间的转换关系如图 4-45 所示。

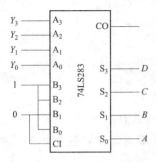

图 4-45　例 4-10 代码转换图

例 4-11 用 74LS283 设计一个电路，判断 4 位二进制数是否大于 9。

解 设输入 4 位二进制数为 $D_3D_2D_1D_0$，输出变量为 Y。当 $Y=1$ 时表明 $D_3D_2D_1D_0 > 1001$，即满足题意。当 $D_3D_2D_1D_0 > 1001$ 时，$D_3D_2D_1D_0 + 0110$ 必产生高位的进位信号，则连接图如图 4-46 所示。

4.5.2　用译码器设计

因为 n 位二进制译码器的输出端提供了 n 个输入变量的全部最小项的反函数，而任何逻辑函数都可以写成最小项之和的形式，所以利用 n 线 -2^n 线译码器及必要的与非门，可以组成任何形式的输入变量小于或等于 n 的组合逻辑函数。

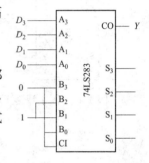

图 4-46　例 4-11 的连接图

具体步骤如下：

（1）若逻辑问题以文字描述的形式给出，应按 4.3.1 节中介绍的步骤将具体的逻辑问题抽象成逻辑函数，并写出逻辑函数表达式。

（2）确定选用的译码器（若题目无要求）。应满足 n 线 -2^n 线译码器可以组成任何形式的输入变量小于或等于 n 的组合逻辑函数。

（3）确定所设计函数的输入变量与译码器的地址输入变量的对应关系。

（4）将逻辑函数表达式变换成最小项之和的形式。

（5）将最小项之和表达式两次取反，第二级非号用摩根定理展开，将表达式变换成"与非-与非"的形式。这样，表达式中出现了最小项的反函数 m_i'。

（6）配合与非门，连接电路。

根据不同函数形式及设计要求，个别步骤可省略。下面举例说明设计方法。

例 4-12 利用 74HC138 设计一个组合逻辑电路，实现 $Y = AC' + A'BC + AB'C$。

解 74HC138 的地址输入端为 3 个，要实现的函数的变量数也为 3 个。分析如下：

（1）确定所设计函数的输入变量 A、B、C 与 74HC138 的输入变量 A_2、A_1、A_0 的对应关系，令 $ABC = A_2A_1A_0$。

（2）将 Y 的表达式变换成最小项之和的形式，即

$$
\begin{aligned}
Y &= AC' + A'BC + AB'C \\
&= A(B + B')C' + A'BC + AB'C \\
&= ABC' + AB'C' + A'BC + AB'C \\
&= m_3 + m_4 + m_5 + m_6
\end{aligned}
\tag{4-34}
$$

（3）因为 74HC138 的输出端提供了地址输入变量 $A_2A_1A_0$ 的全部最小项的反函数，所以将 Y 的表达式变换为"与非-与非"的形式，即

$$Y = m_3 + m_4 + m_5 + m_6$$
$$= ((m_3 + m_4 + m_5 + m_6)')'$$
$$= (m_3' \cdot m_4' \cdot m_5' \cdot m_6')' \tag{4-35}$$

由于 $A_2 A_1 A_0 = ABC$，所以式（4-35）可改写成

$$Y = (m_3' \cdot m_4' \cdot m_5' \cdot m_6')' = (Y_3' \cdot Y_4' \cdot Y_5' \cdot Y_6')' \tag{4-36}$$

（4）根据式（4-36），配合与非门，画出电路图，如图 4-47 所示。

例 4-13 利用 74HC138 设计一个组合逻辑电路，实现 $Y = A + A'B$。

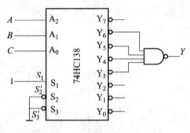

图 4-47 例 4-12 逻辑图

解 74HC138 的地址输入端为 3 个，要实现的函数的变量数为 2 个。分析如下：

（1）确定所设计电路的输入变量 A、B 与 74HC138 的输入变量 A_2、A_1、A_0 的对应关系。方法多样，举例一种，令 $AB = A_1 A_0$，$A_2 = 0$（或 1）。

（2）将 Y 的表达式变换成最小项之和的形式，再变换为"与非-与非"的形式，即

$$Y = A + A'B$$
$$= A(B + B') + A'B$$
$$= AB + AB' + A'B$$
$$= m_1 + m_2 + m_3 = ((m_1 + m_2 + m_3)')'$$
$$= (m_1' m_2' m_3')' \tag{4-37}$$

由于 $A_2 A_1 A_0 = 0AB$，所以式（4-37）可改写成

$$Y = (m_1' m_2' m_3')' = (Y_1' Y_2' Y_3')' \tag{4-38}$$

（3）根据式（4-38），配合与非门，画出电路图，如图 4-48 所示。

思考：若令 $A_2 A_1 A_0 = 1AB$，电路应怎么连接？$A_2 A_1 A_0 = AB0$ 呢？请读者自行设计。

例 4-14 利用 74HC138 及与非门实现全减器，设 A 为被减数，B 为减数，CI 为低位的借位，D 为差，CO 为向高位的借位。

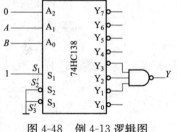

图 4-48 例 4-13 逻辑图

解 （1）根据题意得出输出、输入真值表，见表 4-20。

表 4-20   **例 4-14 全减器真值表**

输 入			输 出		输 入			输 出	
A	B	CI	D	CO	A	B	CI	D	CO
0	0	0	0	0	1	0	0	1	0
0	0	1	1	1	1	0	1	0	0
0	1	0	1	1	1	1	0	0	0
0	1	1	0	1	1	1	1	1	1

（2）确定所设计电路的输入变量 A、B、CI 与 74HC138 的输入变量 A_2、A_1、A_0 的对应关系。令 $ABCI = A_2 A_1 A_0$。

（3）由表 4-20 写出输出 D 和 CO 的最小项之和表达式并变换为"与非-与非"的形式。

$$
\begin{aligned}
D &= m_1 + m_2 + m_4 + m_7 \\
&= (m_1' m_2' m_4' m_7')' \\
&= (Y_1' Y_2' Y_4' Y_7')'
\end{aligned}
\tag{4-39}
$$

$$
\begin{aligned}
CO &= m_1 + m_2 + m_3 + m_7 \\
&= (m_1' m_2' m_3' m_7')' \\
&= (Y_1' Y_2' Y_3' Y_7')'
\end{aligned}
\tag{4-40}
$$

（4）根据式（4-39）和式（4-40），配合与非门，画出电路如图 4-49 所示。

4.5.3 用数据选择器设计

用具有 n 位地址输入端的数据选择器，可以产生输入变量数目不大于（$n+1$）的任意形式的组合逻辑函数。具体步骤如下：

（1）若逻辑问题以文字描述的形式给出，应按 4.3.1 节中介绍的步骤将具体的逻辑问题抽象成逻辑函数，并写出逻辑函数表达式。

（2）确定应该选用的数据选择器（若题目无要求）。设数据选择器的地址端个数为 n，实现的函数变量个数为 k，应使 $n=k$ 或 $n=k-1$。

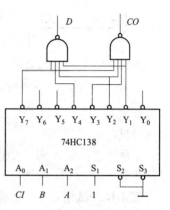

图 4-49　例 4-14 逻辑图

（3）将函数式变换成最小项之和的形式。

（4）确定所设计函数的输入变量与数据选择器的地址输入变量的对应关系，并将步骤（3）中的式子适当变换。

（5）写出数据选择器输出端函数表达式，与步骤（4）中得到的式子对照比较，确定数据端的取值。

（6）根据步骤（5）的结果，配合适当的逻辑门，画出电路。

根据不同函数形式及设计要求，个别步骤可省略。

例 4-15　利用 4 选 1 数据选择器 74HC153 实现如下逻辑函数：

$$
Y = A'B'C' + A'BC' + AB'C + BC
$$

解　此题已给出要实现的函数逻辑式，所以设计步骤如下。

（1）将函数式变换成最小项之和的形式，即

$$
\begin{aligned}
Y &= A'B'C' + A'BC' + AB'C + BC \\
&= A'B'C' + A'BC' + AB'C + (A+A')BC \\
&= A'B'C' + A'BC' + AB'C + ABC + A'BC
\end{aligned}
\tag{4-41}
$$

（2）确定所设计函数的输入变量与数据选择器的地址输入变量的对应关系。这步有多种对应关系。

若令 4 选 1 的数据选择器的地址输入端 $A_1 A_0 = AB$，则变量 C 为数据输入端输入。则式（4-41）可变换为

$$
\begin{aligned}
Y &= A'B'C' + A'BC' + AB'C + ABC + A'BC \\
&= (A'B') \cdot C' + (A'B) \cdot C' + (AB') \cdot C + (AB) \cdot C + (A'B) \cdot C
\end{aligned}
$$

$$= (A'B') \cdot C' + (A'B) \cdot 1 + (AB') \cdot C + (AB) \cdot C \qquad (4\text{-}42)$$

（3）写出 4 选 1 数据选择器 74HC153 输出端函数表达式：

$$Y = D_0(A_1'A_0') + D_1(A_1'A_0) + D_2(A_1A_0') + D_3(A_1A_0) \qquad (4\text{-}43)$$

式（4-42）与式（4-43）对照比较，可得 $D_0 = C'$，$D_1 = 1$，$D_2 = D_3 = C$。

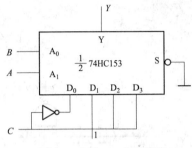

图 4-50　例 4-15 的电路

（4）画图，如图 4-50 所示。

若在第（2）步中：令 $A_1A_0 = BC$，则变量 A 为数据输入端输入。则式（4-41）可变换为

$$Y = A'(B'C') + A'(BC') + A(B'C) + 1 \cdot BC$$

$$(4\text{-}44)$$

式（4-43）与式（4-44）对照比较，则可得 $D_0 = D_2 = A'$，$D_1 = A$，$D_3 = 1$。

由此可见，当所设计函数的输入变量与数据选择器的地址输入变量的对应关系设定不一样时，所求得的数据端一般不同。其他对应关系读者可自行尝试。

上例中选用的 4 选 1 数据选择器的地址端个数比要实现的函数变量个数少一个，即满足设计步骤中 $n = k - 1$ 的情况，若 $n = k$，则见下例。

例 4-16　试用 8 选 1 数据选择器 74HC151 实现例 4-15 中的函数。

解　令 $A_2A_1A_0 = ABC$，写出 8 选 1 数据选择器 74HC151 输出端函数式：

$$Y = (A_2'A_1'A_0')D_0 + (A_2'A_1'A_0)D_1 + (A_2'A_1A_0')D_2 + (A_2'A_1A_0)D_3$$
$$+ (A_2A_1'A_0')D + (A_2A_1'A_0)D_5 + (A_2A_1A_0')D_6 + (A_2A_1A_0)D_7 \qquad (4\text{-}45)$$

式（4-41）与式（4-45）对照比较，则可得 $D_0 = D_2 = D_3 = D_5 = D_7 = 1$，$D_1 = D_4 = D_6 = 0$。

数据端均为常量。电路如图 4-51 所示。

例 4-17　利用双 4 选 1 数据选择器 74HC153 实现三变量的多路表决器电路。

解　（1）设输入的三个变量为 A、B、C，输出为 Y。

（2）根据题意列出真值表，见表 4-21。

（3）写出输出的函数表达式：

图 4-51　例 4-16 的电路

表 4-21　三变量多路表决器真值表

输入			输出
A	B	C	Y
0	0	0	0
0	0	1	0
0	1	0	0
0	1	1	1
1	0	0	0
1	0	1	1
1	1	0	1
1	1	1	1

$$Y = A'BC + AB'C + ABC' + ABC \qquad (4\text{-}46)$$

（4）令 $A_1A_0 = AB$，式（4-43）和式（4-46）对照比较，求得 $D_0 = 0$，$D_1 = D_2 = C$，$D_3 = 1$。

电路如图 4-52 所示。

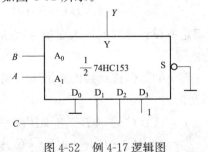

图 4-52　例 4-17 逻辑图

4.6 组合逻辑电路中的竞争—冒险

在前面的章节里，我们讨论组合电路的逻辑关系时，都是考虑电路在稳态下的工作情况，而没有考虑输入信号逻辑电平发生变化的瞬间电路的工作情况。

实际上，从信号输入到稳定输出需要一定的时间。由于从输入到输出存在不同的通路，而这些通路上门的级数不同，或者门电路平均延迟时间有差异，从而使信号经不同通路传输到输出级所需的时间不同，可能会使电路输出端产生干扰脉冲（电压毛刺），甚至会造成系统中某些环节误动作，产生错误的结果。通常把这种现象称为竞争—冒险。

因此，在设计电路时有必要了解电路在瞬态的工作情况，对可能出现的不正常现象采取措施，预先加以解决，以保证电路工作的可靠性。

4.6.1 组合逻辑电路中竞争—冒险产生的原因

下面通过两个简单例子说明什么是竞争-冒险现象及产生这一现象的原因。

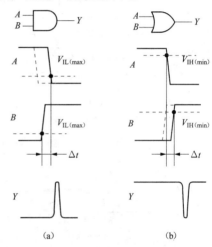

如图 4-53 (a) 所示的与门电路中，稳态下无论 $A=1$、$B=0$ 还是 $A=0$、$B=1$，输出始终是 $Y=0$。但当 A 从 1 跳变为 0 和 B 从 0 跳变到 1 的时刻不同（信号 A、B 从前级电路传递过来的路径不同），且 B 首先上升到 $V_{IL(max)}$ 以上时，在极短的时间 Δt 内将出现 A、B 同时为高电平的状态，则门的输出端产生了极窄的 $Y=1$ 的尖峰脉冲，或称为电压毛刺，如图 4-53 (a) 所示（画波形时考虑了门电路的传输延迟时间）。这个高电平尖峰脉冲是门电路在稳态下不应该出现的。

同理，在图 4-53 (b) 所示的或门电路中，稳态下无论 $A=1$、$B=0$ 还是 $A=0$、$B=1$，输出始终是 $Y=1$。但若 A 从 1 跳变为 0 和 B 从 0 跳变到 1 的时刻不同，且在 A 下降到 $V_{IH(min)}$ 时 B 尚未上升到 $V_{IH(min)}$，则在输出

图 4-53　由于竞争而产生的尖峰脉冲

端产生极窄的 $Y=0$ 的尖峰脉冲。这个低电平尖峰脉冲也是门电路在稳态下不会出现的。

我们将门电路两个输入信号同时向相反的逻辑电平跳变的现象称为竞争。

应当指出的是，有竞争不一定会出现冒险。在图 4-53 (a) 中，若 A 的动作快（即 A 降到了 $V_{IL(max)}$ 以下而 B 还未上升到 $V_{IL(max)}$ 以上），如图 4-53 中虚线所示，则输出端仍是 $Y=0$，不会产生尖峰脉冲。

有竞争不一定产生冒险，但有冒险就一定存在竞争。由于竞争而在电路的输出端可能产生尖峰脉冲的现象叫做竞争—冒险。

4.6.2 组合逻辑电路中竞争—冒险的判断

(1) 代数法判断。在输入变量每次只有一个改变状态的简单情况下，可以通过逻辑函数式判断组合逻辑电路中是否有竞争—冒险存在。假若输出端门电路的两个输入信号 A 和 A' 是经过不同的传输通路而来的，那么当变量 A 的状态发生突变时，输出端必然存在竞争-冒险现象。

若一个变量 A 以原变量和反变量出现在逻辑函数 Y 中时，则该变量是具有竞争条件的变量。若消去其他变量（令其他变量为 0 或 1），留下具有竞争条件的变量 A，输出函数能简化成

$$Y = A + A' \text{ 或 } Y = A \cdot A' \tag{4-47}$$

则可判定存在竞争—冒险现象。

例 4-18　判断实现函数 $Y = AC + A'B + A'C'$ 的电路是否存在冒险现象，已知输入变量每次只有一个改变状态。

解　观察函数式可知，变量 A 和 C 都是具有竞争条件的变量。下面依次判断。

1）判断变量 A：BC 取值可以为 00、01、10 和 11，分别带入函数式中，则

当 $BC = 00$ 时，$Y = AC + A'B + A'C' = A'$；

当 $BC = 01$ 时，$Y = AC + A'B + A'C' = A$；

当 $BC = 10$ 时，$Y = AC + A'B + A'C' = A'$；

当 $BC = 11$ 时，$Y = AC + A'B + A'C' = A + A'$。

变量 A 的变化使电路存在冒险现象。

2）判断变量 C：

当 $AB = 00$ 时，$Y = AC + A'B + A'C' = C'$；

当 $AB = 01$ 时，$Y = AC + A'B + A'C' = 1$；

当 $AB = 10$ 时，$Y = AC + A'B + A'C' = C$；

当 $AB = 11$ 时，$Y = AC + A'B + A'C' = C$。

变量 C 的变化不会使电路存在冒险现象。

综上，电路存在冒险现象。

（2）用卡诺图法判断。凡是函数卡诺图中存在相切而不相交的卡诺圈的逻辑函数都存在竞争-冒险现象。卡诺图法判断也只适用于输入变量每次只有一个改变状态的情况。

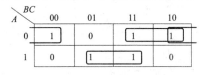

图 4-54　例 4-18 中函数的对应卡诺图

在例 4-18 中，已经判断出电路存在竞争—冒险现象，观察它的卡诺图，可以看到存在着相切而不相交的卡诺圈，如图 4-54 所示。

（3）实验法判断。在电路输入端加入所有可能发生的状态变化的波形，观察输出端是否出现高电平窄脉冲或低电平窄脉冲，这种方法比较直观可靠。

（4）使用计算机辅助分析手段判断。

4.6.3　组合逻辑电路中竞争—冒险的消除方法

1. 发现并消掉互补变量

例如，函数式 $Y = (A + B)(A' + C)$，在 $B = C = 0$ 时，$Y = AA'$。若直接根据这个逻辑表达式组成逻辑电路，则可能出现竞争—冒险现象。这时可以将该式变换为 $Y = AC + A'B + BC$，这样就消掉了 AA'，根据这个表达式组成的逻辑电路就不会出现竞争—冒险现象。

2. 修改逻辑设计，增加冗余项

分析例 4-18 中的函数 $Y = AC + A'B + A'C'$ 可知，当 $BC = 11$ 时，变量 A 发生变化，电路可能出现竞争-冒险现象。若在函数式中增加冗余项 BC，即 $Y = AC + A'B + A'C' + BC$，则 $BC = 11$ 时，电路不会出现竞争—冒险现象。增加冗余项后，图 4-54 变为如图 4-55 所示的卡诺图，可见不存在相切而不相交的卡诺圈了。

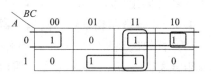

图 4-55　例 4-18 的函数增加了冗余项后的函数卡诺图

3. 接滤波电容

在输出端接滤波电容，用来吸收和削弱窄脉冲。

由于竞争—冒险现象所产生的毛刺很窄（几十纳秒内），因此常在输出端对地接滤波电容 C，可将尖峰脉冲的幅度削弱至门电路的阈值电压以下。

但 C 的引入会使输出波形边沿变缓，工作速度变慢，因此参数要选择合适，C 一般为几十到几百皮法。

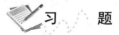

本 章 小 结

本章介绍了组合电路的特点、SSI 组成的组合电路的分析方法和设计方法、几种常用的中规模集成器件、组合逻辑电路中的冒险现象等方面的内容。

尽管组合逻辑电路在功能上差别很大，但是它们的分析方法和设计方法都是相同的。掌握了分析的一般方法，就可以识别任何一个给定电路的逻辑功能；掌握了设计的一般方法，就可以根据给定的设计要求设计出相应的逻辑电路。因此，学习本章内容时应将重点放在分析方法和设计方法上，而不必去记忆各种具体的逻辑电路。

使用 MSI 设计组合逻辑电路时，总的步骤和使用 SSI 设计时是一样的，但在有些步骤的做法上不完全相同，主要体现在对逻辑函数式的变换上。因为每一种中规模集成组合逻辑电路都有确定的逻辑功能，并可以写成逻辑函数式的形式，所以为了使用这些器件构成所需的逻辑电路，必须把要产生的逻辑函数式变换成与所用器件的逻辑函数式类似的形式。

将变换后的逻辑函数式与选用器件的输出函数式对照比较，有以下 3 种可能的情况：

（1）两者形式完全相同，使用这种中规模集成器件效果最为理想。

（2）两者形式类同，所选器件的逻辑函数式包含更多的输入变量和乘积项。这时需要对多余的变量输入端和乘积项进行适当的处理（如例 4-13），也能实现所要求的函数。

（3）所选用的中规模集成器件的逻辑函数式是要求产生的逻辑函数的一部分，这时可以通过扩展的方法（将几片联用或附加少量其他器件）组成要求的逻辑电路。

竞争—冒险是组合逻辑电路工作状态转换过程中经常会出现的一种现象。如果负载是一些对尖峰脉冲敏感的电路，那么必须采取措施防止由于竞争而产生的尖峰脉冲。如果负载对尖峰脉冲不敏感，就不必考虑这个问题。

习 题

4.1 组合逻辑电路有什么特点？分析组合逻辑电路的目的是什么？分析方法是什么？

4.2 分析图 4-56 电路的逻辑功能，写出输出端逻辑函数式，列出真值表，说明电路逻辑功能的特点。

4.3 图 4-57 是一个多功能函数发生器。试写出当 $S_3 S_2 S_1 S_0$ 为 0000～1111 这 16 种不同状态时，输出 Y 的逻辑函数式。

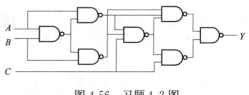

图 4-56 习题 4.2 图

4.4　设计一个能判断 A、B 两个数大小的比较电路。A、B 都是两位二进制数，$A=A_1A_0$，$B=B_1B_0$，当 $A \geqslant B$ 时，电路输出为 1，用或非门实现。

4.5　用与非门设计一个四变量的多数表决电路。当输入变量 A、B、C、D 中有 3 个或者 3 个以上为 1 时输出为 1，输入为其他状态时输出为 0。

4.6　有一水箱由大、小两台水泵 M_L 和 M_S 供水，如图 4-58 所示。水箱中设置了 3 个水位检测元件 A、B、C。水面低于检测元件时，检测元件给出高电平；

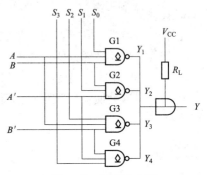

图 4-57　习题 4.3 图

水面高于检测元件时，检测元件给出低电平。现要求当水位超过 C 点时，水泵停止工作；水位低于 C 点而高于 B 点时，M_S 单独工作；水位低于 B 点而高于 A 点时，M_L 单独工作；水位低于 A 点时，M_L 和 M_S 同时工作。试用门电路设计一个控制两台水泵的逻辑电路，要求电路尽量简单。

4.7　设计一个代码转换电路，输入为 4 位二进制自然码，输出为 4 位循环码。可以采用各种功能的门电路来实现。

4.8　试画出用 4 片 8 线-3 线优先编码器 74HC148 组成 32 线-5 线优先编码器的逻辑图。74HC148 的逻辑图如图 4-17 所示。允许附加必要的门电路。

4.9　写出图 4-59 中 Z_1、Z_2、Z_3 的逻辑函数式，并化简为最简的与或表达式。译码器 74HC42 的逻辑图如图 4-25 所示。

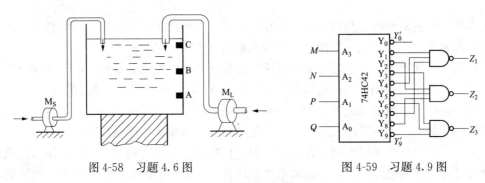

图 4-58　习题 4.6 图　　　　　　　　图 4-59　习题 4.9 图

4.10　利用 74HC138 设计一个多输出的组合逻辑电路，输出逻辑函数式为

$$Z_1 = AC' + A'BC + AB'C$$
$$Z_2 = BC + A'B'C$$
$$Z_3 = A'B + AB'C$$
$$Z_4 = A'BC' + B'C' + ABC$$

4.11　分别用下列方法来实现 1 位全加器的功能。

(1) 用 3 线-8 线译码器 74HC138 及门电路实现函数。

(2) 用 4 选 1 数据选择器 74HC153 及门电路实现函数。

4.12　设计用 3 个开关控制一个电灯的逻辑电路，要求改变任何一个开关的状态，都能控制电灯由亮变灭或者由灭变亮。要求：

(1) 用 3 线-8 线译码器 74HC138 及门电路实现函数。

（2）用 8 选 1 数据选择器 74HC151 及门电路实现函数。

4.13 图 4-60 是用两个 4 选 1 数据选择器组成的逻辑电路，试写出输出 Z 与 M、N、P、Q 之间的逻辑函数式。已知数据选择器的逻辑函数式为

$$Y = (D_0A_1'A_0' + D_1A_1'A_0 + D_2A_1A_0' + D_3A_1A_0)S$$

4.14 用 8 选 1 数据选择器 74HC151 组成的多功能组合逻辑电路如图 4-61 所示，图中

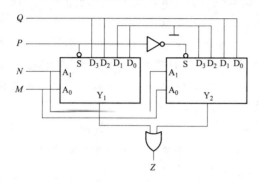

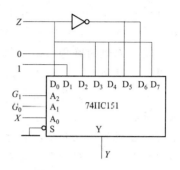

图 4-60 习题 4.13 图   图 4-61 习题 4.14 图

表 4-22 习题 4.14 表

G_1	G_0	Y	功能

G_1、G_0 为功能选择输入信号，X、Z 为输入逻辑变量，Y 为输出逻辑函数。分析该电路在不同的选择信号时，可获得哪几种逻辑功能，请将结果填入表 4-22 中。

4.15 人的血型有 A、B、AB、O 四种。输血时输血者的血型与受血者的血型必须符合图 4-62 中用箭头指示的授受关系。试用数据选择器设计一个逻辑电路，判断输血者与受血者的血型是否符合上述规定（提示：可以用两个逻辑变量的四种取值表示输血者的血型，用另外两个逻辑变量的四种取值表示受血者的血型）。

4.16 若使用四位数值比较器 74LS85（图 4-37）组成十位数值比较器，需要用几片？各片间应如何连接？

4.17 有一密码电子锁，锁上有四个锁孔 A、B、C、D，当按下 A 和 D，或 A 和 C，或 B 和 D 时，再插入钥匙，锁即打开。若按错了键孔，当插入钥匙时，锁打不开，并发出报警信号。试用数据选择器设计该电子锁的控制电路。

4.18 试分析图 4-63 电路中当 A、B、C、D 单独一个改变状态时是否存在竞争—冒险现象。如果存在竞争—冒险现象，那么都发生在其他变量为何种取值的情况下？

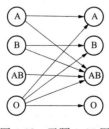

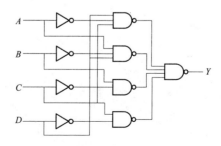

图 4-62 习题 4.15 图   图 4-63 习题 4.18 图

拓展阅读

数字电子技术的发展趋势

随着中、大规模集成电路的飞速发展及成本的不断降低，大量使用通用中、大规模功能块已势在必行。因此，逻辑设计方法在不断发展。此外，数字电路的概念也在发生变化。例如，在单片计算机中，已将元器件制造技术、电路设计技术、系统构成技术等融为一体，元器件、电路、系统的概念已趋于模糊了。数字电子技术目前也在向两个截然相反的方向发展：一是基于通用处理器的软件开发技术，如单片机、DSP、PLC等技术，其特点是在一个通用处理器（CPU）的基础上结合少量的硬件电路设计来完成系统的硬件电路，而将主要精力集中在算法、数据处理等软件层次上的系统方法；另一个方向是基于CPLD/FPGA的可编程逻辑器件的系统开发，其特点是将算法、数据加工等工作全部融入系统的硬件设计当中，在"线与线的互联"当中完成对数据的加工。

5 触 发 器

【引入】

前面介绍的组合逻辑电路没有记忆功能，它的输出仅仅与此时的输入信号有关。时序逻辑电路具有记忆功能，是数字电路中常用的一种电路，它能够将电路的数据进行运算并储存，而这一功能是因为时序逻辑电路的基本组成部分是触发器。那么这些触发器属于哪种类型？其基本结构和特点又是什么呢？

5.1 触 发 器 概 述

在数字系统中，不但需要对二进制信号进行算术运算和逻辑运算，还需要具有记忆功能的时序逻辑电路将信号和运算的结果保存起来。触发器是能够存储 1 位二进制码的基本单元电路，它有两个输出端，其输出状态不仅与输入信号有关，还与电路的原状态有关。触发器是构成时序电路的基本逻辑单元。

触发器必须具备以下两个基本特点：

(1) 具有两个能够自行保持的稳定状态，0 状态和 1 状态，用来表示其存储的内容。

(2) 在触发信号的操作下，根据不同的输入信号可以置成 1 或 0 状态。

为了便于以后的学习，本书规定触发器接收输入信号之前的状态叫做原态（也称为初态），用 Q 表示；触发器接收输入信号之后的状态叫做新态（也称为次态），用 Q^* 表示。初态和次态是两个相邻离散时间里触发器输出端的状态。

触发器的次态 Q^* 与初态 Q 和输入信号之间的逻辑关系，是贯穿本章始终的基本问题，如何获得、描述和理解这种逻辑关系，是本章的学习重点。

触发器的分类方法很多，按照电路结构和工作特点不同分为：基本 SR 触发器、同步 SR 触发器、主从触发器、边沿触发器等；按照触发器的触发方式不同分为：电平触发器、脉冲触发器和边沿触发器三种；按照触发器的功能不同分为：SR 触发器、D 触发器、JK 触发器、T 触发器等几种类型。

此外，根据存储数据的原理不同，还把触发器分为静态触发器和动态触发器两大类。静态触发器是靠电路状态的自锁存储数据的；而动态触发器是通过在 MOS 管的栅极输入电容上存储电荷来存储数据的。本章只介绍静态触发器。

5.2 触发器的电路结构与工作原理

5.2.1 SR 锁存器

SR 锁存器（Set-Reset Latch）又称为基本 SR 触发器，是本章将要介绍的其他类型触发器电路的基本构成部分。它的输入信号直接加到输入端，能直接改变触发器的输出状态，不需要触发信号。

把两个与非门 G1、G2 的输入/输出端交叉连接，即可构成 SR 锁存器，其逻辑图如图 5-1（a）所示，它有两个输入端 S_D'、R_D' 和两个输出端 Q、Q'。一般情况下 Q、Q' 是互补的，并且定义 $Q=1$、$Q'=0$ 时为触发器的 1 状态；$Q=0$、$Q'=1$ 时为触发器的 0 状态。

S_D' 称为置位端或置 1 输入端，R_D' 称为复位端或置 0 输入端。图 5-1（b）所示的逻辑符号上，用输入端的小圆圈表示用低电平做输入信号，或者称输入信号低电平有效。

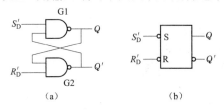

图 5-1　与非门组成的 SR 锁存器
（a）电路结构；（b）逻辑符号

（1）$S_D'=0$、$R_D'=1$。

当触发器的初态为 1 状态（$Q=1$、$Q'=0$）时，由于 $S_D'=0$，G1 门的输出 $Q=1$；对于 G2 门来说 $R_D'=1$、$Q=1$，则 G2 门的输出 $Q'=0$。触发器次态（Q^*）为 1 状态：$Q=1$、$Q'=0$。

当触发器的初态为 0 状态（$Q=0$、$Q'=1$）时，由于 $S_D'=0$，G1 门的输出 Q 由 0 变为 1；对于 G2 门来说 $R_D'=1$、$Q=1$，则 G2 门的输出 $Q'=0$。触发器次态（Q^*）为 1 状态：$Q=1$、$Q'=0$。

综上所述，在 $R_D'=1$ 的条件下，只要 $S_D'=0$，触发器将置成 1 状态，所以把 S_D' 端叫做置位端，或置 1 端。

（2）$S_D'=1$、$R_D'=0$。

当触发器的初态为 1 状态（$Q=1$、$Q'=0$）时，由于 $R_D'=0$，G2 门的输出 $Q'=1$；对于 G1 门来说 $S_D'=1$、$Q'=1$，则 G1 门的输出 $Q=0$。触发器次态（Q^*）为 0 状态：$Q=0$、$Q'=1$。

当触发器的初态为 0 状态（$Q=0$、$Q'=1$）时，由于 $R_D'=0$，G2 门的输出 $Q'=1$；对于 G1 门来说 $S_D'=1$、$Q'=1$，则 G1 门的输出 $Q=0$。触发器次态（Q^*）为 0 状态：$Q=0$、$Q'=1$。

综上所述，在 $S_D'=1$ 的条件下，只要 $R_D'=0$，触发器将置成 0 状态，所以把 R_D' 端叫做复位端，或置 0 端。

（3）$S_D'=1$、$R_D'=1$。

当触发器的初态为 0 状态（$Q=0$、$Q'=1$）时，由于 $Q=0$，G2 门的输出 $Q'=1$；对于 G1 门来说 $S_D'=1$、$Q'=1$，则 G1 门的输出 $Q=0$。触发器次态（Q^*）为 0 状态，保持原状态不变。

同理，当触发器的初态为 1 状态（$Q=1$、$Q'=0$）时，触发器的次态（Q^*）为 1 状态，保持原状态不变。

由此可见，在 $S_D'=1$、$R_D'=1$ 时，触发器保持原状态不变，这体现了触发器的记忆功能或存储功能。

（4）$S_D'=0$、$R_D'=0$。

当 $S_D'=0$、$R_D'=0$ 时，无论触发器的输出端为 1 状态还是 0 状态，触发器的输出端 Q、Q' 全为 1。而且，当 S_D'、R_D' 同时由 0 变为 1 后，触发器的最终状态难以确定，故这种状态为禁止状态，在使用中应避免出现，遵守 $S_D R_D=0$ 的约束条件，即不应加以 $S_D'=R_D'=0$ 的输入信号。

将上述逻辑关系列成真值表，就得到表 5-1。在此表中，不仅包含输入变量 S_D'、R_D'，而且包含触发器的状态变量，即触发器的初态 Q，这种含有状态变量的真值表称为触发器的特性表（或功能表）。

在 SR 锁存器中，输入信号直接加在输出门上，在输入信号的全部时间里，都能直接改变输出端的状态，故也将 S'_D 称为直接置位端，R'_D 称为直接复位端，并将这个电路称为直接置位、复位锁存器。

例 5-1　在图 5-2（a）所示的 SR 锁存器电路中，已知 S'_D、R'_D 的电压波形如图 5-2（b）中所示，试画出 Q、Q' 端对应的电压波形。

表 5-1　**SR 锁存器的特性表**

S'_D	R'_D	Q	Q^*	功能
1	1	0	0	保持
1	1	1	1	
0	1	0	1	置 1
0	1	1	1	
1	0	0	0	置 0
1	0	1	0	
0	0	0	1①	不定
0	0	1	1①	

① 表示 S'_D、R'_D 的 0 状态同时消失以后状态不定。

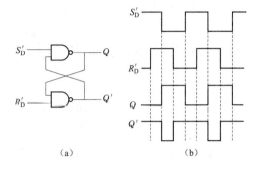

图 5-2　例 5-1 的电路和电压波形

解　根据每一时间段内的 S'_D、R'_D 的状态去查表 5-1，即可找出 Q、Q' 的相应状态，并画出它们的波形图，如图 5-2 所示。值得注意的是，在第四个和第八个时间段内 $S'_D = R'_D = 0$，$Q = Q' = 1$，但是因为 S'_D 先回到了高电平，S'_D、R'_D 的 0 状态不是同时消失的，故在此之后锁存器的状态按照特性表进行分析，仍可以确定。

例 5-2　在数字系统中，常用的机械开关在开关改变位置时，存在跳动过程（或称为抖动），使电压或电流波形产生"毛刺"。图 5-3（a）所示的电路利用 SR 锁存器设计了一个防抖动输出的开关电路。当拨动开关 K 时，由于开关接通瞬间发生抖动，S'_D、R'_D 的电压波形如图 5-3（b）所示，试画出 Q 端对应的电压波形。

解　由 SR 锁存器的特性表可知，当 K 的位置变化使 $S'_D = 0$ 时，触发器状态翻转为 1 状态。S'_D 再出现高电平时，锁存器进入保持状态，输出不会发生翻转。当 K 的位置变化使 $R'_D = 0$ 时，触发器状态翻为 0 状态。R'_D 再出现高电平时，锁存器进入保持状态，输出不会发生翻转。

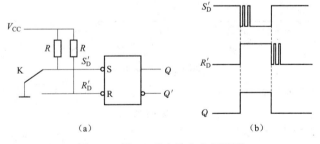

图 5-3　例 5-2 的电路和电压波形

所以，在锁存器的输出 Q 端的电压波形不会出现"毛刺"现象，Q 端波形如图 5-3（b）所示。

5.2.2　电平触发的触发器

SR 锁存器在输入信号的全部时间里，都能直接改变输出端的状态。这不仅使电路的抗干扰能力下降，而且不便于多个触发器按一定的时间节拍协调动作。电平触发的触发器就是为解决这一个问题而设计的一种触发器。这种触发器有两种输入端：一种是决定其输出状态的信号输入端；另一种是决定其动作时间的触发信号输入端，称为时钟信号（CLOCK），记作 CLK，它是多个触发器同时动作时的同步控制信号。

1. 电平触发的 SR 触发器

图 5-4（a）是电平触发的 SR 触发器的基本电路结构形式，这种电路习惯上也称为同步 SR 触发器。与非门 G1、G2 构成 SR 锁存器，G3、G4 构成控制电路。图 5-4（b）所示是电平触发的 SR 触发器的逻辑符号。

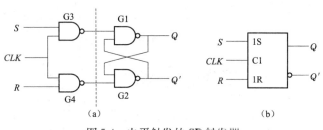

图 5-4　电平触发的 SR 触发器
(a) 电路结构；(b) 逻辑符号

由图 5-4（a）可知，当 $CLK=0$ 时，门 G3、G4 被封锁，输出均为 1，SR 锁存器处于保持状态，输入信号对触发器的 Q、Q' 状态无影响，保持原状态不变。当 $CLK=1$ 时，门 G3、G4 打开，S、R 信号才能通过门 G3、G4 加到 SR 锁存器上，触发器状态将按照 SR 锁存器规律变化。因此将 CLK 的这种触发方式称为电平触发。电平触发的 SR 触发器的特性表见表 5-2。

由特性表可以看出，只有当 $CLK=1$ 时，触发器的状态才受输入信号的控制，且与 SR 锁存器的功能相同。电平触发的 SR 触发器的输入信号同样要遵守 $SR=0$ 的约束条件。否则当 $CLK=1$ 期间 S、R 同时由 1 变为 0，或者 $S=R=1$ 时 CLK 回到 0，触发器的次态将无法确定。

综上所述，在 $CLK=0$ 的全部时间里，触发器不接受输入信号，处于保持状态；只有在 $CLK=1$ 的全部时间里，S、R 的状态变化才有可能引起触发器输出端 Q 和 Q' 状态的改变。

在实际应用系统中，经常需要设定触发器初始状态，因此，在触发器电路的结构中还设置有异步置位端 S'_D 和异步复位端 R'_D，如图 5-5 所示。

表 5-2　电平触发的 SR 触发器的特性表

CLK	S	R	Q	Q^*	功能
0	$\times$	$\times$	0	0	保持
0	$\times$	$\times$	1	1	
1	0	0	0	0	保持
1	0	0	1	1	
1	1	0	0	1	置1
1	1	0	1	1	
1	0	1	0	0	置0
1	0	1	1	0	
1	1	1	0	1[①]	不定
1	1	1	1	1[①]	

① 表示 CLK 回到低电平后状态不定。

当 S'_D 或 R'_D 加入低电平，立即将触发器置 1 或置 0，而不受时钟信号 CLK 的控制，在触发器正常工作时，应将其接高电平。

例 5-3　图 5-4 所示的电平触发的 SR 触发器的 S、R、CLK 的波形如图 5-6 所示，触发器的初态为 $Q=0$、$Q'=1$，试画出门 G3、G4 的输出 Q_3、Q_4 及 Q、Q' 的波形。

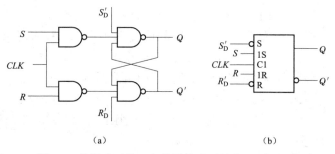

图 5-5　带异步置位、复位端的电平触发 SR 触发器
(a) 电路结构；(b) 逻辑符号

解　首先，根据 CLK、S、R 的状态，可得到 Q_3、Q_4 的电压波形，然后根据在 $CLK=1$ 期间 Q_3、Q_4 的状态和表 5-1，画出 Q、Q' 的电压波形，如图 5-6 所示。也可根据表 5-2 直接画出 Q、Q' 的波形，故这种触发器的翻转只是被控制在一段时间间隔内，而不是控制在某一时刻进行。这种工作方式的触发器在应用中受到限制。

2. 电平触发的 D 触发器

为了能适应单端输入信号的需要，在电平触发的 SR 触发器的基础上，增加一个反相器，通过它把加在 S 端的信号反相后送到 R 端，就得到了电平触发的 D 触发器（又称为 D 型锁存器）。这种触发器只有一个输入端，通常用于存储数据。它的电路结构和逻辑符号如图 5-7 所示。

由图 5-7 可知，当 $CLK=0$ 时，D 触发器保持原来的状态；当 $CLK=1$ 时，D 触发器接收数据。其特性表见表 5-3。

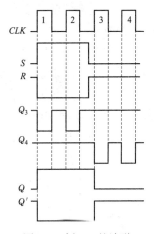

图 5-6　例 5-3 的波形

5.2.3　脉冲触发的触发器

脉冲触发的触发器的典型结构如图 5-8 所示。它由两个同样的电平触发器构成，其中一级接收输入信号，其状态直接由输入信号决定，称为主触发器；另一级的输入与主触发器的输出连接，其状态由主触发器的状态决定，称为从触发器。因此，这个电路又被称为主从触发器。

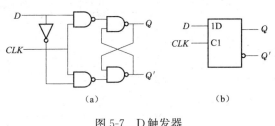

图 5-7　D 触发器

(a) 电路结构；(b) 逻辑符号

1. 主从 SR 触发器

主从 SR 触发器由两个电平触发的 SR 触发器组成，它的电路结构如图 5-8（a）所示。其中由 G1～G4 组成的触发器为从触发器，由 G5～G8 组成的触发器为主触发器，反相器 G9 使这两个触发器的时钟互补。

当 $CLK=1$ 时，门 G7 和 G8 开启，主触发器的状态根据 S 和 R 的状态变化。对于从触发器来说，CLK 的高电平经过门 G9 反相后输出为低电平，门 G3 和 G4 被封锁，不能接收主触发器的输出信号。因此，从触发器的输出信号不受影响，保持原来的状态不变。

当 CLK 由高电平返回低电平后，情况则相反，门 G7 和 G8 被封锁，输入信号 S 和 R 的状态变化不影响主触发器的输出状态；而此时从触发器的门 G3 和门 G4 被打开，从触发器可以接收主触发器的输出信号，根据主触发器的状态而变化。

表 5-3　电平触发的 D 触发器的特性表

CLK	D	Q	Q^*
0	×	0	0
0	×	1	1
1	0	0	0
1	0	1	0
1	1	0	1
1	1	1	1

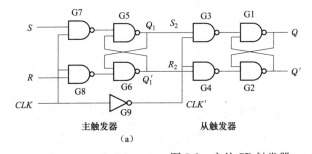

主触发器　(a)　从触发器

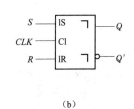

(b)

图 5-8　主从 SR 触发器

(a) 电路结构；(b) 逻辑符号

　　从触发器的状态变化是在 CLK 由 1 变 0 的时刻（CLK 的下降沿）发生的，CLK 一旦达到 0 电平后，主触发器被封锁，其状态不受 S、R 的影响，故从触发器的状态也不可能再改变，即它只在 CLK 由 1 变 0 时刻发生变化。因此，在一个 CLK 的变化周期里触发器输出端的状态只可能改变一次。

　　图 5-8（b）所示是主从 SR 触发器的逻辑符号，用框内的"$\neg$"表示延迟输出，即触发器状态只在 CLK 由 1 变 0 的时刻才发生改变。

　　将上述关系列成真值表，就得到表 5-4 所示的主从 SR 触发器的特性表。

　　例 5-4　图 5-8 所示的主从 SR 触发器的 S、R、CLK 的波形如图 5-9 所示，触发器的初态为 $Q=0$、$Q'=1$，试画出 Q_1、Q_1' 及 Q、Q' 的波形。

表 5-4　　主从 SR 触发器的特性表

CLK	S	R	Q	$Q*$	功能
$\times$	$\times$	$\times$	0	0	保持
$\times$	$\times$	$\times$	1	1	
⎍	0	0	0	0	保持
⎍	0	0	1	1	
⎍	1	0	0	1	置 1
⎍	1	0	1	1	
⎍	0	1	0	0	置 0
⎍	0	1	1	0	
⎍	1	1	0	1[1]	不定
⎍	1	1	1	1[1]	

①　表示 CLK 回到低电平后输出状态不定。

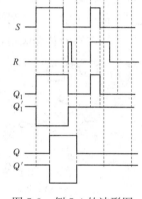

图 5-9　例 5-4 的波形图

　　解　首先根据 $CLK=1$ 期间 S、R 的状态，由表 5-2 可得到 Q_1、Q_1' 的电压波形。然后根据在 CLK 下降沿到达时 Q_1、Q_1' 的状态，由表 5-2 即可画出 Q、Q' 的电压波形，如图 5-9 所示。此图可以看出：①主从 SR 触发器状态变化发生在时钟的下降沿。②在 $CLK=1$ 期间，若 S、R 没有变化，Q 和 Q' 的状态可由 CLK 下降沿时刻的 S、R 确定；若 S、R 有变化，则需分析 $CLK=1$ 期间主触发器最后的输出信号，依此确定 Q 和 Q' 的状态。

　　2. 主从 JK 触发器

　　主从 SR 触发器在使用过程中，须遵守 $SR=0$ 的约束条件。为了使用方便，希望在 $S=R=1$ 时，触发器的次态也能确定，因而需要进一步改进触发器的电路结构。不难发现，触发器的 Q、Q' 输出端在正常工作时是互补的，即一个为 1，另一个为 0。因此，如果把这两个信号反馈到 G8 和 G7 的输入端，就可以控制这两个门的输出信号，即使输入信号出现 $S=R=1$ 的情况，触发器也能满足上述要求，这就是主从 JK 触发器的构成思路，如图 5-10 所示。

　　主从 JK 触发器是在主从 SR 触发器的基础上增加两根反馈线，一根从 Q 端引到 G8 门的输入端，一根从 Q' 端引到 G7 门的输入端，并把原来的 S 端改为 J 端，原来的 R 端改为 K 端。下面分析其工作原理。

　　（1）$J=1$，$K=0$。当 $CLK=1$ 时，若触发器的初态为 1 状态，则主触发器保持原来的 1 状态；若触发器的初态为 0 状态，则主触发器置成 1 状态；待 $CLK=0$ 以后从触发器和主触发器发生相同的置 1 动作，即 $Q*=1$。

　　（2）$J=0$，$K=1$。当 $CLK=1$ 时，若触发器的初态为 0 状态，则主触发器保持原来的

0 状态；若触发器的初态为 1 状态，则主触发器置成 0 状态；待 $CLK=0$ 以后从触发器和主触发器发生相同的置 0 动作，即 $Q^*=0$。

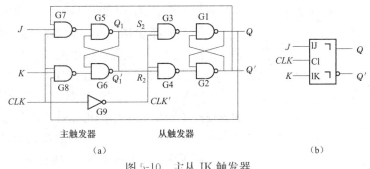

图 5-10　主从 JK 触发器

(a) 电路结构；(b) 逻辑符号

（3）$J=0$，$K=0$。由于门 G7 和 G8 被封锁，主触发器不能接受输入信号，因此触发器保持原状态不变，即 $Q^*=Q$。

（4）$J=1$，$K=1$。若触发器的初态为 1 状态，即 $Q=1$、$Q'=0$，门 G7 被封锁，G8 被打开，当 $CLK=1$ 时，主触发器只能接受输入信号 K 的变化，主触发器置 0。待 $CLK=0$ 时，从触发器跟着置 0，即 $Q^*=0$。若触发器的初态为 0 状态，即 $Q=0$、$Q'=1$，门 G8 被封锁，G7 被打开，当 $CLK=1$ 时，主触发器只能接受输入信号 J 的变化，主触发器置 1；待 $CLK=0$ 时，从触发器跟着置 1，即 $Q^*=1$。从上述两种情况可以看出：当 $J=1$，$K=1$ 时，在 CLK 由 1 变 0 后，触发器的次态与初态为相反的状态，即 $Q=1$ 时，$Q^*=0$；$Q=0$ 时，$Q^*=1$。

将上述关系列成真值表，就得到表 5-5 所示的主从 JK 触发器特性表。

表 5-5　主从 JK 触发器特性表

CLK	J	K	Q	Q^*	功能
$\times$	$\times$	$\times$	0	0	保持
$\times$	$\times$	$\times$	1	1	
⊓↓	0	0	0	0	保持
⊓↓	0	0	1	1	
⊓↓	1	0	0	1	置 1
⊓↓	1	0	1	1	
⊓↓	0	1	0	0	置 0
⊓↓	0	1	1	0	
⊓↓	1	1	0	1	翻转
⊓↓	1	1	1	0	

在目前使用的集成主从 JK 触发器中，经常有多个 J 端，如 J_1、J_2，多个 K 端，如 K_1、K_2，它们是与逻辑关系，即 $J=J_1\cdot J_2$，$K=K_1\cdot K_2$。有多个 J、K 输入端的 JK 触发器的逻辑符号如图 5-11 所示。

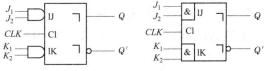

图 5-11　具有多个输入端的主从 JK 触发器的逻辑符号

综上所述，脉冲触发的触发器的动作特点是：在 $CLK=1$ 期间主触发器接收输入信号，被置成相应的状态，从触发器保持；在 CLK 由 1 变 0 以后从触发器接收主触发器最后时刻的输出信号，按照主触发器的状态发生相应的改变。

例 5-5　已知主从 JK 触发器的输入电压波形如图 5-12 所示，初始状态为 0 状态，试画出输出端 Q、Q' 的电压波形。

解　在画主从 JK 触发器的波形图时，应注意以下两点：

（1）触发器状态的变化发生在时钟信号的触发沿（下降沿）。

（2）在 $CLK=1$ 期间，如果输入信号没有变化，判断触发器次态的变化可以根据 CLK

信号下降沿前一瞬间的输入状态决定。由表 5-5 可得输出的波形图如图 5-12 所示。

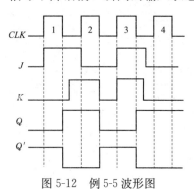

图 5-12　例 5-5 波形图

5.2.4　边沿触发的触发器

主从触发器在 $CLK=1$ 期间输入信号出现干扰信号，有可能使触发器的状态出错。为了提高触发器的抗干扰能力，便出现了边沿触发的触发器。边沿触发的触发器的次态仅仅取决于 CLK 信号的下降沿（或上升沿）时刻的输入信号的状态，而其他时刻输入信号的变化对触发器的次态没有影响，从而大大提高了触发器工作的可靠性。边沿触发的触发器的具体电路结构形式较多，但是它们的特点却是相同的。下面介绍两种不同工作方式的边沿触发的触发器。

1. 维持—阻塞边沿 D 触发器

维持—阻塞式边沿 D 触发器的逻辑图和逻辑符号如图 5-13 所示。该触发器由 6 个与非门构成，其中 G1、G2 构成 SR 锁存器。

工作原理如下：

（1）输入 $D=1$ 时的情况。当 $CLK=0$ 时，门 G3、G4 被封锁，输出 Q_3、Q_4 均为 1，由 G1、G2 构成的 SR 锁存器处于保持状态。此时，G6 的输出 $Q_6=0$，从而使 $Q_5=1$，$Q_4=1$。当 CLK 的上升沿出现时，$Q_3=0$，继而 SR 锁存器置 1（$Q=1$，$Q'=0$），同时 $Q_3=0$，通过线 A 封锁了 G5，这时如果 D 再发生变化，只会影响 G6 的输出，维持了触发器的 1 状态，故此将线 A 称为置 1 维持线。同理，$Q_3=0$ 时，通过线 B 也封锁了 G4，从而阻塞了置 0 通路，将线 B 称为置 0 阻塞线。

（2）输入 $D=0$ 时的情况。当 $CLK=0$ 时，门 G3、G4 被封锁，输出 Q_3、Q_4 均为 1，由 G1、G2 构成 SR 锁存器处于保持状态。此时，G6 门的输出 $Q_6=1$，从而使 $Q_5=0$。当 CLK 的上升沿出现时，$Q_4=0$，继而 SR 锁存器置 0（$Q=0$，$Q'=1$），同时 $Q_4=0$，通过线 C 封锁了 G6，这时如果 D 再发生变化，不会影响 G6 的输出，维持了触发器的 0 状态，故此将线 C 称为置 0 维持线。

由此可见，该触发器是利用维持线和阻塞线，将触发器的触发翻转控制在 CLK 上升沿到来的瞬间，并接收上升沿到来前一瞬间的 D 信号，故此称为维持—阻塞触发器。

将上述关系列成真值表，就得到表 5-6 所示的维持—阻塞上升沿 D 触发器的特性表。

图 5-13（b）所示的是 D 触发器的逻辑符号，框图内部 C1 端的"＞"表示边沿触发器，框图外部无小圆圈表示上升沿触发，如果框图外部带有小圆圈，则表示下降沿触发。

表 5-6　维持—阻塞上升沿 D 触发器
　　　　的特性表

CLK	D	Q	Q^*	功能
$\times$	$\times$	0	0	保持
$\times$	$\times$	1	1	
$\uparrow$	0	0	0	置 0
$\uparrow$	0	1	0	
$\uparrow$	1	0	1	置 1
$\uparrow$	1	1	1	

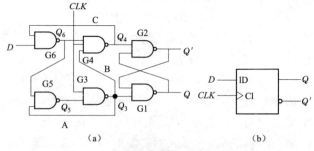

图 5-13　维持—阻塞式边沿 D 触发器
（a）电路结构；（b）逻辑符号

2. 边沿 JK 触发器

边沿 JK 触发器是利用内部门电路传输延迟时间的不同来克服空翻现象的。下降沿触发的边沿 JK 触发器的逻辑符号如图 5-14 所示，其特性表见表 5-7。

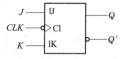

图 5-14　边沿 JK 触发器的逻辑符号

例 5-6　已知下降沿 JK 触发器的电路波形如图 5-15 所示，初始状态为 0 状态，试画出输出端 Q、Q' 的电压波形。

表 5-7　边沿 JK 触发器的特性表

CLK	J	K	Q	Q^*	功能
$\times$	$\times$	$\times$	0	0	保持
$\times$	$\times$	$\times$	1	1	
$\downarrow$	0	0	0	0	保持
$\downarrow$	0	0	1	1	
$\downarrow$	1	0	0	1	置 1
$\downarrow$	1	0	1	1	
$\downarrow$	0	1	0	0	置 0
$\downarrow$	0	1	1	0	
$\downarrow$	1	1	0	1	翻转
$\downarrow$	1	1	1	0	

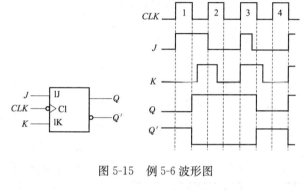

图 5-15　例 5-6 波形图

解　该触发器为下降沿触发的 JK 触发器，只考虑下降沿这一时刻的输入信号，根据特性表画出 Q、Q' 的波形如图 5-15 所示。

5.3　触发器的逻辑功能

5.3.1　触发器按逻辑功能的分类

从上一节可以看出，触发器具有不同的功能，按照逻辑功能的不同，通常将时钟控制的触发器分为 SR 触发器、JK 触发器、T 触发器和 D 触发器等几种类型。触发器通常可用特性表、特性方程、状态转换图和逻辑符号表示。

1. SR 触发器

在时钟信号控制下，逻辑功能符合表 5-8 的触发器均为 SR 触发器。

（1）特性表。为了表明在输入信号作用下，触发器的次态、初态及输入信号之间关系，可以将上一节对触发器分析的结论用表格的形式来描述，此表称为触发器的特性表。表 5-8 所示是 SR 触发器的特性表。

表 5-8　SR 触发器的特性表

S	R	Q	Q^*
0	0	0	0
0	0	1	1
1	0	0	1
1	0	1	1
0	1	0	0
0	1	1	0
1	1	0	不定
1	1	1	不定

（2）特性方程。描述触发器逻辑功能的最简逻辑函数表达式称为触发器的特性方程。根据表 5-8 可以画出触发器次态的卡诺图，如图 5-16 所示，通过化简得到 SR 触发器的特性方程为

$$\begin{cases} Q^* = S + R'Q \\ SR = 0 \end{cases}$$

$$(5-1)$$

其中，$SR=0$ 称为约束条件，即输入信号必须满足 $SR=0$。

（3）状态转换图。状态转换图是以图的形式描述触发器状态转换的规律的。图 5-17 所示为 SR 触发器的状态转换图。图中以两个圆圈表示触发器的两个稳态 0 和 1；箭头表示触发器的状态由初态到次态的转换方向；箭头的旁边注明状态转换的条件。

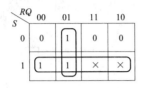 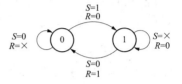

图 5-16 表 5-8 的卡诺图　　　　　图 5-17 SR 触发器的状态转换图

2. JK 触发器

在时钟信号控制下，逻辑功能符合表 5-9 的触发器均为 JK 触发器。JK 触发器的特性方程为

$$Q^* = JQ' + K'Q \tag{5-2}$$

表 5-9　　　　　　　　　　　　　JK 触发器的特性表

J	K	Q	Q^*
0	0	0	0
0	0	1	1
1	0	0	1
1	0	1	1
0	1	0	0
0	1	1	0
1	1	0	1
1	1	1	0

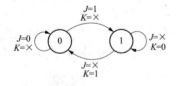

图 5-18 JK 触发器的状态转换图

状态转换图如图 5-18 所示。

3. T 触发器

在时钟信号 CLK 的作用下，根据输入信号 T 的取值不同，在 $T=0$ 时，具有保持功能，在 $T=1$ 时，具有翻转功能的电路称为 T 触发器。其特性表见表 5-10，逻辑符号如图5-19（a）所示，状态转换图如图 5-19（b）所示，特性方程为

$$Q^* = TQ' + T'Q \tag{5-3}$$

4. T' 触发器

凡是每来一个时钟信号触发器的状态就翻转一次，这样的触发器就称为 T′ 触发器。在 T 触发器的基础上，让 T 恒等于 1 就构成了 T′ 触发器。其特性方程为

$$Q^* = Q' \tag{5-4}$$

表 5-10   T 触发器的特性表

T	Q	Q^*
0	0	0
0	1	1
1	0	1
1	1	0

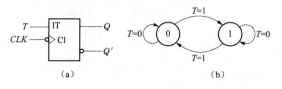

图 5-19   T 触发器的逻辑符号和状态转换图

值得注意的是，在实际生产的集成触发器中不存在 T 和 T' 触发器，而是由其他类型的触发器转换而成的，但其逻辑符号是可以单独存在的。

5. D 触发器

在时钟信号控制下，逻辑功能符合表 5-11 的触发器均为 D 触发器。

其状态转换图如图 5-20 所示，特性方程为

$$Q^* = D \tag{5-5}$$

表 5-11   D 触发器的特性表

D	Q	Q^*
0	0	0
0	1	0
1	0	1
1	1	1

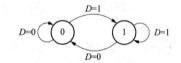

图 5-20   D 触发器的状态转换图

5.3.2   触发器按逻辑功能的转换

从逻辑功能上分，触发器分为 SR、JK、T、T' 和 D 五种类型的触发器。在数字电路中经常需要这几种类型的触发器，而市场上出售的触发器大多为集成 D 触发器和 JK 触发器，这就需要我们必须掌握不同逻辑功能触发器之间的相互转换。

1. JK 触发器转换成 SR 触发器

通过观察表 5-8 和表 5-9，发现除去 SR 触发器的不定状态，JK 触发器和 SR 触发器的功能完全一样，因此只要把 J 看作 S，K 看作 R，就可以实现 SR 触发器的所有功能，如图 5-21 (a) 所示。

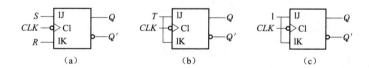

图 5-21   JK 触发器转换为 SR、T、T' 触发器
(a) 转换为 SR 触发器；(b) 转换为 T 触发器；(c) 转换为 T' 触发器

2. JK 触发器转换成 T 触发器

由式 (5-2) 和式 (5-3) 可知，只要令 $J = K = T$，就可以实现 T 触发器的所有功能，如图 5-21 (b) 所示。

3. JK 触发器转换成 T' 触发器

由式 (5-2) 和式 (5-4) 可知，只要令 $J = K = 1$，就可以实现 T' 触发器的所有功能，如图 5-21 (c) 所示。

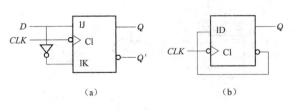

图 5-22 JK 触发器转换为 D 触发器和
D 触发器转换为 T′触发器

(a) JK 触发器转换为 D 触发器；
(b) D 触发器转换为 T′触发器

4. JK 触发器转换成 D 触发器

将式（5-5）变换为 $Q^* = DQ' + DQ$，与式（5-2）比较可知，只要令 $J=D$，$K=D'$，就可以实现 D 触发器的所有功能，如图 5-22（a）所示。

5. 将 D 触发器转换为 T′触发器

由式（5-5）和式（5-4）可知，只要令 $D=Q'$，就可以实现 T′触发器的所有功能，如图 5-22（b）所示。

本 章 小 结

触发器是一种具有记忆功能，能够存储一位二进制信息的电路，是构成时序电路的基本逻辑单元。触发器的次态与输入信号和初态之间的关系，可以用特性表、特性方程及状态转换图来表示。

根据触发器逻辑功能的不同，将触发器分成 SR、JK、T、D 等几种类型；由于每种触发器的电路结构不同，触发方式也不一样，故又将触发器分为电平触发、脉冲触发、边沿触发几种类型。不同触发方式的触发器具有不同的特点。因此，在选择触发器时，不仅需要知道它的逻辑功能，还需要了解的它触发方式。

各种触发器的特性方程分别如下：

SR 触发器的特性方程为

$$\begin{cases} Q^* = S + R'Q \\ SR = 0 \end{cases}$$

JK 触发器的特性方程为

$$Q^* = JQ' + K'Q$$

T 触发器的特性方程为

$$Q^* = TQ' + T'Q$$

T′触发器的特性方程为

$$Q^* = Q'$$

D 触发器的特性方程为

$$Q^* = D$$

上述方程对不同结构的同类触发器都适用，利用触发器的特性方程可以进行不同功能的触发器的相互转换。

习 题

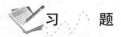

5.1 如图 5-23 所示的与非门构成的 SR 锁存器中，画出 Q、Q' 的波形，输入信号 S_D'、R_D' 的波形如图 5-23 所示。

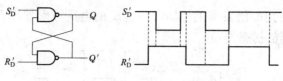

图 5-23　习题 5.1 图

5.2　在图 5-24 所示的电路中，若 CLK、S、R 的电压波形如图中所示，试画出 Q、Q' 的波形。假设触发器的初态为 $Q=0$。

5.3　在脉冲触发的 SR 触发器中，若 CLK、S、R 的电压波形如图 5-25 所示，试画出 Q、Q' 的波形。假设触发器的初态为 $Q=0$。

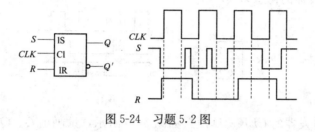

图 5-24　习题 5.2 图

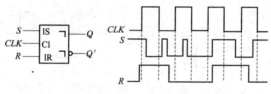

图 5-25　习题 5.3 图

5.4　主从结构的 SR 触发器的 CLK、S、R 的电压波形如图 5-26 所示，试画出 Q、Q' 的波形。假设触发器的初态为 $Q=0$。

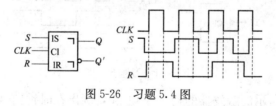

图 5-26　习题 5.4 图

5.5　主从结构的 SR 触发器的 CLK、S、R、S_D'、R_D' 的电压波形如图 5-27 所示，试画出 Q、Q' 的波形。

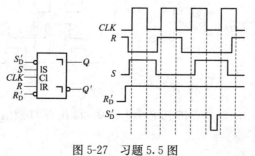

图 5-27　习题 5.5 图

5.6 若主从结构的 JK 触发器的 CLK、J、K 的电压波形如图 5-28 所示，试画出 Q、Q' 的波形。假设触发器的初态为 $Q=0$。

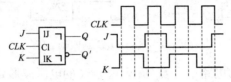

图 5-28 习题 5.6 图

5.7 若主从结构的 JK 触发器的 CLK、J、K 的电压波形如图 5-29 所示，试画出 Q、Q' 的波形。假设触发器的初态为 $Q=0$。

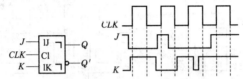

图 5-29 习题 5.7 图

5.8 边沿 D 触发器的 CLK、D 波形如图 5-30 所示，试画出 Q、Q' 的波形。假设触发器的初态为 $Q=0$。

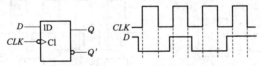

图 5-30 习题 5.8 图

5.9 边沿 JK 触发器的 CLK、J、K 波形如图 5-31 所示，试画出 Q、Q' 的波形。假设触发器的初态为 $Q=0$。

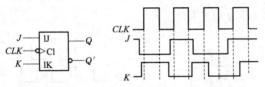

图 5-31 习题 5.9 图

5.10 如图 5-32 所示的触发器的初态为 $Q=0$，画出在时钟信号 CLK 作用下触发器 Q 的波形。

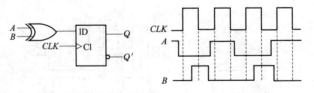

图 5-32 习题 5.10 图

5.11 如图 5-33 所示的触发器的初态为 $Q=0$，画出在时钟信号 CLK 作用下触发器 Q 的波形。

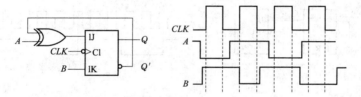

图 5-33　习题 5.11 图

5.12　如图 5-34 所示的触发器的初态为 $Q=0$，画出在时钟信号 CLK 作用下触发器 Q 的波形。

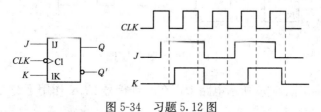

图 5-34　习题 5.12 图

5.13　如图 5-35 所示的触发器的初态为 $Q=0$，画出在时钟信号 CLK 作用下触发器 Q 的波形。

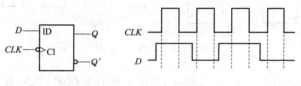

图 5-35　习题 5.13 图

5.14　如图 5-36 所示，各触发器的初态均为 $Q=0$，试画出在连续时钟信号 CLK 作用下各触发器 Q 的波形。

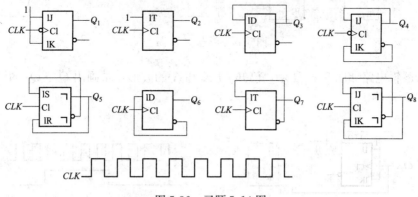

图 5-36　习题 5.14 图

5.15　试画出图 5-37 所示的电路中输出端 B 的波形（各触发器的初态 $Q=0$）。A 是输入端，波形如图 5-37 所示。

5.16　试对应画出图 5-38 所示电路中，在时钟信号 CLK 作用下 Q_0、Q_1 的波形（各触发器的初态 $Q=0$）。

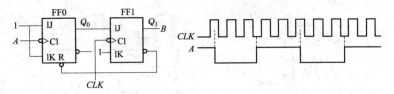

图 5-37　习题 5.15 图

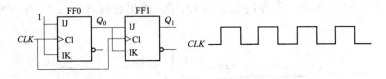

图 5-38　习题 5.16 图

5.17　试对应画出图 5-39 所示电路中，在时钟信号 CLK 作用下 Q_0、Q_1 的波形（各触发器的初态 $Q=0$）。

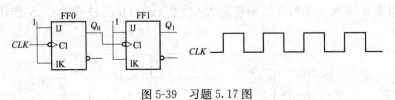

图 5-39　习题 5.17 图

5.18　试对应画出图 5-40 所示电路中，在 A 和时钟信号 CLK 作用下 Q_0、Q_1 的波形（各触发器的初态均为 1）。

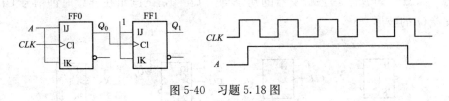

图 5-40　习题 5.18 图

5.19　逻辑电路如图 5-41 所示，已知 CLK 和 A 的波形，试画出 Q_0、Q_1 的波形（各触发器的初态均为 0）。

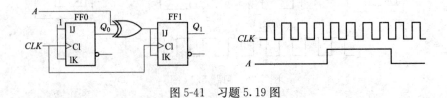

图 5-41　习题 5.19 图

5.20　逻辑电路如图 5-42 所示，其初始状态为 $Q_1Q_0=00$，在 CLK 脉冲作用下，试画出 Q_1、Q_0 及 Y 的波形图。

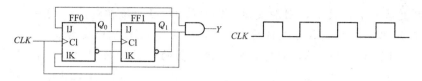

图 5-42　习题 5.20 图

5.21　试设计一个 3 人抢答器，条件如下：

(1) 参赛者每人一个抢答按钮；

(2) 主持人拥有一个复位按钮，用于将电路复位；

(3) 抢答开始后，先按下按钮者对应的二极管点亮，其他人再按下按钮对电路不起作用。

应用实例

用触发器设计四人抢答器

触发器的应用非常广泛，它是时序逻辑电路重要的组成部分，其典型应用将在第 6 章中详细介绍。这里介绍一个四人抢答器电路，如图 5-43 所示。四人各控制一个按键开关 A、B、C、D 和一个发光二极管 D1、D2、D3、D4。先按下开关者，对应的发光二极管亮，同时其他人的抢答信号无效。试分析电路的工作原理。

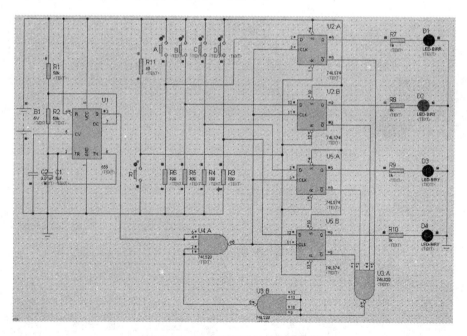

图 5-43　四人抢答器的电路原理图

分析如下：

R 为复位键，由裁判控制。开始抢答前，裁判先按下复位键 R，即 4 个触发器的 R 信号均为 0，使 4 个触发器的 Q 端的状态为 0000，四个发光二极管均不亮。开始抢答后，如 B 按键第一个被按下，则触发器 U2:B 的 $D=1$，使相对应的 $Q=1$，点亮发光二极管 D2。与此同时，触发器 U2:B 的 $Q'=0$，门 U3:A 的输出变为 1，导致门 U3:B 的输出变为 0，封锁了门 U4:A，此时，四个触发器的时钟均被封锁，其他选手再按下按键无效。

6 时序逻辑电路

　　前面两章我们分别学习了组合逻辑电路和触发器。组合逻辑电路是没有记忆的电路，即输出状态仅仅取决于当前状态，与原来的状态无关。触发器是能够存储 1 位二进制信息的电路。在很多数字电路中，为了能够运算和提取原数据，需要有存储功能的电路，电路中既需要组合逻辑电路，也需要触发器，这就是本章将要介绍的时序逻辑电路。时序电路在任一时刻的输出信号不仅与当时的输入信号有关，而且与电路原来的状态有关。

6.1 概　　述

6.1.1 时序逻辑电路的基本结构及特点

　　根据数字逻辑电路组成的不同特点，通常将数字逻辑电路分为两大类：一类为组合逻辑电路，已在第 4 章介绍过；另一类就是本章介绍的时序逻辑电路。

　　在组合逻辑电路中，任一时刻电路的输出仅取决于当时的输入信号。这是由组合逻辑电路的结构特点所决定的，因为组合逻辑电路中并没有触发器之类的元件能够存储过去的信息，也就是说，组合逻辑电路无记忆性。而本章所要介绍的时序逻辑电路，任一时刻电路的输出不仅取决于当时的输入信号，而且还取决于电路原来的状态，也可以说电路原来的状态对现在的输出是有影响的。显然在时序逻辑电路中有类似触发器之类的存储部件，才能存储以往的信息，对当前电路输出产生影响，因此，时序逻辑电路是有记忆性的。

　　为了进一步说明时序逻辑电路的特点，下面来分析图 6-1 所示的简单时序逻辑电路。

　　在图 6-1 中，该电路主要由两部分组成：一是由三个与非门组成的组合逻辑电路（如图中虚线框所示）；二是由 T 触发器构成的存储电路，其中 X 是外部输入信号，Y 是输出信号，而 CLK 是时钟输入信号，用于控制 T 触发器的状态变化。显然，整体电路的输出由 X、CLK 和触发器

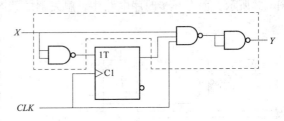

图 6-1　简单时序逻辑电路

的状态 Q 三个信号共同决定，因此，电路的输出 Y 不仅与输入信号有关，还与触发器的原状态有关。

　　上述例子中的电路结构反映了一般时序逻辑电路具有的特点：

　　(1) 时序逻辑电路包含组合逻辑电路和存储电路两部分，存储电路通常由触发器构成，是时序逻辑电路中不可或缺的部分。

　　(2) 时序逻辑电路中存在反馈，时序逻辑电路的输出由电路的输入信号和电路原状态共同决定。

时序逻辑电路的结构框图如图 6-2 所示。

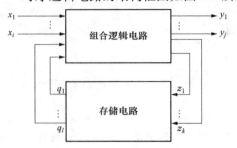

图 6-2　时序逻辑电路的结构框图

其中，X（x_1，$\cdots$，x_i）为整个电路的外部输入信号，Y（y_1，$\cdots$，y_j）为整个电路的输出信号，Z（z_1，$\cdots$，z_k）为组合电路的部分输出信号（也是存储电路的输入信号）；Q（q_1，$\cdots$，q_l）为存储电路的输出信号（也是组合电路的部分输入信号）。

由时序电路的框图可知，这些信号之间存在如下函数关系：

$$Y = F[X,Q] \tag{6-1}$$
$$Z = G[X,Q] \tag{6-2}$$
$$Q^* = H[Z,Q] \tag{6-3}$$

式（6-1）称为时序逻辑电路的输出方程，它反映了整个电路的输出与组合电路当时的输入信号及电路的原状态之间的逻辑关系。

式（6-2）称为时序逻辑电路的驱动方程（或激励方程），它反映了存储电路的输入信号与外部输入信号和存储电路的原状态之间的逻辑关系。

式（6-3）称为时序逻辑电路的状态方程，它是存储电路中触发器的输出，反映了在输入信号驱动下触发器的状态。其中，Q^* 表示触发器的次态，Q 表示触发器的初态。

需要提醒的是，时序逻辑电路的输出方程、驱动方程和状态方程的逻辑表达式是我们今后分析和设计时序逻辑电路的前提和条件。不管时序电路的结构如何复杂，只要把握其逻辑表达式，就可以把握住时序电路的本质。

6.1.2　时序逻辑电路的分类

根据时序电路中触发器的动作特点不同，把时序电路分为同步时序电路和异步时序电路。在同步时序电路中，所有触发器状态的变化都是在同一时钟信号操作下同时发生的，如图 6-3 所示。而在异步时序电路中，触发器的状态变化不是同时发生的，如图 6-4 所示。

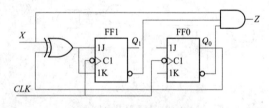

图 6-3　同步时序逻辑电路

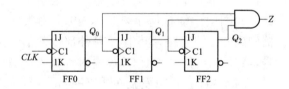

图 6-4　异步时序逻辑电路

此外，根据输出信号的特点将时序电路划分为米利型和穆尔型两种。在米利型电路中，输出信号不仅取决于存储电路的状态，而且还取决于输入变量，如图 6-3 所示；在穆尔型电路中，输出信号仅仅取决于存储电路的状态，如图 6-4 所示。可见，穆尔型电路是米利型电路的一种特例。

以后还能看到，在有些具体电路中，并不具备图 6-2 所示的完整结构形式。有的时序电路中没有组合逻辑电路部分，而有的时序电路中有可能没有外部输入变量，但是它们在结构上均包含由触发器构成的存储电路，在功能上仍具有时序逻辑电路的基本特征。

6.1.3 时序逻辑电路功能的描述方法

1. 逻辑方程式

在 6.1.1 节中，根据时序电路的结构图，写出了时序电路的输出方程、驱动方程和状态方程。从理论上讲，根据这三个方程就可以确定时序电路的逻辑功能，所以逻辑方程式可以描述时序电路的逻辑功能。但是对于许多时序电路而言，仅仅由式（6-1）～式（6-3）这三个逻辑方程式还不能直观地看出时序电路的功能，此外设计时序电路时，往往很难根据给出的逻辑要求直接写出电路的输出方程、驱动方程和状态方程。因此，下面再介绍几种能够反映时序电路状态变化全过程的描述方法。

2. 状态转换表

反映时序电路的输出 Y、Q^* 和 X、Q 间对应取值关系的表格称为状态转换表。如图 6-5 所示。

CLK	Q_3 Q_2 Q_1	Q^*_3 Q^*_2 Q^*_1	Y
0	0 0 0	0 0 1	0
1	0 0 1	0 1 0	0
2	0 1 0	0 1 1	0
3	0 1 1	1 0 0	0
4	1 0 0	1 0 1	0
5	1 0 1	1 1 0	0
6	1 1 0	0 0 0	1
0	1 1 1	0 0 0	1

$Q^*_2Q^*_1$ \ X Q_2Q_1 \ Y	00	01	11	10
0	01/0	10/0	00/1	11/0
1	11/1	00/0	10/0	01/0

图 6-5　状态转换表

将任何一组输入变量及电路初态的取值代入状态方程和输出方程，即可得到电路的次态和现态下的输出值；以得到的次态作为新的初态，和这时的输入变量取值一起再代入状态方程和输出方程进行计算，又得到一组新的次态和输出值。如此继续下去，将全部的计算结果列成真值表的形式，就得到了状态转换表。

3. 状态转换图

反映时序逻辑电路状态转换规律及相应输入、输出取值关系的图形称为状态转换图。在状态转换图中，以圆圈表示电路中的各个状态，以箭头表示状态转换的方向。同时，在箭头旁注明状态转换前的输入变量取值和输出值。通常将输入变量取值写在斜线以上，将输出值写在斜线以下。如图 6-6 所示，图中电路没有输入变量，所以斜线上方没有注字。

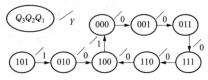

图 6-6　状态转换图

4. 时序图

电路的工作波形图又称为时序图。它能直观地描述时序电路的输入信号、时钟信号、输出信号及电路的状态转换等在时间上的对应关系，如图 6-7 所示。

上面介绍的描述时序电路逻辑功能的四种方法可以相互转换。在介绍时序电路的分析和设计方法时，将具体介绍以上四种描述方法的应用。

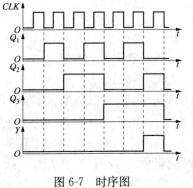

图 6-7　时序图

6.2　时序逻辑电路的分析方法

6.2.1　同步时序逻辑电路的分析方法

时序逻辑电路的分析，就是根据给定的时序逻辑电路图，找出电路在输入变量和时钟信号的作用下，电路的状态和输出状态的变化规律，从而确定电路的功能。具体来说，就是根据电路图，分别求出电路的输出方程、驱动方程和状态方程，列出电路的状态转换表，画出电路的状态转换图和时序图，最后分析确定电路具有的逻辑功能。

由于同步时序电路中，触发器都是在同一个时钟信号操作下工作的，所以分析方法比较简单。

分析同步时序电路一般按如下步骤进行：

（1）根据给定的电路图写出每个触发器的驱动方程（即电路中每个触发器的输入信号的逻辑函数式）和电路输出方程。

（2）将得到的驱动方程代入相应触发器的特性方程，从而得到由每个触发器的状态方程组成的整个时序电路的状态方程组。

（3）根据状态方程和输出方程，列出该时序电路的状态转换表，画出电路的状态转换图或时序图。

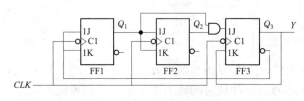

图 6-8　例 6-1 的逻辑电路图

（4）用文字描述给定的时序逻辑电路的逻辑功能，并检查该电路能否自启动。

例 6-1　试分析图 6-8 所示电路的逻辑功能。

解　分析过程如下。

（1）从图 6-8 给定的逻辑图写出电路的驱动方程和输出方程为

$$\begin{cases} J_3 = Q_2 Q_1 \\ K_3 = Q_3 \end{cases}, \begin{cases} J_2 = Q_1 \\ K_2 = Q_1 \end{cases}, \begin{cases} J_1 = Q_3' \\ K_1 = Q_3' \end{cases}, Y = Q_3 \qquad (6\text{-}4)$$

（2）将式（6-4）代入 JK 触发器的特性方程 $Q^* = JQ' + K'Q$ 中，于是得到电路的状态方程为

$$\begin{cases} Q_3^* = Q_2 Q_1 Q_3' + Q_3' Q_3 = Q_3' Q_2 Q_1 \\ Q_2^* = Q_2' Q_1 + Q_2 Q_1' \\ Q_1^* = Q_3' Q_1' + Q_3 Q_1 \end{cases} \qquad (6\text{-}5)$$

（3）列出状态转换表，画出状态转换图和时序图。列出状态转换表是分析时序逻辑电路的关键性一步，具体做法是：假设电路的初态 $Q_3 Q_2 Q_1 = 000$，代入状态方程和输出方程后得到 $Q_3^* Q_2^* Q_1^* = 001$，$Y = 0$，将这一结果作为新的初态，即 $Q_3 Q_2 Q_1 = 001$，重新代入状态方程和输出方程，又得到一组新的次态和输出值。如此继续下去即可发现，当 $Q_3 Q_2 Q_1 = 100$ 时，次态 $Q_3^* Q_2^* Q_1^* = 000$，返回了最初设定的初态。如果再继续下去，电路的状态和输出将按照前面的变化顺序反复循环。最后还要检查一下得到的状态是否包含了电路所有可能出现的状态。结果发现，$Q_3 Q_2 Q_1$ 的状态组合共有 8 种，而在上面的计算中仅有 5 种状态，缺少 $Q_3 Q_2 Q_1 = 101$，$Q_3 Q_2 Q_1 = 110$，$Q_3 Q_2 Q_1 = 111$ 这三种状态。将此三种状态代入状态方程和输

出方程计算分别得到：$Q_3^* Q_2^* Q_1^* = 011$，$Y = 1$；$Q_3^* Q_2^* Q_1^* = 010$，$Y = 1$；$Q_3^* Q_2^* Q_1^* = 001$，$Y = 1$。将这些计算结果写到一个表格里，就得到了表 6-1 所示的完整的状态转换表。

有时也将电路的状态转换表列成表 6-2 的形式，这种状态转换表给出了在一系列时钟信号作用下电路状态转换的顺序，比较直观。

表 6-1　　图 6-8 电路的状态转换表

Q_3	Q_2	Q_1	Q_3^*	Q_2^*	Q_1^*	Y
0	0	0	0	0	1	0
0	0	1	0	1	0	0
0	1	0	0	1	1	0
0	1	1	1	0	0	0
1	0	0	0	0	0	1
1	0	1	0	1	1	1
1	1	0	0	1	0	1
1	1	1	0	1	1	1

表 6-2　　图 6-8 电路的状态转换表的另一种形式

CLK 的顺序	Q_3^*	Q_2^*	Q_1^*	Y
0	0	0	0	0
1	0	0	1	0
2	0	1	0	0
3	0	1	1	0
4	1	0	0	1
5	0	0	0	0
0	1	0	1	1
1	0	1	1	0
0	1	1	0	1
1	0	1	0	0
0	1	1	1	1
1	0	0	1	0

为了以更加形象的方式直观地显示出时序电路的逻辑功能，有时还将状态转换表的内容变成状态转换图的形式。图 6-9 是图 6-8 所示电路的状态转换图。

为了便于以实验观察的方式检查时序电路的逻辑功能，还可以将状态转换表的内容画成时序图的形式。图 6-10 是图 6-8 所示电路的时序图。

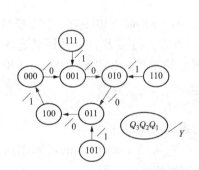

图 6-9　图 6-8 所示电路的状态转换图

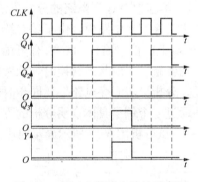

图 6-10　图 6-8 所示电路的时序图

（4）电路的逻辑功能分析。从状态转换表和状态转换图可知，经过 5 个脉冲信号以后电路的状态循环变化一次，所以这个电路具有对时钟信号计数的功能。同时每经过 5 个脉冲作用以后输出端 Y 输出一个脉冲，所以该电路是一个五进制计数器，Y 就是进位输出脉冲。

当电路处于表 6-1 中所列的 5 种循环状态以外的任何一种状态时，都会在时钟信号的作用下最终进入 5 种循环状态之中。具有这种特点的时序电路称为能够自启动的时序电路。

综合上述，该电路是一个能够自启动的同步五进制计数器。

例 6-2　试分析图 6-11 所示电路的逻辑功能。

解　（1）从图 6-11 给定的逻辑图可写

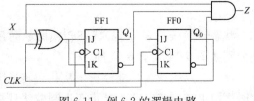

图 6-11　例 6-2 的逻辑电路

出电路的驱动方程和输出方程为

$$
\begin{cases} J_1 = X \oplus Q_0 \\ K_1 = X \oplus Q_0 \end{cases} \begin{cases} J_0 = 1 \\ K_0 = 1 \end{cases}, Z = X Q_1' Q_0' \tag{6-6}
$$

（2）将式（6-6）代入 JK 触发器的特性方程 $Q^* = JQ' + K'Q$ 中，于是得到电路的状态方程为

$$
\begin{cases} Q_1^* = (X \oplus Q_0)Q_1' + (X \oplus Q_0)'Q_1 = X \oplus Q_0 \oplus Q_1 \\ Q_0^* = Q_0' \end{cases} \tag{6-7}
$$

（3）列出状态转换表，画出状态转换图。状态转换表见表 6-3，状态转换图如图 6-12 所示。

表 6-3　　图 6-11 所示电路的状态转换表

$Q_1^* Q_0^* / Z$ $\diagdown$ $Q_1 Q_0$ X	00	01	11	10
0	01/0	10/0	00/0	11/0
1	11/1	00/0	10/0	01/0

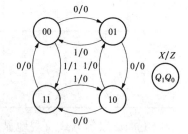

图 6-12　图 6-11 所示电路的状态转换图

（4）电路的逻辑功能分析。从状态转换图可知，该电路为有输入控制的逻辑电路，为可控计数器，$X=0$ 时为四进制加法计数器，$X=1$ 时为四进制减法计数器。

6.2.2　异步时序逻辑电路的分析方法

在异步时序逻辑电路中，由于没有统一的时钟脉冲，分析时必须注意，触发器只有在加到其 CLK 端上的信号有效时，才有可能改变状态；否则，触发器将保持原状态不变。因此，在考虑各触发器的状态转换时，除考虑驱动信号的情况外，还必须考虑其 CLK 端的情况。可见，分析异步时序电路要比同步时序电路复杂。

下面通过一个例子具体说明分析的方法和步骤。

例 6-3　试分析图 6-13 所示异步时序逻辑电路的逻辑功能。

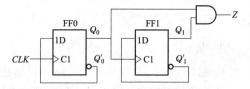

图 6-13　例 6-3 的异步时序逻辑电路

解　（1）从图 6-13 给定的逻辑图可写出电路的驱动方程和输出方程为

$$
D_1 = Q_1', D_0 = Q_0', Z = Q_1 Q_0 \tag{6-8}
$$

（2）将式（6-8）代入 D 触发器的特性方程 $Q^* = D$ 中，于是得到电路的状态方程为

$$
\begin{cases} Q_1^* = Q_1', & Q_0\ \text{由}\ 0 \rightarrow 1\ \text{时此式有效} \\ Q_0^* = Q_0', & CLK\ \text{由}\ 0 \rightarrow 1\ \text{时此式有效} \end{cases} \tag{6-9}
$$

（3）列出状态转换表，画出状态转换图和时序图。

状态转换表见表 6-4，状态转换图、时序图分别如图 6-14 和图 6-15 所示。

（4）电路的逻辑功能分析。从状态转换图和时序图可知，该电路为异步四进制减法计数

表 6-4　　图 6-13 所示电路的状态转换表

Q_1	Q_0	CLK_0（CLK）	CLK_1（Q_0）	$Q_1^* Q_0^* / Z$
0	0	↑	↑	11/0
0	1	↑	0	00/0
1	0	↑	↑	01/0
1	1	↑	0	10/1

器，Z 是借位信号。

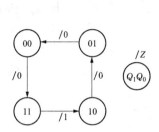

图 6-14　图 6-13 所示电路的状态转换图

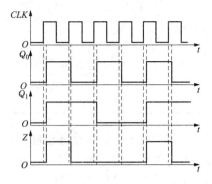

图 6-15　图 6-13 所示电路的时序图

6.3　若干常用的时序逻辑电路

6.3.1　寄存器和移位寄存器

1. 寄存器

寄存器是计算机和其他数字系统中用来存储代码或数据的逻辑部件。它的主要组成部分是触发器。一个触发器能够存储 1 位二进制代码，所以存储 n 位二进制代码的寄存器需要 n 个触发器。

一个 4 位的集成寄存器 74LS175 的逻辑电路图和引脚图分别如图 6-16 的（a）、（b）所示。其中 R'_D 是异步清零控制端。在寄存器中寄存数据或代码之前，必须先将寄存器清零，否则有可能出错。$D_0 \sim D_3$ 是数据输入端，在 CLK 脉冲上升沿作用下，$D_0 \sim D_3$ 端的数据被并行地存入寄存器，输出数据可以并行从 $Q_0 \sim Q_3$ 端输出，也可以并行从 $Q'_0 \sim Q'_3$ 端反码输出，因此将这种输入、输出方式称为并行输入、并行输出方式。74LS175 的功能表见表 6-5。

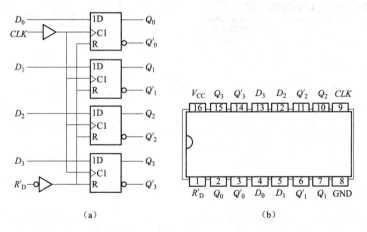

（a）　　　　　　　　　　（b）

图 6-16　集成寄存器 74LS175

（a）逻辑电路图；（b）引脚图

表 6-5 中的"保持"是指触发器不随 D 端的输入信号而改变状态，保持原来的状态不变。

表 6-5　　　74LS175 的功能表

输入						输出			
R_D'	CLK	D_0	D_1	D_2	D_3	Q_0	Q_1	Q_2	Q_3
0	$\times$	$\times$	$\times$	$\times$	$\times$	0	0	0	0
1	↑	D_0	D_1	D_2	D_3	D_0	D_1	D_2	D_3
1	1	$\times$	$\times$	$\times$	$\times$		保持		
1	0	$\times$	$\times$	$\times$	$\times$				

为了增加使用的灵活性，在有些寄存器电路中还附加了一些控制电路，使寄存器又增加了异步置零、三态输出控制和"保持"功能。

2. 移位寄存器

74LS175 寄存器只有寄存数据或代码的功能。有时为了处理数据，需要将寄存器中的各位数据在移位脉冲的作用下，依次向高位或低位移动 1 位。具有移位功能的寄存器称为移位寄存器。另外，移位寄存器除了能够对数据实现存储、移位功能外，还可以用来实现数据的串行-并行转换、数值的运算及数据处理等功能。

图 6-17 所示电路是由 4 个边沿 D 触发器构成的 4 位移位寄存器。数据从串行输入端 D_1 输入，左边触发器的输出作为右邻触发器的数据输入。

由于从 CLK 上升沿到达开始到输出端新状态的建立，需要经过一段传输延迟时间，所以当 CLK 上升沿同时作用于所有的触发器时，FF0 接收 D_1 的数据，FF1 接收 Q_0 原来的状态，FF2 接收 Q_1 原来的状态，FF3 接收 Q_2 原来的状态，实现了数据右移 1 位的功能。

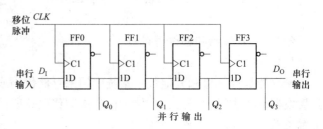

图 6-17　边沿 D 触发器构成的 4 位移位寄存器

假设移位寄存器的初态为 $Q_3Q_2Q_1Q_0 = 0000$，现将数码 1001 从高位至低位依次送到 D_1 端，在移位脉冲的作用下，移位寄存器里代码的移动情况见表 6-6。图 6-18 给出了各触发器输出端在移位过程中的电压波形图。

表 6-6　移位寄存器中代码的移动情况

CLK	输入 D_1	Q_0	Q_1	Q_2	Q_3
0	0	0	0	0	0
1	1	1	0	0	0
2	0	0	1	0	0
3	0	0	0	1	0
4	1	1	0	0	1
5	0	0	1	0	0
6	0	0	0	1	0
7	0	0	0	0	1
8	0	0	0	0	0

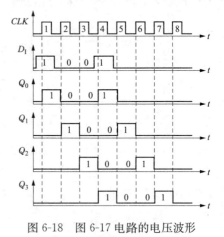

图 6-18　图 6-17 电路的电压波形

由图 6-18 可知，经过 4 个时钟脉冲后，1001 出现在寄存器的并行输出端 $Q_3Q_2Q_1Q_0$，这样就可将串行输入（从 D_1 端输入）的数据转换为并行输出（从 Q_3、Q_2、Q_1、Q_0 端输出）的数码，从而实现数据串行-并行转换。经过 8 个时钟脉冲后，数码从 Q_3 端已经全部移出寄存器，这说明存入该寄存器中的数码也可以从 D_O 端串行输出。

除了用边沿 D 触发器外，还可以用其他类型的触发器来组成移位寄存器，例如，用 JK 触发器来组成移位寄存器，电路如图 6-19 所示。

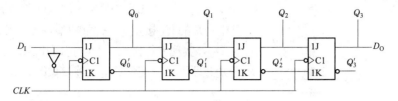

图 6-19 JK 触发器构成的移位寄存器

将图 6-17 中的电路进行改进，再增加一些控制门，就可以构成既能右移（由低位向高位）又能左移（由高位向低位）的双向移位寄存器。图 6-20（a）给出了 74LS194A 双向移位寄存器的逻辑电路图，它具有数据并行输入、保持、异步置零等功能；图 6-20（b）为 74LS194A 的引脚图；图 6-20（c）为 74LS194A 的逻辑图形符号。

图 6-20（a）中的 D_{IR} 为数据右移串行输入端，D_{IL} 为数据左移串行输入端，$D_3 \sim D_0$ 为数据并行输入端，$Q_3 \sim Q_0$ 为数据并行输出端，S_1、S_0 为移位寄存器的工作状态控制端，R_D' 为异步清零端。74LS194A 的功能表见表 6-7。

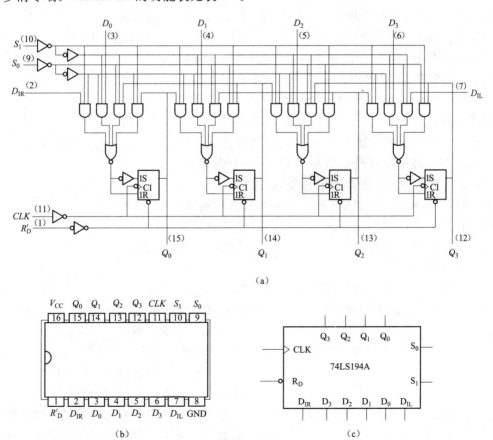

（a）

（b）   （c）

图 6-20 集成双向移位寄存器 74LS194A

（a）逻辑电路器；（b）引脚图；（c）逻辑图形符号

表 6-7   74LS194A 的功能表

R_D'	S_1	S_0	功能
0	×	×	异步置零
1	0	0	保持
1	0	1	数据右移
1	1	0	数据左移
1	1	1	并行输入

例 6-4   试用两片 74LS194A 构成一个 8 位双向移位寄存器。

解   将 74LS194A 扩展为 8 位双向移位寄存器，只需将其中一片的 Q_3 接至另一片的 D_{IR}，另一片的 Q_0 接至这片的 D_{IL}，实现串行接入，同时把两片的 S_1、S_0、CLK 和 R_D' 分别并联即可。完整的电路连接如图 6-21 所示。

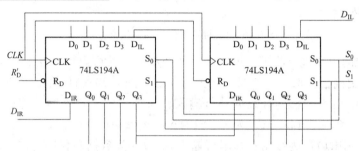

图 6-21   两片 74LS194A 构成 8 位双向移位寄存器

例 6-5   试用 74LS194A 设计一个 5 分频电路。

解   在利用移位寄存器构成分频电路时，可以左移也可以右移，一般采用右移方法较多。根据组合规律，在求偶数分频时，可在第 n 位输出端求反，反馈到 D_{IR} 端得到 $N=2n$ 分频器；在求奇数分频器时，可在第 n 位和第 $n-1$ 位输出端相与非，反馈到 D_{IR} 端得到 $N=2n-1$ 分频器。因此，5 分频电路可在 2、3 位输出端相与非得到 $N=2×3-1=5$，其电路图如图 6-22 所示。

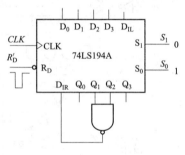

图 6-22   例 6-5 的 5 分频电路

电路首先清零，并行输出 0000 数值，在时钟脉冲到来时，电路做右移循环移动。当 Q_1、Q_2 有一个为零时，$D_{IR}=1$，形成输入值为 1 的串行右移输入；当 Q_1、Q_2 端全部为 1 时，$D_{IR}=0$，形成输入值为 0 的串行右移输入；如此循环到第 6 个脉冲后又回到起始端，完成 5 分频循环。这里输出状态 0000 和 1000 只出现 1 次，其状态转换表见表 6-8。

6.3.2   计数器

计数器是数字系统中出现最多的基本逻辑部件。它不仅能记录输入时钟脉冲的个数，还可以实现分频、定时，以及产生节拍脉冲和脉冲序列信号等。例如，计算机中的时序发生器、分频器、指令计数器等都要使用计数器。

计数器的种类很多，按时钟输入的方式不同，可分为同步计数器和异步计数器；按计数过程中数字增减趋势不同，可分为加法计数器、减法计数器和可逆计数器（或称为加/减计数器）；按计数器的编码方式不同，可分为二进制计数器、二-十进制计数器和循

表 6-8   图 6-22 电路的状态转换表

CLK	D_{IR}	Q_0	Q_1	Q_2	Q_3
0	1	0	0	0	0
1	1	1	0	0	0
2	1	1	1	0	0
3	0	1	1	1	0
4	0	0	1	1	1
5	1	0	0	1	1
6	1	1	0	0	1
7	1	1	1	0	0

环码计数器；按进位体制不同，可分为二进制计数器和非二进制计数器，非二进制计数器中最典型的是十进制计数器。

1. 同步计数器

（1）同步二进制计数器。图 6-23 是用 JK 触发器组成的 4 位二进制同步加法计数器。由图可知，各触发器的驱动方程为

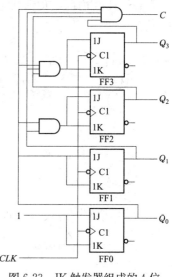

$$\begin{cases} J_3 = K_3 = Q_2Q_1Q_0 \\ J_2 = K_2 = Q_1Q_0 \\ J_1 = K_1 = Q_0 \\ J_0 = K_0 = 1 \end{cases} \qquad (6\text{-}10)$$

状态方程为

$$\begin{cases} Q_3^* = Q_2Q_1Q_0Q_3' + (Q_2Q_1Q_0)'Q_3 \\ Q_2^* = Q_1Q_0Q_2' + (Q_1Q_0)'Q_2 \\ Q_1^* = Q_0Q_1' + Q_0'Q_1 \\ Q_0^* = Q_0' \end{cases} \qquad (6\text{-}11)$$

图 6-23　JK 触发器组成的 4 位
二进制同步加法计数器

输出方程为

$$C = Q_3Q_2Q_1Q_0 \qquad (6\text{-}12)$$

由式（6-11）和式（6-12）可求出电路的状态转换表，见表 6-9。利用第 16 个计数脉冲到达时 C 端电位的下降沿作为向高位计数器电路进位的输出信号。

表 6-9　图 6-23 电路的状态转换表

CLK	Q_3	Q_2	Q_1	Q_0	进位输出	CLK	Q_3	Q_2	Q_1	Q_0	进位输出
0	0	0	0	0	0	9	1	0	0	1	0
1	0	0	0	1	0	10	1	0	1	0	0
2	0	0	1	0	0	11	1	0	1	1	0
3	0	0	1	1	0	12	1	1	0	0	0
4	0	1	0	0	0	13	1	1	0	1	0
5	0	1	0	1	0	14	1	1	1	0	0
6	0	1	1	0	0	15	1	1	1	1	1
7	0	1	1	1	0	16	0	0	0	0	0
8	1	0	0	0	0						

该电路的状态转换图、时序图分别如图 6-24 和图 6-25 所示。

由时序图可以看出，若 CLK 的频率为 f，则 Q_0、Q_1、Q_2、Q_3、C 的频率依次为 $f/2$、$f/4$、$f/8$、$f/16$ 和 $f/16$，也就是说，Q_0、Q_1、Q_2、Q_3、C 分别对 CLK 进行了二分频、四分频、八分频、十六分频和十六分频，因而计数器也可以作为分频器。

在实际生产的集成计数器芯片中往往还附加了一些控制电路，以增强电路的附加功能和使用的灵活性。下面介绍中规模集成 4 位同步计数器芯片 74161，它的内部结构电路如图 6-26（a）所示，逻辑图形符号和引脚图分别如图 6-26（b）、（c）所示。

此芯片除了具有二进制加法计数功能外，还具有预置数、保持和异步置零等附加功能。图 6-26 中 LD' 为同步预置数控制端，$D_3 \sim D_0$ 为数据输入端，CLK 为计数脉冲输入端，EP、ET 为工作状态控制端，R_D' 为异步置零端，$Q_3 \sim Q_0$ 为数据输出端，C 为进位信号输出端。表 6-10 是 74161 的功能表，它给出了 74161 在各种工作状态下各引脚的使用条件。

74LS161 在内部结构形式上与 74161 有些区别，但是其外部引线的配置、引脚排列及功能表均与 74161 相同。

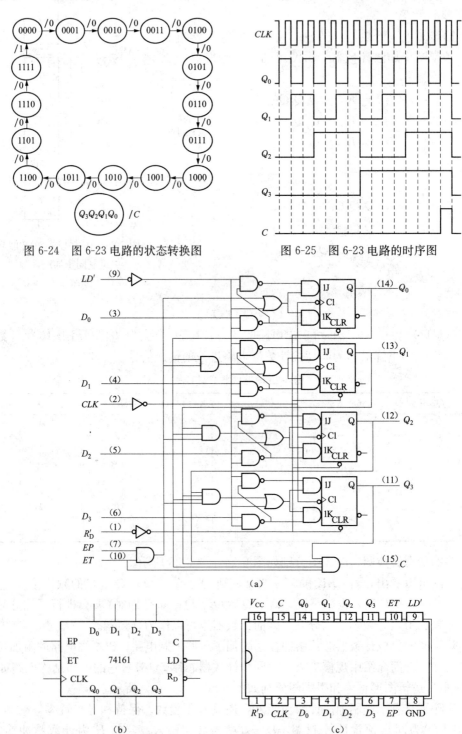

图 6-24　图 6-23 电路的状态转换图

图 6-25　图 6-23 电路的时序图

（a）

（b）

（c）

图 6-26　集成同步 4 位二进制计数器

（a）内部电路图；（b）逻辑图形符号；（c）引脚图

此外，有些计数器采用同步置零方式，如 74LS162、74LS163。在同步置零的计数器电路中，$R'_D = 0$ 后，还需要等下一个 CLK 的有效信号到达时才能将计数器置零。而在异步置零方式中，只要 $R'_D = 0$，计数器立即置零，不受 CLK 信号的控制。

表 6-10 74161 的功能表

CLK	R'_D	LD'	EP	ET	D_3	D_2	D_1	D_0	Q_3^*	Q_2^*	Q_1^*	Q_0^*	工作状态
×	0	×	×	×	×	×	×	×	0	0	0	0	异步置零
↑	1	0	×	×	d_3	d_2	d_1	d_0	d_3	d_2	d_1	d_0	同步置数
×	1	1	0	1	×	×	×	×	Q_3	Q_2	Q_1	Q_0	保持（包含 C）
×	1	1	×	0	×	×	×	×	Q_3	Q_2	Q_1	Q_0	保持（但 $C=0$）
↑	1	1	1	1	×	×	×	×					计数

在有些应用场合下，要求计数器既能进行加法计数又能进行减法计数，这就需要将计数器做成加/减计数器（又称为可逆计数器）。74LS191 就是集成同步二进制加/减计数器，其内部结构电路如图 6-27（a）所示，逻辑图形符号和引脚图分别如图 6-27（b）、（c）所示。

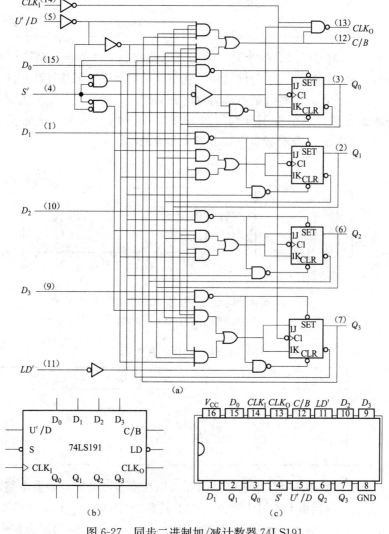

图 6-27 同步二进制加/减计数器 74LS191

(a) 内部电路结构图；(b) 逻辑图形符号；(c) 引脚图

　　74LS191 芯片除了具有二进制加/减计数的功能外，还具有一些附加功能。图中 LD' 为异步预置数控制端。当 $LD'=0$ 时电路处于预置数状态，$D_3 \sim D_0$ 的数据立刻置入计数器中，而不受时钟信号 CLK_1 的控制。因此，这种置数方式是异步置数，与 74161 的同步置数不同。

　　S' 是工作状态控制端，当 $S'=1$ 时，计数器处于保持状态；当 $S'=0$ 时，计数器处于计数状态。$D_3 \sim D_0$ 是数据输入端，$Q_3 \sim Q_0$ 为数据输出端，C/B 为进位/借位信号输出端。U'/D 是加/减计数控制端，当 $U'/D=0$ 时，进行加法计数；当 $U'/D=1$ 时，进行减法计数。CLK_O 是串行时钟输出端。74LS191 的功能表见表 6-11。

表 6-11　　　　　　　　　　　　　　　　　　74LS191 的功能表

CLK_1	S'	LD'	U'/D	D_3	D_2	D_1	D_0	Q_3^*	Q_2^*	Q_1^*	Q_0^*	工作状态
$\times$	1	1	$\times$	$\times$	$\times$	$\times$	$\times$	Q_3	Q_2	Q_1	Q_0	保持
$\times$	$\times$	0	$\times$	d_3	d_2	d_1	d_0	d_3	d_2	d_1	d_0	异步置数
$\uparrow$	0	1	0	$\times$	$\times$	$\times$	$\times$					加法计数
$\uparrow$	0	1	1	$\times$	$\times$	$\times$	$\times$					减法计数

　　由于图 6-27 所示的电路只有一个时钟信号，电路的加法计数器和减法计数器共用一个时钟信号，故称这种电路结构为单时钟结构。在有些计数器中，加法计数脉冲和减法计数脉冲来自两个不同的脉冲源，这种计数器称为双时钟结构。74LS193 就是采用双时钟结构的计数器，它的逻辑图形符号和引脚图分别如图 6-28（a）、（b）所示，功能表见表 6-12。由表 6-12 可以看出，74LS193 具有异步置零、异步置数的功能。

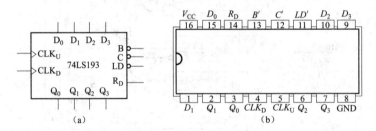

图 6-28　双时钟同步二进制加/减计数器 74LS193
(a) 逻辑图形符号；(b) 引脚图

表 6-12　　　　　　　　　　　　　　　　　　74LS193 的功能表

CLK_U	CLK_D	R_D	LD'	D_3	D_2	D_1	D_0	Q_3^*	Q_2^*	Q_1^*	Q_0^*	工作状态
$\times$	$\times$	1	$\times$	$\times$	$\times$	$\times$	$\times$	0	0	0	0	异步置零
$\times$	$\times$	0	0	d_3	d_2	d_1	d_0	d_3	d_2	d_1	d_0	异步置数
$\uparrow$	1	0	1	$\times$	$\times$	$\times$	$\times$					加法计数
1	$\uparrow$	0	1	$\times$	$\times$	$\times$	$\times$					减法计数

　　（2）同步十进制计数器。同步十进制计数器可以在同步二进制计数器电路基础上修改而成。74160 是中规模集成同步十进制计数器，它的引脚图如图 6-26（c）所示，各输入端的功能和用法与 74161 中对应的输入端的功能相同，功能表也与 74161 的功能表相同，见表 6-10。74160 的逻辑图形符号如图 6-29（a）所示。图 6-30 给出的是 74160 的时序图。

74160 与 74161 的区别仅在于 74160 是十进制计数器，而 74161 是十六进制计数器。

在十进制计数器中同样存在可逆计数器，74LS190 就是同步十进制加/减计数器，此计数器为单时钟结构。它的引脚图如图 6-27（c）所示，它的各个输入端、输出端的功能及用法与 74LS191 完全相同。74LS190 的功能表也与 74LS191 的功能表相同，见表 6-11。74LS190 的逻辑图形符号如图 6-29（b）所示。

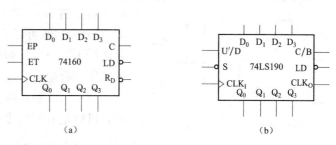

图 6-29 逻辑图形符号

(a) 74160 的逻辑图形符号；(b) 74LS190 的逻辑图形符号

此外，同步十进制加/减计数器也有双时钟结构形式，并各有定型的集成电路产品，如 74LS192、CC4092 等。

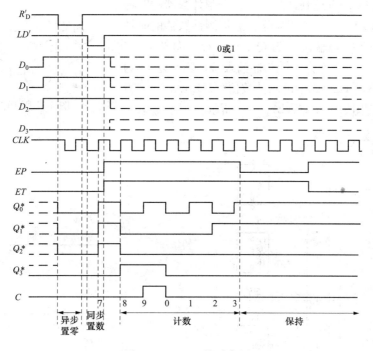

图 6-30 74160 的时序图

2. 异步计数器

在异步计数器中也同样有二进制计数器、十进制计数器和十六进制计数器等类型。图 6-31 所示为由 3 个下降沿触发的 JK 触发器组成的 3 位异步二进制加法计数器的电路图。

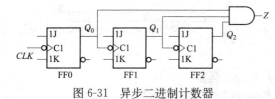

图 6-31 异步二进制计数器

由于该电路的连线简单且规律性强，故无须用前面介绍的分析步骤进行分析，只需做简单的观察与分析就可画出时序图或状态转换图，这种分析方法称为"观察法"。

图中的 JK 触发器的 $J=K=1$，均构成

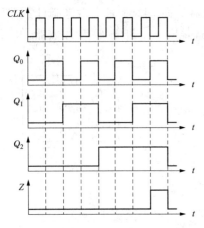

图 6-32　图 6-31 所示电路的时序图

了 T′ 触发器，即每来一个有效的时钟信号，触发器的状态就会翻转一次。该电路的时序图如图 6-32 所示，状态转换图如图 6-33 所示。

由图 6-32 可以看出，Q_2、Q_1、Q_0 分别对 CLK 信号进行了二分频、四分频、八分频，故该异步计数器也可以作为分频器使用。

异步二进制计数器结构简单，改变级联触发器的个数，可以很方便地改变二进制计数器的位数，n 个触发器构成的 n 位二进制计数器或 2^n 进制计数器，最大可实现 2^n 分频器。

74LS290 的逻辑电路如图 6-34（a）所示。它包含一个独立的 1 位二进制计数器和一个独立的五进制计数器。二进制计数器的时钟脉冲输入端为 CLK_0，输出端为 Q_0；五进制计数器的时钟输入脉冲端为 CLK_1，输出端为 Q_1、Q_2、Q_3。如果将 Q_0 与 CLK_1 相连，CLK_0 作为时钟脉冲输入端，$Q_0 \sim Q_3$ 作为输出端，则为 8421BCD 码十进制计数器。74LS290 的逻辑图形符号和引脚图如图 6-34（b）、（c）所示。

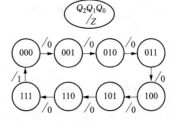

图 6-33　图 6-31 所示电路的状态转换图

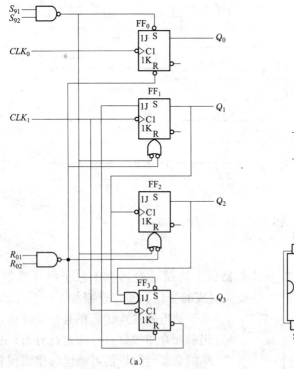

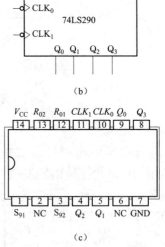

图 6-34　二-五-十进制异步加法计数器 74LS290

（a）内部电路结构图；（b）逻辑图形符号；（c）引脚图

表 6-13 是 74LS290 的功能表。由表可知，74LS290 具有以下功能：

（1）异步清零。当 $R_{01}R_{02}=1$，且 $S_{91}S_{92}=0$ 时，无论是否有时钟脉冲 CLK，计数器置零。

（2）异步置九。当 $S_{91}S_{92}=1$，且 $R_{01}R_{02}=0$ 时，无论是否有时钟脉冲 CLK，计数器置九。

（3）计数。当 $S_{91}S_{92}=0$，且 $R_{01}R_{02}=0$ 时，在计数脉冲（下降沿）作用下，实现二-五-进制加法计数。

若计数脉冲由 CLK_0 输入，Q_0 为输出，实现二进制计数；若计数脉冲由 CLK_1 输入，$Q_3Q_2Q_1$ 为输出，实现五进制计数器；若 CLK_1 与 Q_0 端相连接，计数脉冲由 CLK_0 输入，$Q_3Q_2Q_1Q_0$ 为输出，实现十进制计数。

表 6-13　　　　　　　74LS290 的功能表

CLK_0	CLK_1	$S_{91} \cdot S_{92}$	$R_{01} \cdot R_{02}$	Q_3^*	Q_2^*	Q_1^*	Q_0^*	工作状态
$\times$	$\times$	0	1	0	0	0	0	异步置零
$\times$	$\times$	1	0	1	0	0	1	异步置九
$\downarrow$	$\times$	0	0	二进制计数器				从 Q_0 输出
$\times$	$\downarrow$	0	0	五进制计数器				从 $Q_3Q_2Q_1$ 输出
$\downarrow$	Q_0	0	0	十进制计数器				从 $Q_3Q_2Q_1Q_0$ 输出

表 6-14 列出了几种常用的集成计数器。

表 6-14　　　　　　　几种常用的集成计数器

类别	型号	名称	功能
TTL	74LS290	异步二-五-十进制计数器	双计数输入，异步清零，异步置九
	74LS197	异步二-八-十六进制计数器	异步清零，异步预置数，双时钟
	74LS160	同步十进制计数器	同步预置数，异步清零
	74LS161	同步 4 位二进制计数器	同步预置数，异步清零
	74LS163	同步 4 位二进制计数器	同步预置数，同步清零
	74LS191	同步可逆 4 位二进制计数器	异步预置数，带加/减控制
	74LS192	同步可逆十进制计数器	异步预置数，异步清零，双时钟
	74LS193	同步可逆 4 位二进制计数器	异步预置数，异步清零，双时钟
CMOS	CC4024	7 位二进制串行计数器	带清零端，有 7 个分频输出
	CC4040	14 位二进制串行计数器	带清零端，有 12 个分频输出
	CC4518	双同步十进制加法计数器	异步清零，CLK 可采用正负沿触发
	CC4520	双同步 4 位二进制计数器	同上
	CC4510	同步可逆十进制计数器	异步预置数，异步清零，可级联
	CC4516	同步可逆 4 位二进制计数器	同上
	CC40160	同步十进制计数器	同步预置数，异步清零
	CC40161	同步 4 位二进制计数器	同步预置数，异步清零

3. 用集成计数器构成任意进制计数器

尽管集成计数器的品种很多，但也不可能任一进制计数器都有其对应的集成产品。在需要用到它们时，只能用现有的成品计数器外加适当的电路连接而成。

用现有的 N 进制集成计数器构成 M 进制计数器时，若 $M<N$，则只需一片 N 进制集成计数器；若 $M>N$，则要用多片 N 进制集成计数器。下面结合例题分别介绍这两种情况的实现方法。

（1）$M<N$ 的情况。在 N 进制计数器的计数过程中，一共有 N 个状态，若设法使它跳

跃过 $N-M$ 个多余状态就可以得到 M 进制计数器。通常用两种方法实现，即反馈清零（又称为清零或复位）法和反馈置数法。

1）反馈清零法适用于具有置零功能的计数器，根据清零功能的不同又分为同步清零和异步清零。具有异步置零功能的计数器有 74160、74161、74LS290 等，具有同步置零功能的计数器有 74163、74162 等芯片。

对于具有异步清零功能的计数器而言，若原来的计数器为 N 进制，初态从 S_0 开始，则到 S_{M-1} 为 M 个循环状态。为了实现 M 进制计数器，提供清零信号的状态为 S_M，由于电路一旦进入 S_M 状态后立即又被置成 S_0 状态，S_M 状态仅仅在瞬间出现，在稳定的状态循环中不包括 S_M 状态，故称为过渡态。图 6-35 为异步清零法原理示意图。

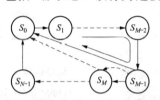

图 6-35　异步清零法原理示意图

对于具有同步清零功能的计数器而言，由于置零输入端的信号变为有效电平后，必须等到下一个时钟信号到达，计数器才能清零，因而应在 S_{M-1} 状态译出同步清零信号。

例 6-6　试用 74161 设计一个同步十二进制计数器。

解　74161 具有异步清零功能，在计数过程中，不管处于何种状态，只要异步清零端出现低电平，即 $R'_D=0$，74161 的输出端立即从这种状态返回到 0000，即 $Q_3Q_2Q_1Q_0=0000$。清零信号消失以后，74161 又从 0000 状态开始重新计数。清零信号应在 S_{12} 状态译出。

图 6-36（a）所示的十二进制计数器，当计数器的状态为 $Q_3Q_2Q_1Q_0=1100$（即 S_M）时，$R'_D=0$，将计数器清零，回到 0000 状态。由于 $Q_3Q_2Q_1Q_0=1100$（即 S_M）为过渡状态，持续时间极短，所以提前一个状态，在 S_{M-1}（$Q_3Q_2Q_1Q_0=1011$）状态产生进位输出信号 Y。

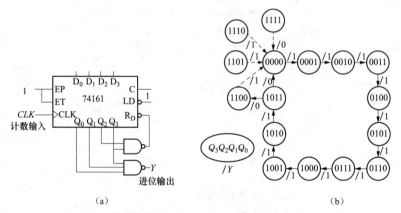

图 6-36　74161 构成的十二进制计数器
(a) 逻辑电路图；(b) 状态转换图

从图 6-36（b）中可以看出，电路的有效工作状态为 0000～1011 共 12 个状态，其中 1100 为过渡态，只在瞬间存在，因此该电路为十二进制计数器。

2）反馈置数法适用于具有预置数功能的集成计数器。反馈置数法可以在计数顺序的任意状态（S_i）下开始，其原理是在计数器的某个状态（S_{i+M-1}）下，通过给计数器重复置入某个数值（i）的方法跳过（$N-M$）个状态，从而获得 M 进制计数器。

对于具有同步预置数功能的计数器而言，在其计数过程中，可以将它输出的任何一个状态（S_{i+M-1}）通过译码，产生一个预置数控制信号反馈至预置数控制端，在下一个 CLK 脉冲作用后，计数器就会把数据输入端 $D_3D_2D_1D_0$ 的数据置入输出端。预置数控制信号消失以后，计数器就会从被置入的状态重新开始计数。图 6-37 为同步置数法原理示意图。异步置数信号应在 S_{i+M} 状态下产生。

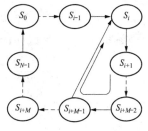

图 6-37 同步置数法原理示意图

例 6-7 试分析图 6-38 和图 6-39 所示的电路为多少进制的计数器。

解 1) 图 6-38 是利用同步置数法，用 74160 构成的八进制计数器。(a) 图的接法是把 $Q_3Q_2Q_1Q_0$=0111 状态译码产生 LD'=0，在下一个 CLK 的上升沿到达时置入 0000 状态。(b) 图是电路的状态转换图，其中 0000～0111 这 8 个状态是 74160 进行加 1 计数实现的，0000 是由反馈（同步）置数得到的。

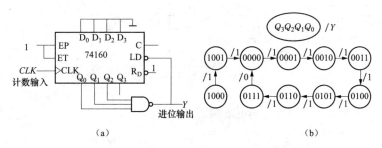

图 6-38 74160 构成的八进制计数器

(a) 逻辑电路图；(b) 状态转换图

由此可以推知图 6-38 (a) 中，反馈置数操作可在 74160 计数循环状态（0000～1001）中任何一个状态下进行。例如，可将 $Q_3Q_2Q_1Q_0$=1000 状态的译码信号加至 LD'，这时预置的数据设为 $D_3D_2D_1D_0$=0001，同样可以实现八进制计数。

2) 图 6-39 电路的接法是将 74160 计数到 1001 状态时产生的进位信号 C 译码后，反馈

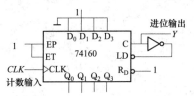

图 6-39 反馈置数法的另一种形式

到 LD' 端。数据输入端 $D_3D_2D_1D_0$ 置成 0010 状态。该电路从 0010 状态开始加 1 计数，输入第 7 个 CLK 脉冲后到达 1001 状态，此时 C=1，LD'=0，在第 8 个 CLK 脉冲的上升沿到来后，$Q_3Q_2Q_1Q_0$=$D_3D_2D_1D_0$=0010，同时使时 C=0，LD'=1，新的计数周期又从 0010 开始。所以电路为八进制计数器。

(2) $M>N$ 的情况。当 $M>N$ 时，1 个集成计数器芯片无法实现 M 进制计数器，这时必须用多片计数器级联起来才能实现。各片之间的级联方式可分为串行进位方式、并行进位方式、整体置零方式和整体置数方式。

在串行进位方式中，以低位片的进位信号作为高位片的时钟输入信号（即异步计数方式），两片始终处于计数状态。在并行进位方式中，以低位片的进位输出信号作为高位片的工作状态控制信号，两片的计数脉冲接在同一计数输入脉冲信号上（即同步计数方式）。

若 M 可以分解为 $M=N_1×N_2×\cdots×N_n$，其中 N_1，N_2，N_3，$\cdots$，N_n 均小于 N，则可用单片计数器分别设计成 N_1 进制、N_2 进制、$\cdots$、N_n 进制的计数器，然后采用串行进位或并行进位方式将所设计的计数器连接起来，构成 M 进制计数器。

例 6-8　用 74160 设计成一个一百进制计数器。

解　因为 $M=100$ 大于 N，而且 $M=10\times10$，所以要用两片 74160 构成此计数器，每片均接成十进制。两片之间的连接可采用串行进位或并行进位方式。

图 6-40（a）是以并行进位方式连接的 100 进制计数器。两片的 CLK 端均与计数脉冲 CLK 相接，因而是同步计数器。低位片的 $EP=ET=1$，它总处于计数状态；低位片的进位输出信号 C 连接到高位片的 EP 和 ET，只有当低位片计数至 1001 状态时，使 $C=1$，高位片才能处于计数状态。在下一个计数脉冲作用后，高位片计入一个脉冲，与此同时低位片由 1001 状态变成 0000 状态，它的进位输出信号 $C=0$，高位片停止计数。

图 6-40（b）是以串行进位方式连接的 100 进制计数器。低位片的进位输出信号 C 反相后作为高位片的 CLK。显然，这是一个异步计数器，虽然两片的 $EP=ET=1$，但只有当低位片由 1001 状态变成 0000 状态，使 C 由 1 变为 0 时，高位片的 CLK 才能由 0 变为 1，出现上升沿，高位片才能计入一个脉冲。其他情况下高位片都将保持原状态不变。

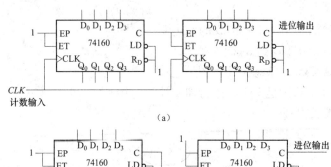

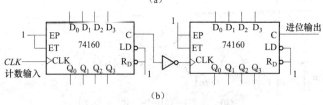

图 6-40　例 6-8 的逻辑电路图
(a) 并行进位方式；(b) 串行进位方式

例 6-9　试用 74160 构成 42 进制加法计数器。

解　1）并行进位方式：可将 42 分成 6×7（或 7×6），先将两片 74160 分别构成 6 进制和 7 进制计数器，再利用并行进位的方式进行连接，其实现电路如图 6-41 所示。

2）串行进位方式：可将 42 分成 6×7（或 7×6），先将两片 74160 分别构成 6 进制和 7 进制计数器，再利用串行进位的方式进行连接，其实现电路如图 6-42 所示。

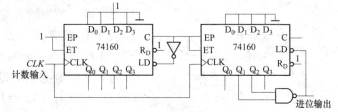

图 6-41　并行进位 42 进制计数器电路图

若 M 为质数时，要实现的 M 进制（如 31 进制）不可分解成小于 N 的因数相乘，则要采用整体清零方式或整体置数方式构成。

首先将多片 N 进制计数器按串行进位方式或并行进位方式联成 $N\times N\times\cdots\times N>M$ 进制计数器，

图 6-42　串行进位 42 进制计数器电路图

再按照 $M<(N\times N\times\cdots\times N)$ 的异步清零法和同步置数法构成 M 进制计数器。此方法适合

任何 M 进制（可分解和不可分解）计数器的构成。

整体清零方式，首先将多片 N 进制计数器按最简单的方式连接成一个大于 M 的计数器，然后在计数器为 M 状态时得到异步置零信号 $R_D'=0$，将两片计数器同时清零。

整体置数方式，同样首先将多片 N 进制计数器按最简单的方式连接成一个大于 M 的计数器，然后在选定的状态得到同步置数信号 $LD'=0$，将两片计数器同时置入设定的数据。

图 6-43（a）所示的电路是 74160 用整体清零方式构成的三十一进制计数器电路。首先将两片 74160 以并行进位方式连接成 100 进制计数器，当计数器从 0000 状态开始计数，计入 31 个脉冲之后，译码产生清零信号 $R_D'=0$，立刻将两片 74160 全部清零，于是得到了三十一进制计数器。整体清零方式中，多片计数器的级联方式还可采用串行进位的方式，如图 6-43（b）所示。

图 6-44 所示的电路是 74160 用整体置数方式构成的三十一进制计数器电路。首先将两片 74160 以并行进位方式连接成 100 进制计数器，当计数器从 0000 状态开始计数，计入 31 个脉冲之后，产生置数信号 $LD'=0$，在 CLK 有效时将两片 74160 全部置入数据 0000，于是得到了三十一进制计数器。

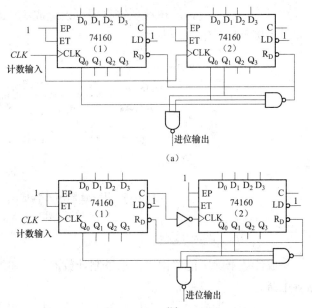

图 6-43　三十一进制计数器的整体清零方式
（a）并行进位方式；（b）串行进位方式

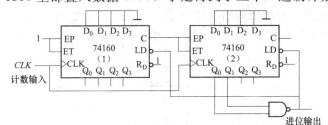

图 6-44　三十一进制计数器的整体置数方式

4. 移位寄存器型计数器

（1）环形计数器。图 6-45 是用 74LS194A 构成的环形计数器的逻辑电路图和状态转换图。

当正脉冲启动信号 $START$ 到来时，$S_1S_0=11$，从而不论移位寄存器的原状态如何，在时钟信号 CLK 作用下执行置数操作，使 $Q_0Q_1Q_2Q_3=1000$。当 $START$ 信号由 1 变 0 之后，$S_1S_0=01$，在时钟信号 CLK 作用下，移位寄存器进行右移操作，在第 4 个 CLK 脉冲到来之前，$Q_0Q_1Q_2Q_3=0001$。这样在第 4 个 CLK 脉冲到来时，由于 $D_{IR}=Q_3=1$，故在此 CLK 作用下 $Q_0Q_1Q_2Q_3=1000$。可见该计数器共有 4 个状态，是四进制计数器。

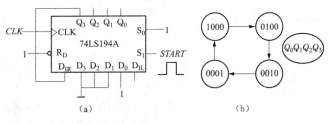

图 6-45　用 74LS194A 构成的环形计数器
（a）电路图；（b）状态转换图

环形计数器的电路结构十分简单，N 位移位寄存器可以计 N 个数，实现 N 进制计数器，且状态为 1 的输出端的序号即代表收到的计数脉冲的个数，通常不需要任何译码电路。

（2）扭环形计数器。为了增加有效计数状态，扩大计数器的计数状态，将上述接成右移寄存器的 74LS194A 末级输出 Q_3 反相后，再接到串行输入端 D_{IR}，就构成了扭环形计数器，如图 6-46（a）所示，图（b）为其状态转换图。由此可见，该电路有 8 个计数状态，为八进制计数器。一般来说，N 位移位寄存器可以组成 $2N$ 进制的扭环形计数器，只需将末级输出反相后，接到串行输入端即可。

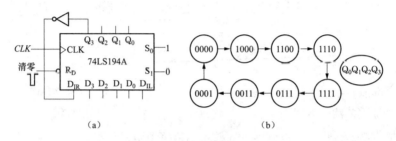

图 6-46 用 74LS194A 构成的扭环形计数器

(a) 电路图；(b) 状态转换图

5. 计数器的应用实例

集成计数器除了能够构成任意进制计数器外，还能组成顺序脉冲发生器、序列信号发生器等电路。

（1）顺序脉冲发生器。顺序脉冲发生器是指一组在时间上有一定先后顺序的脉冲信号，用于协调系统各部分的工作。

图 6-47 为一个由计数器 74161 和 74LS138 组成的顺序脉冲发生器。74161 构成十六进制计数器，输出状态 $Q_2Q_1Q_0$ 在 $000\sim111$ 之间循环变化，使得 74LS138 的 $A_2A_1A_0$ 在 $000\sim111$ 之间循环变化，从而在译码器的输出端 $Y_0'\sim Y_7'$ 分别得到如图 6-47（b）所示的脉冲波形。

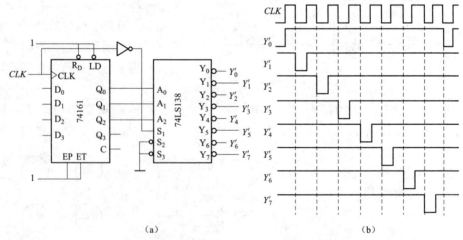

图 6-47 用计数器构成的顺序脉冲发生器

(a) 逻辑电路图；(b) 脉形波形图

（2）序列信号发生器。序列信号是在时钟脉冲作用下产生的一串周期性的二进制信号。

图 6-48 为使用 74161 和八选一数据选择器 74LS152 构成的序列信号发生器。其中，在 CLK 的信号连续作用下，74161 构成的计数器中输出端的状态 $Q_2Q_1Q_0$ 在 $000\sim111$ 之间循环变化，使得 74LS152 的地址码 $A_2A_1A_0$ 在 $000\sim111$ 之间循环变化，在数据选择器输出端 Y' 得到不断循环的序列信号 11101000。需要修改序列信号时，只需修改 $D_0\sim D_7$ 的高、低电平即可。

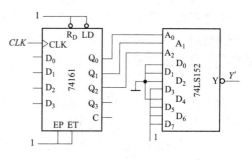

图 6-48 计数器和数据选择器组成的序列信号发生器

6.4 时序逻辑电路的设计方法

时序逻辑电路的设计是根据具体的逻辑问题要求，设计出实现这个逻辑功能要求的电路。它遵循的原则是力求电路简单，对于小规模集成电路，设计时采用尽可能少的门电路和触发器，而且触发器和门电路的输入端数目也最少；对于中规模和大规模集成芯片，设计时要求集成电路数目最少，种类最少，而且相互之间的连线也最少。

设计同步时序逻辑电路的一般过程如图 6-49 所示。

图 6-49 设计同步时序逻辑电路的一般过程

下面对设计过程中的步骤加以说明。

(1) 逻辑抽象，求出电路原始状态转换图。逻辑抽象是指分析题意的过程，也就是把要求实现的逻辑功能用原始状态转换图表示出来。这种直接由逻辑功能要求得到的状态转换图叫做原始状态转换图。正确画出原始状态转换图是设计时序逻辑电路最关键的一步，具体做法如下：

1) 分析给定的逻辑问题，确定输入变量、输出变量及电路的状态数，并用字母表示这些状态。

2) 定义输入、输出逻辑状态和电路每个状态的含义，并将电路状态顺序编号。

3) 按照题意，分别以上述状态为初态，分析在每一个可能的输入组合作用下电路的次态及相应的输出，便可画出符合题意的原始状态转换图。

(2) 状态化简。在逻辑抽象中得到的原始状态转换图不一定是最简的，很可能包含有多余的状态，即可以合并的状态，因此需要进行状态化简或状态合并。状态化简是建立在等价状态这个概念基础上的。所谓的等价状态是指在原始状态转换图中，如果有两个或两个以上的电路状态在相同的输入下有相同的输出，并且它们的次态也相同，则称这些状态为等价状态。凡是等价状态都可以合并。

显然，状态化简使电路状态数减少，从而可以使设计出来的时序电路结构更简单。

(3) 状态编码。得到简化的状态转换图后，要对每一个状态赋予一个二进制代码，这就是状态编码（或称为状态分配）。编码的方案不同，设计的电路结构也就不同。如果编码的方案得当，设计的结果可以很简单。

时序逻辑电路的状态是用触发器的状态组合来表示的。首先，需要确定化简后的状态转换图中电路的状态数 M；其次，按照式（6-13）确定电路所需触发器的数目 n；最后，给电路的每一个状态分配一个 n 位二进制代码。

$$2^{n-1} < M \leqslant 2^n \tag{6-13}$$

为了便于记忆和识别，一般选用的状态编码和它们的排列顺序都遵循一定的规律，如用自然二进制码。

（4）求出电路中各触发器的方程（包括状态方程、驱动方程和输出方程）。因为不同功能的触发器的驱动方式不同，所以用不同类型的触发器设计出来的电路结构也不同。为此，在设计具体电路之前必须选定触发器的类型。通过编码后的状态转换图就是电路实际工作的状态转换图。根据编码后的状态转换图和选定的触发器类型就可以求出各触发器的状态方程、驱动方程和输出方程。

（5）画电路图，并检查能否自启动。在画电路图之前，要对电路进行自启动检查。若电路不能自启动，则需要返回上一步重新计算各触发器的状态方程、驱动方程和输出方程，直到电路能够自启动，再画出最终的逻辑电路图。

例 6-10　试用下降沿触发的 JK 触发器设计一个带进位输出的同步六进制计数器。

解　（1）逻辑抽象。计数器是在脉冲信号作用下工作的，从一个状态转换到另一个状态，所以本题要求设计的电路无输入信号，只有脉冲信号和输出信号。取进位输出信号为 Y，本设计为六进制计数器，所以只有当第 6 个脉冲到来时才产生进位脉冲 $Y=1$，其他状态下 $Y=0$。

六进制计数器应有 6 个有效状态，分别用 S_0，S_1，…，S_5 表示，按题意可画出如图 6-50 所示的原始状态转换图。

（2）状态化简。因为六进制计数器必须用 6 个不同的状态表示已经输入的 6 个脉冲数，所以状态转换图已不能再化简。

（3）状态编码。由于六进制计数器有 6 种状态，由式（6-13）可知，需选择 $2^n \geqslant 6$，即 $n=3$ 个触发器。取自然二进制数 000～101 作为 S_0～S_5 的编码，得到电路的实际工作状态转换图，如图 6-51 所示。表 6-15 是电路的状态转换表。

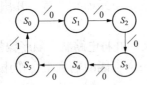

图 6-50　例 6-10 的原始状态转换图

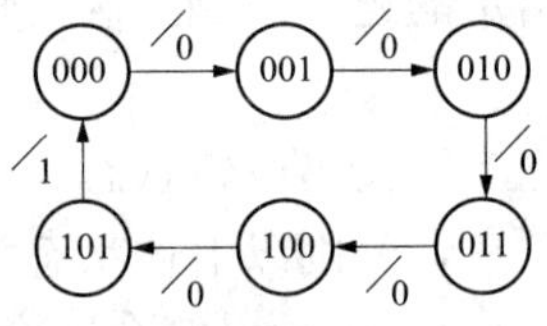

图 6-51　例 6-10 的状态转换图

表 6-15　例 6-10 的状态转换表

CLK 的顺序	Q_2^n	Q_1^n	Q_0^n	Y
0	0	0	0	0
1	0	0	1	0
2	0	1	0	0
3	0	1	1	0
4	1	0	0	0
5	1	0	1	1
6	0	0	0	0

（4）求各触发器的方程。由于电路的次态 $Q_2^* Q_1^* Q_0^*$ 和进位输出 Y 由电路的初态 $Q_2 Q_1 Q_0$ 的取值决定，故根据图 6-51 或表 6-15 可画出电路的次态/输出卡诺图，如图 6-52 所示。因为计数器不会出现 110 和 111 两个状态，所以将 $Q_2 Q_1 \overline{Q_0}$ 和 $Q_2 Q_1 Q_0$ 作为约束项处理，在卡诺图中用"×"表示。

为了得到各触发器的卡诺图，可将图 6-52 所示的次态卡诺图分解为图 6-53 所示的 4 个卡诺图，分别表示 Q_2^*、Q_1^*、Q_0^* 和 Y 的逻辑函数。

从这些卡诺图得到电路的状态方程为

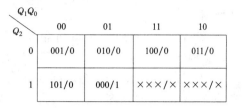

图 6-52 例 6-10 电路次态/输出卡诺图

$$\begin{cases} Q_2^* = Q_2'Q_1Q_0 + Q_2Q_0' \\ Q_1^* = Q_2'Q_1'Q_0 + Q_0'Q_1 \\ Q_0^* = Q_0' \end{cases} \quad (6\text{-}14)$$

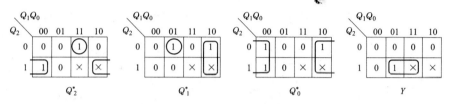

图 6-53 图 6-52 次态/输出卡诺图的分解

输出方程为

$$Y = Q_2Q_0 \quad (6\text{-}15)$$

将式（6-14）中的各逻辑式与 JK 触发器的特性方程对照，得各个触发器的驱动方程为

$$\begin{cases} J_2 = Q_1Q_0, K_2 = Q_0 \\ J_1 = Q_2'Q_0, K_1 = Q_0 \\ J_0 = 1, K_0 = 1 \end{cases} \quad (6\text{-}16)$$

（5）画电路图，并检查能否自启动。先检查电路能否自启动。将两个无效状态 110 和 111 分别代入式（6-14）中计算，所得到的次态为 111 和 000，故电路能够自启动。

完整的状态转换图如图 6-54 所示。

根据式（6-15）和式（6-16）画出计数器的逻辑图，如图 6-55 所示。

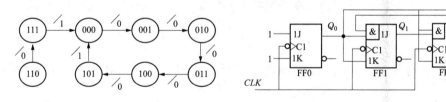

图 6-54 例 6-10 电路的状态转换图　　　图 6-55 例 6-10 的同步六进制计数器

例 6-11 用 JK 触发器设计一个序列信号检测器，当连续输入信号 110 时，该电路输出为 1，否则输出为 0。

解 （1）要设计的电路需要一个输入变量 X，代表输入的串行序列；一个输出信号 Z，代表检测的结果。用 S_0 表示输入为 0 时的电路状态（或称初始状态）；S_1 表示收到一个 1；S_2 表示连续收到两个 1；S_3 表示收到 110 时的状态。

以 S 表示电路的初态，以 S^* 表示电路的次态，根据设计要求即可得到表 6-16 所示的原始状态转换表和图 6-56 所示的原始状态

表 6-16　　例 6-11 的状态转换表

S^*/Z ＼ X	S_0	S_1	S_2	S_3
0	$S_0/0$	$S_0/0$	$S_3/1$	$S_0/0$
1	$S_1/0$	$S_2/0$	$S_2/0$	$S_1/0$

转换图。

（2）由表 6-16 或图 6-56 可知，S_0 和 S_3 为等价状态，所以 S_0 和 S_3 可以合并成一个状态，去掉 S_3，得到简化后的状态转换图，如图 6-57 所示。

（3）该电路有 3 个状态，可以用 00、01、11 分别表示 S_0、S_1、S_2。图 6-58 是该例题状态分配后的状态转换图。

（4）由图 6-58 得到该电路的次态/输出卡诺图，如图 6-59 所示，图 6-60 是分解以后的 Q_1^*、Q_0^* 和 Z 这 3 个逻辑函数的卡诺图。

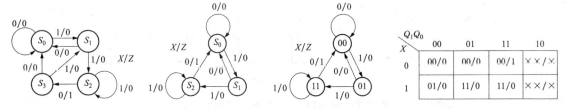

图 6-56　例 6-11 的原始　　　图 6-57　例 6-11 的　　　图 6-58　例 6-11 状态　　　图 6-59　例 6-11 的次态/
　　　状态转换图　　　　　　　简化状态转换图　　　　分配后的状态转换图　　　　　输出卡诺图

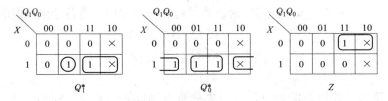

图 6-60　例 6-11 的次态/输出卡诺图的分解

从这些卡诺图得到电路的状态方程为

$$\begin{cases} Q_1^* = XQ_1'Q_0 + XQ_1 \\ Q_0^* = XQ_0' + XQ_0 \end{cases} \tag{6-17}$$

输出方程为

$$Z = X'Q_1 \tag{6-18}$$

将式（6-17）中的各逻辑式与 JK 触发器的特性方程对照，得到各个触发器的驱动方程为

$$\begin{cases} J_1 = XQ_0, K_1 = X' \\ J_0 = X, K_0 = X' \end{cases} \tag{6-19}$$

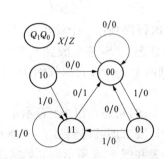

图 6-61　例 6-11 的状态转换图

（5）将无效状态 10 代入式（6-17）中计算，当 $X=0$ 时，次态为 00；当 $X=1$ 时，次态为 11。故电路能自启动。但从输出来看，若电路处于无效状态 10，当 $X=0$ 时，$Z=1$，这是错误的。为了消除此错误，需要适当修改输出方程为

$$Z = X'Q_1Q_0 \tag{6-20}$$

完整的状态转换图如图 6-61 所示。

根据式（6-19）和式（6-20）画逻辑图，如图 6-62 所示。若发现设计的电路不能自启动，则应对设计进行修改。

其方法是：在分解的卡诺图中，对于无效状态“×”的处理做适当修改，即原来取 1 画入矩形框的，可试改为 0 而不画入矩形框，或者相反。得到新的次态方程、驱动方程和输出方程，直到能够自启动为止。

由于异步时序逻辑电路中的触发器不是同时动作的，所以在设计异步时序逻辑电路时除了需要完成设计同步时序逻辑电路所需步骤外，还要为每个触发器选定合适的时钟信号。设计步骤大体上仍按同步时序逻辑电路的设计步骤进行，只是在选定触发器类型之后，要为每个触发器选定时钟信号。这里不再详细介绍。

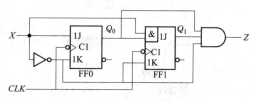

图 6-62 例 6-11 的逻辑电路图

例 6-12 用 JK 触发器设计一个五进制计数器，要求它能够自启动，其状态转换图如图 6-63 所示。

解 该电路的进位输出信号为 Y。根据状态转换图，可以得到如图 6-64 所示的次态卡诺图。图 6-65 所示的 4 个卡诺图分别表示 Q_2^*、Q_1^*、Q_0^* 和 Y 这 4 个逻辑函数。

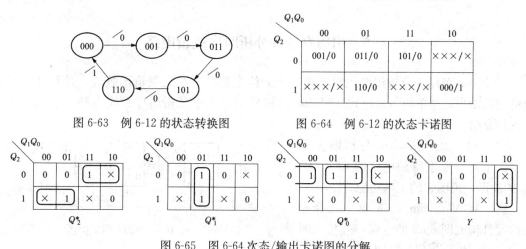

图 6-63 例 6-12 的状态转换图

Q_2 \ Q_1Q_0	00	01	11	10
0	001/0	011/0	101/0	×××/×
1	×××/×	110/0	×××/×	000/1

图 6-64 例 6-12 的次态卡诺图

Q_2^*

Q_2 \ Q_1Q_0	00	01	11	10
0	0	0	1	×
1	×	1	×	0

Q_1^*

Q_2 \ Q_1Q_0	00	01	11	10
0	0	1	0	×
1	×	1	×	0

Q_0^*

Q_2 \ Q_1Q_0	00	01	11	10
0	1	1	1	×
1	×	0	×	0

Y

Q_2 \ Q_1Q_0	00	01	11	10
0	0	0	0	×
1	×	0	×	1

图 6-65 图 6-64 次态/输出卡诺图的分解

从这些卡诺图得到电路的状态方程为

$$\begin{cases} Q_2^* = Q_2'Q_1 + Q_2Q_1' \\ Q_1^* = Q_1'Q_0 \\ Q_0^* = Q_2'Q_0' + Q_0Q_2' \end{cases} \tag{6-21}$$

输出方程为

$$Y = Q_1Q_0' \tag{6-22}$$

将式（6-21）中的各逻辑式与 JK 触发器的特性方程对照，得到各个触发器的驱动方程为

$$\begin{cases} J_2 = Q_1, K_2 = Q_1 \\ J_1 = Q_0, K_1 = 1 \\ J_0 = Q_2', K_0 = Q_2 \end{cases} \tag{6-23}$$

将无效状态分别代入式（6-21）中计算，得到的次态为 100→100，010→101，111→000，故电路不能自启动，需要返回上一步重新计算触发器的方程。将 Q_2^* 的卡诺图进行简

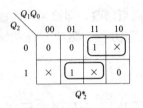

图 6-66　修改后的 Q_2^* 的卡诺图

单的修改，如图 6-66 所示，得到 Q_2^* 新的状态方程为

$$Q_2^* = Q_2 Q_0 + Q_2' Q_1 \qquad (6-24)$$

则新驱动方程为

$$\begin{cases} J_2 = Q_1, K_2 = Q_0' \\ J_1 = Q_0, K_1 = 1 \\ J_0 = Q_2', K_0 = Q_2 \end{cases} \qquad (6-25)$$

重新检查自启动，发现 $010 \to 101$，$111 \to 100 \to 000$，电路能够自启动。完整的状态转换图如图 6-67 所示。

根据式（6-22）和式（6-25）得到计数器的逻辑图，如图 6-68 所示。

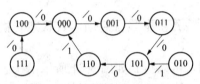

图 6-67　例 6-12 电路的状态转换图

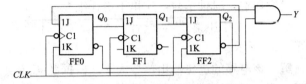

图 6-68　例 6-12 的同步五进制计数器

6.5　用仿真软件分析时序逻辑电路

Multisim 可用于分析组合逻辑电路，得到给定逻辑电路的逻辑函数式，并且可以方便地将它化简为最简单的与或形式。Multisim 同样可以用于分析时序逻辑电路，下面通过实例进行介绍。

例 6-13　用 Multisim 分析图 6-69 所示的电路，要求得到电路的 Q_3、Q_2、Q_1 的波形，说明它的逻辑功能。

解　在 Multisim 12 菜单中选择相应的元件构成图 6-69 的电路，并接入时钟信号和逻辑分析仪，如图 6-70 所示。

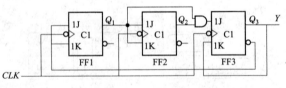

图 6-69　例 6-13 的逻辑电路图

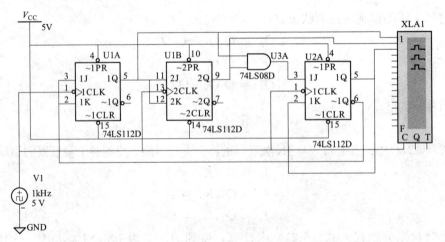

图 6-70　用 Multisim 构建的图 6-69 的电路

利用 Multisim 中的逻辑分析仪对时序逻辑电路的输出波形进行观察，得到图 6-71 所示的输出波形。分析波形图可知，每 5 个状态就重复一遍，而且在 Y 端输出一个进位脉冲。因此该电路是一个五进制计数器。

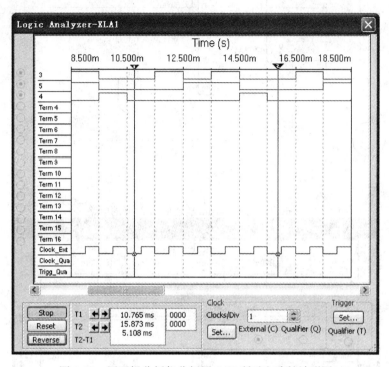

图 6-71　用逻辑分析仪分析图 6-69 所示电路的波形图

从逻辑分析仪给出的输出波形图，还可以画出电路的状态转换图，如图 6-72 所示。图 6-72 中不包含无效状态。

例 6-14　用 Multisim 分析图 6-73 所示的电路，要求得到电路的 Q_3、Q_2、Q_1、Q_0 的波形，说明它是几进制计数器。

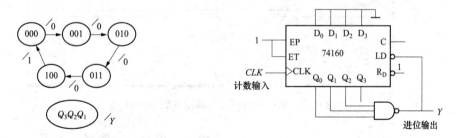

图 6-72　图 6-69 所示电路的状态转换图　　　　图 6-73　例 6-14 的时序逻辑电路

解　在 Multisim 12 菜单中选择相应的元件构成图 6-73 的电路，并接入信号发生器和逻辑分析仪，如图 6-74 所示。图 6-74 的 Q_D、Q_C、Q_B、Q_A 与图 6-73 中的 Q_3、Q_2、Q_1、Q_0 对应。

利用 Multisim 中的逻辑分析仪对时序电路的输出波形进行观察，得到图 6-75 所示的输出波形图。分析波形图可知，每 8 个状态就重复一遍，而且在 Y 端输出一个进位脉冲。因此该电路是一个八进制计数器。

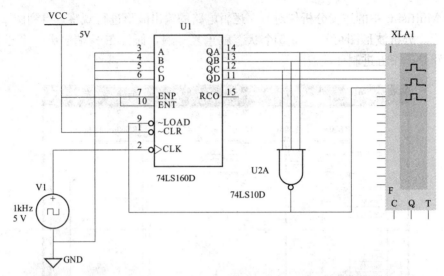

图 6-74　用 Multisim 构建的图 6-70 的电路

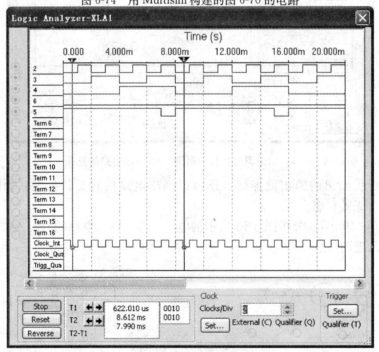

图 6-75　用逻辑分析仪分析图 6-73 电路的波形图

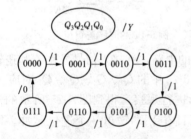

图 6-76　图 6-73 电路的状态转换图

从逻辑分析仪给出的输出波形图，还可以画出电路的状态转换图，如图 6-76 所示。图 6-76 中不包含无效状态。

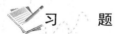

本 章 小 结

时序逻辑电路在电路结构、逻辑功能、描述方法及分析和设计的步骤与方法上都与组合逻辑电路有所不同。时序逻辑电路是由组合逻辑电路和存储电路构成的，因此每一时刻的输出信号不仅和当时的输入信号有关，而且还与电路的原状态有关。触发器是时序逻辑电路中存储电路的基本单元，根据触发器的时钟连接方式，把时序逻辑电路分为同步时序逻辑电路和异步时序逻辑电路两大类。

通常用于描述时序逻辑电路逻辑功能的方法有驱动方程、状态方程、输出方程、状态转换表、状态转换图和时序图等。这些描述方法是分析和设计时序逻辑电路的重要工具。

具体的时序逻辑电路可谓是千差万别，而寄存器、计数器和移位寄存器是时序逻辑电路的典型代表，也是非常重要的数字电路元件。寄存器主要用来存放数据；而移位寄存器不仅可以构成计数器，还可以实现数据并/串转换和串/并转换；计数器的用途非常广泛，可以用于统计输入脉冲的个数，用于实现计时、计数系统，还可以用来分频、定时，以及产生节拍脉冲和序列脉冲等。

时序逻辑电路的分析方法、任意进制计数器的构成方法以及时序逻辑电路的设计方法是本章学习的重要内容。通过对时序逻辑电路的分析，可以使读者掌握同步和异步时序逻辑电路的分析方法；进而对任意进制计数器的构成方法加深理解，从而掌握集成计数器的功能、特点和使用方法；时序逻辑电路的设计相对来说更复杂些，读者应将重点放在一般同步时序逻辑电路的设计方法上，尤其是同步计数器的设计。至于异步时序逻辑电路的设计，总体上与同步时序电路基本相似，区别在于二者的时钟方程，异步时序逻辑电路必须考虑时钟方程的影响。读者在学习过程中，不仅要看，更重要的是要亲自动手做。只有通过亲自实践，才能更深入地掌握和理解其中的方法。

对于一般的时序逻辑电路，其分析和设计方法都是适用的。但是这些方法不是一成不变的，读者在学习时不要千篇一律地机械照搬，要具体问题具体分析，重要的是理解和领悟其中的规律和实质。

习 题

6.1 试分析如图 6-77 所示时序电路的逻辑功能，写出电路的驱动方程、状态方程和输出方程，画出电路的状态转换图，并判断该电路能否自启动。

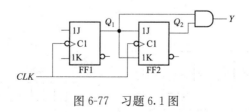

图 6-77 习题 6.1 图

6.2 试分析图 6-78 所示时序电路的逻辑功能，写出电路的驱动方程、状态方程和输出方程，画出电路的状态转换图，并判断该电路能否自启动。

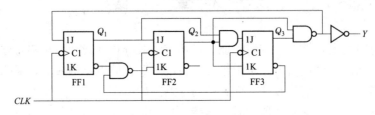

图 6-78　习题 6.2 图

6.3　试分析图 6-79 所示时序电路的逻辑功能，写出电路的驱动方程、状态方程和输出方程，并画出电路的状态转换图。

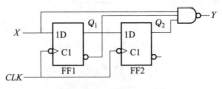

图 6-79　习题 6.3 图

6.4　试分析图 6-80 所示时序电路的逻辑功能，写出电路的驱动方程、状态方程和输出方程，画出电路的状态转换图，并判断该电路能否自启动。

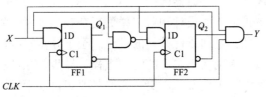

图 6-80　习题 6.4 图

6.5　试分析图 6-81 所示时序电路的逻辑功能，写出电路的驱动方程、状态方程和输出方程，写出电路的状态转换表，并判断该电路能否自启动。

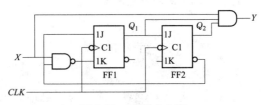

图 6-81　习题 6.5 图

6.6　根据图 6-82 所示的电路图，画出对应于 CLK 的 Q_2、Q_1 和输出 Y 的波形。设电路的初态为 00。

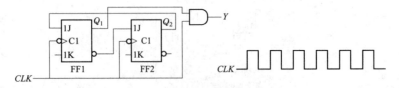

图 6-82　习题 6.6 图

6.7 试分析图 6-83 所示时序电路的逻辑功能，画出电路的状态转换图，并判断该电路能否自启动。

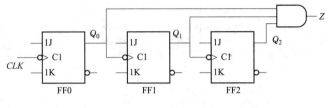

图 6-83 习题 6.7 图

6.8 试分析图 6-84 所示的计数器电路，说明是多少进制的计数器，并画出该电路的状态转换图。

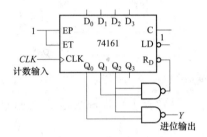

图 6-84 习题 6.8 图

6.9 试分析图 6-85 所示的计数器电路，说明是多少进制的计数器。

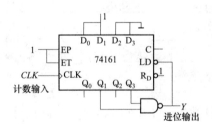

图 6-85 习题 6.9 图

6.10 试分析图 6-86 所示的计数器电路，说明是多少进制的计数器，并画出该电路的状态转换图。

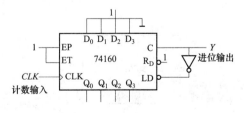

图 6-86 习题 6.10 图

6.11 试分析图 6-87 所示的计数器电路，说明是多少进制的计数器，并画出该电路的状态转换图。

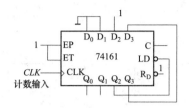

图 6-87　习题 6.11 图

6.12　试分析图 6-88 所示的计数器电路，说明是多少进制的计数器。

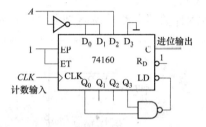

图 6-88　习题 6.12 图

6.13　试分析图 6-89 所示的计数器电路，说明是多少进制的计数器。

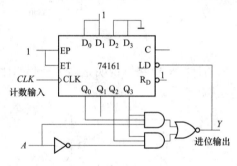

图 6-89　习题 6.13 图

6.14　试用 4 位二进制计数器 74161 和必要的门电路设计一个十一进制计数器，要求标出计数输入端和进位输出端。

6.15　设计一个可控进制计数器，当输入控制变量 $X=0$ 时为六进制计数器，$X=1$ 时为十一进制计数器，要求标出计数输入端和进位输出端。

6.16　试分析图 6-90 所示的计数器电路，说明是多少进制的计数器。

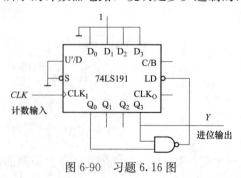

图 6-90　习题 6.16 图

6.17 试分析图 6-91 所示的电路，说明这是多少进制的计数器，两片之间是多少进制。

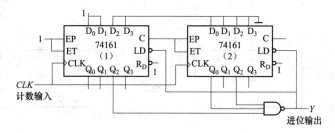

图 6-91 习题 6.17 图

6.18 试分析图 6-92 所示的电路，说明这是多少进制的计数器，两片之间是多少进制。

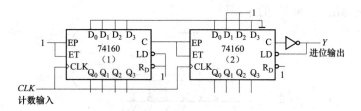

图 6-92 习题 6.18 图

6.19 试用两片同步十进制计数器 74160 和必要的门电路设计一个同步五十三进制计数器。

6.20 试用两片同步十进制计数器 74160 和必要的门电路设计一个同步二十四进制计数器，要求计数器能够显示 $00\sim23$。

6.21 试分析图 6-93 所示的电路为多少进制，并画出电路有效的工作状态转换图。

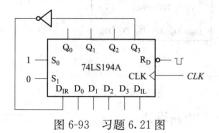

图 6-93 习题 6.21 图

6.22 试分析图 6-94 所示电路的分频系数为多少，Z 为输出端。

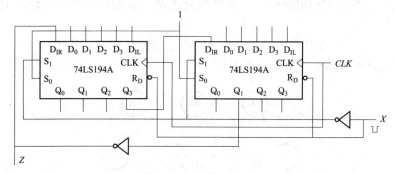

图 6-94 习题 6.22 图

6.23　试分析图 6-95 所示的各电路，说明这是多少进制的计数器，画出它们的状态转换图。

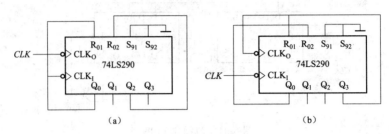

图 6-95　习题 6.23 图

6.24　由移位寄存器 74LS194A 及 3 线-8 线译码器 74HC138 构成的双序列码产生器如图 6-96 所示，试写出 Y_1 和 Y_0 的序列码。

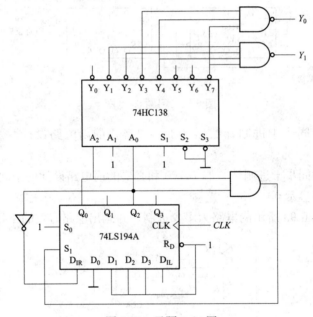

图 6-96　习题 6.24 图

6.25　试用 JK 触发器和门电路设计一个同步七进制计数器，要求所设计的电路具有自启动能力。

6.26　用 D 触发器和门电路设计一个同步九进制计数器，要求所设计的电路具有自启动能力。

6.27　试用 JK 触发器和门电路设计一个同步七进制计数器，其状态转换顺序如图 6-97所示，要求所设计的电路具有自启动能力。

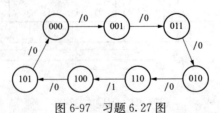

图 6-97　习题 6.27 图

6.28 设计一个串行数据检测电路。当连续输入 3 个或 3 个以上的 1 时输出为 1，其他输入情况下输出为 0。

6.29 试用同步十进制计数器 74160 和八选一数据选择器 74HC151 及必要的门电路，设计一个序列信号发生器，要求电路在连续 *CLK* 信号作用下周期性输出 00101101 序列信号。

6.30 设计一个自动售饮料机的逻辑电路。它的投币口每次只能投入一枚五角或一元的硬币。投入一元五角钱硬币后机器自动给出一杯饮料；投入两元（两枚一元）硬币后，在给出饮料的同时找回一枚五角的硬币。

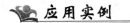 **应用实例**

交通灯控制电路设计

时序逻辑电路是数字电子电路中很重要的电路，它在我们现实生活中有着广泛的应用，如交通灯控制电路、彩灯控制电路、数字电子钟、计算机、数字密码锁等领域。下面介绍模拟的交通灯控制电路的设计过程。

设计要求：

(1) 设计一个主要街道和次要街道十字路口的交通灯模拟控制器。

(2) 主要街道绿灯亮 6s，黄灯亮 2s；次要街道绿灯亮 3s，黄灯亮 1s。依次循环。在每个入口设置红、黄、绿三色信号灯，红灯亮禁止通行，绿灯亮允许通行，黄灯亮时则给行驶中的车辆有时间停止在禁止线外。

当主要街道亮绿灯和黄灯时，次要街道亮红灯，灯亮的时间为 8s；当次要街道亮绿灯和黄灯时，主要街道亮红灯，灯亮的时间为 4s。用 *MG*、*MY*、*MR*、*CG*、*CY*、*CR* 分别表示主要街道的绿灯、黄灯、红灯，次要街道的绿灯、黄灯、红灯。在此基础上，增加数码管的倒计时显示模块，达到更加直观显示的目的。秒信号由秒脉冲电路产生（此部分内容将在第 9 章进行介绍），同时作为计数器的时钟信号，计数器的输出（Q_3、Q_2、Q_1、Q_0）作为所设计控制交通灯组合电路的输入信号，组合电路的输出信号控制交通灯亮与灭的情况。根据设计要求列出交通灯控制器的真值表，见表 6-17。

表 6-17 交通灯控制电路真值表

输入				输出					
Q_3	Q_2	Q_1	Q_0	*MG*	*MY*	*MR*	*CG*	*CY*	*CR*
0	0	0	0	1	0	0	0	0	1
0	0	0	1	1	0	0	0	0	1
0	0	1	0	1	0	0	0	0	1
0	0	1	1	1	0	0	0	0	1
0	1	0	0	1	0	0	0	0	1
0	1	0	1	1	0	0	0	0	1
0	1	1	0	0	1	0	0	0	1
0	1	1	1	0	1	0	0	0	1

续表

输入				输出					
Q_3	Q_2	Q_1	Q_0	MG	MY	MR	CG	CY	CR
1	0	0	0	0	0	1	1	0	0
1	0	0	1	0	0	1	1	0	0
1	0	1	0	0	0	1	1	0	0
1	0	1	1	0	0	1	0	1	0
1	1	0	0	×	×	×	×	×	×
1	1	0	1	×	×	×	×	×	×
1	1	1	0	×	×	×	×	×	×
1	1	1	1	×	×	×	×	×	×

从真值表 6-17 中可以看出计数器为一个十二进制计数器，可采用 74161 芯片进行设计，电路如图 6-98 所示。

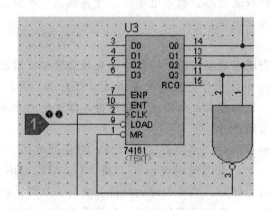

图 6-98　十二进制计数器电路

根据表 6-17 可以写出各输出变量的逻辑函数式，利用卡诺图化简法获得最简逻辑表达式，得到的电路如图 6-99 所示。

倒计时显示部分电路中，采用 74LS192 设计的减法计数器实现。控制主要街道的绿灯为 6s，红灯为 4s 及黄灯不显示的倒计时电路如图 6-100 所示。次要街道的倒计时电路控制红灯 8s，绿灯 3s 的倒计时，其设计与主要街道的倒计时电路类似，这里不再进行介绍。

秒脉冲产生电路是由 555 定时器和电阻、电容等元件构成的多谐振荡器，产生周期为 1s 的秒脉冲信号，具体工作原理详见第 9 章，电路如图 6-101 所示。

图 6-102 所示的电路为交通灯控制电路的整体电路。

通过仿真软件的调试得到的效果和预想的结果一样，而且在学生的小制作中也取得了良好的效果。

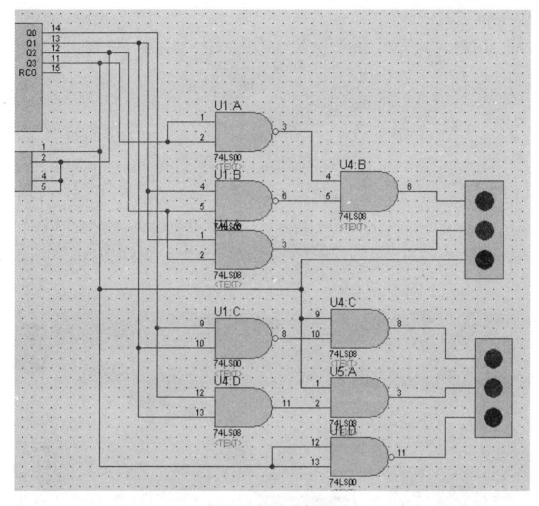

图 6-99 交通灯控制电路

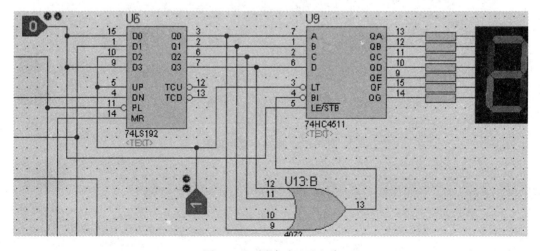

图 6-100 倒计时显示电路

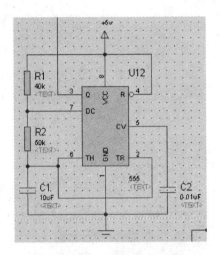

图 6-101　秒脉冲产生电路

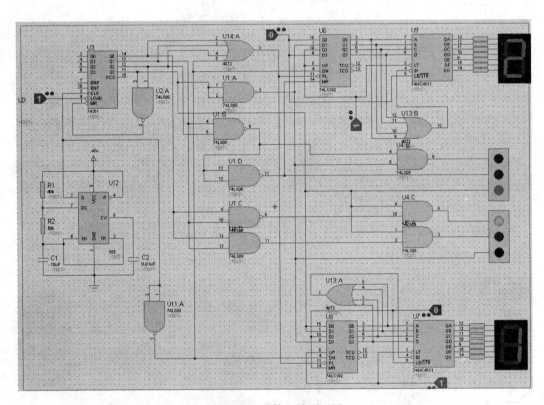

图 6-102　整体电路原理图

7 半导体存储器

在信息时代的今天，信息的处理、存储、传送无处不在。存储信息的器件就是存储器，在各种存储器中大部分是半导体存储器，例如，计算机上用的移动硬盘、固态硬盘、内存和高速缓存，数码照相机中的 CF 卡，智能手机的机身内存、运行内存和 SD 卡，各种 IC 卡等都属于半导体存储器。几乎所有的数字系统和计算机系统都需要半导体存储器。那么这些存储器属于哪种类型？其基本电路结构和特点又是什么呢？

7.1 概　　述

在数字系统中，对程序和数据进行存储时都要用到存储器，半导体存储器属于大规模集成电路。按照存储器的访问方式，半导体存储器分为只读存储器（Read Only Memory，ROM）和随机存取存储器（Random Access Memory，RAM）。ROM 在正常状态下只能从中读取数据，不能随时修改和重新写入数据，内部存储的信息通常在制造过程或使用前通过专用设备写入。只读存储器掉电后数据不会丢失，称为非易失性存储器（Nonvolatile Memory）。随机存取存储器中的数据在正常工作时能读能写，其数据在断电后全部丢失，称为易失性存储器（Volatile Memory）。随机存取存储器又可分为静态存储器（Static RAM，SRAM）和动态存储器（Dynamic RAM，DRAM）两种。SRAM 通常采用锁存器构成存储单元，利用锁存器的双稳态结构，数据一旦被写入就能稳定地保存下来。DRAM 则以电容为存储单元，利用电容的充放电来存储信息。

随着半导体存储器技术的发展，近几年出现了一些新型的存储器，如磁性随机存取存储器（MRAM）、铁电随机存取存储器（FeRAM）、纳米随机存取存储器（NRAM）和 SONOS 等也逐渐产品化。

衡量半导体存储器性能的指标很多，但从功能和接口电路的角度来看，最重要的有以下几项。

（1）存储容量。存储容量也称存储密度，是指存储器所能容纳二进制信息的总量。一位二进制数为最小单位（bit），8 位二进制数为一个字节（Byte），单位用 B 表示。存储容量较大时，通常采用 KB、MB、GB 或 TB 为单位。其中，$1KB=2^{10}B=1024B$，$1MB=2^{20}B=1024KB$，$1GB=2^{30}B=1024MB$，$1TB=2^{40}B=1024GB$。

微机系统通常是按字节编址的。例如，某微机系统的存储容量为 64KB，这就表明它所能存储的二进制信息为 524288（$64×1024×8$）位。

（2）存取速度。存取速度通常用存取时间来衡量。存取时间又称为访问时间或读/写时间，它是指从启动一次存储器操作到完成该操作所经历的时间。例如，读出时间是指从 CPU 向存储器发出有效地址和读命令开始，直到将被选单元的内容读出送上数据总线为止所用的时间；写入时间是指从 CPU 向存储器发出有效地址和写命令开始，直到信息写入被选中单元为止所用的时间。显然，存取时间越短，存取速度越快。存取时间通常用 ns（纳秒）表示。在一般情况下，超高速存储器的存取时间约为 10ns，高速存储器的存取时间约为几十纳秒，中速存储器的存取时间为 $100\sim250$ns，而低速存储器的存取时间约为 300ns。例如，SRAM 的存取时间约为 60ns，DRAM 的存取时间为 $120\sim250$ns。

（3）可靠性。可靠性是指在规定的时间内，存储器无故障读/写的概率。通常用平均无故障时间（Mean Time Between Failures，MTBF）来衡量可靠性。MTBF 可以理解为两次故障之间的平均时间间隔，越长说明存储器的性能越好。

（4）功耗。功耗反映存储器件耗电的多少，同时也反映了其发热的程度。功耗越小，存储器的工作稳定性越好。大多数半导体存储器的维持功耗小于工作功耗。

7.2 只读存储器

7.2.1 掩膜只读存储器

常用的只读存储器有掩膜 ROM、PROM、EPROM、E²PROM 和 Flash Memory 等多种类型。一般来说，存储器由存储矩阵、地址译码器和输出控制电路三部分组成，如图 7-1 所示。

图 7-1 ROM 的基本电路结构

存储矩阵由众多存储单元组成，每个存储单元存放 1 位二值数据。通常存储单元排列成矩阵形式，且按一定位数进行编组，每次读出一组数据，这里的组称为字。一个字中所含的位数称为字长。为了区别各个不同的字，给每个字赋予一个编号，称为地址。地址译码器将输入的地址代码译成相应的字单元控制信号，控制信号从存储矩阵中选出指定的存储单元，并将其中的数据送到输出控制电路。字单元也称为地址单元，地址单元的个数 N 与二进制地址码的位数 n 满足关系式 $N=2^n$。

输出控制电路一般包含三态缓冲器，以便与系统的数据总线连接。当需要数据读出时，可以有足够的驱动能力驱动数据总线，并将输出的电平变换为标准的逻辑电平；不需要数据输出时，三态缓冲器输出为高阻态，不会对数据总线产生影响。

掩膜 ROM 也称固定 ROM，器件生产厂家根据用户提供的存储内容，在制造时利用掩膜技术把数据写入存储器中，一旦 ROM 制成，其存储的内容就固定不变了，用户不能修改。掩膜 ROM 的存储矩阵可由二极管、晶体管或场效应管组成。图 7-2 是一个二极管 ROM 的结构示意图，该 ROM 具有两位地址输入码和 4 位数据。它的地址译码器由二极管与门组成。两位地址代码 A_1A_0 经译码后得到 4 个地址 $W_0\sim W_3$。存储矩阵由二极管或门构成。当 $W_0\sim W_3$ 每根线上给出高电平时，都会在 $D_0\sim D_3$ 输出一个 4 位的二值代码。通常将每个输出代码称为一个"字"，并将 $W_0\sim W_3$ 称为字线，将 $D_0\sim D_3$ 称为位线或数据线，将 A_1、A_0 称为地址线。该存储器有 4 个字，字长为 4 位。读操作时，只要给定地址代码并令 $EN'=0$，则指定地址内各存储单元所存的数据就会出现在输出数据线上。例如，地址码 $A_1A_0=01$ 时，译码器的输出中只有 W_1 为高电平，则 W_1 字线与所有位线交叉处的二极管均导通，使相应的位线变为高电平，其他字线均为低电平，与其相连的二极管均截止，所以存储阵列中交叉处没有二极管的位线为低电平，于是在数据输出端得到 $D_3D_2D_1D_0=$ 1011。由此看出，ROM 实际上属于组合逻辑电路，给定一组地址输入信号，便可得到一组输出（存储内容）。该 ROM 地址与内容的关系见表 7-1。

由以上分析可知，字线与位线交叉处相当于一个存储单元，此处若有二极管，则相当于存有 1 值，否则为 0 值。采用 MOS 工艺制作 ROM 时，译码器、存储矩阵和输出控制器都用 MOS 管组成，存储规律与此相同，字线与位线的交叉点上接有 MOS 管时相当于存 1，没有接 MOS 管时相当于存 0。

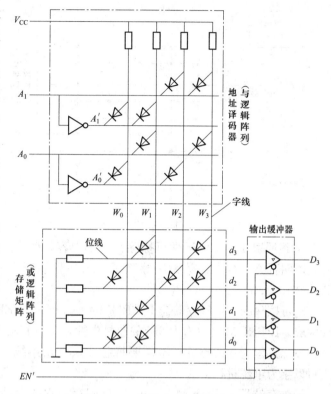

图 7-2　二极管 ROM 结构示意图

在实际应用中，常以字数和位数的乘积表示存储器的容量，存储器的容量越大，则意味着能存储的数据越多。例如，一个容量为 1024×8 位的存储器（$1024=2^{10}$），地址线为 10 根，字线为 1024 根，即有 1024 个字，字长为 8 位，即位线为 8 根，共有 8192 个存储单元。图 7-2 所示 ROM 的容量为 4×4 位。

表 7-1　　　　　图 7-2 中 ROM 存储的内容

输出使能控制	地　址		存储内容			
EN'	A_1	A_0	D_3	D_2	D_1	D_0
0	0	0	0	1	0	1
0	0	1	1	0	1	1
0	1	0	0	1	0	0
0	1	1	1	1	1	0
1	×	×	高阻			

图 7-2 中地址译码器为与逻辑阵列，存储矩阵为或逻辑阵列。实际中为简化作图，在地址译码器阵列和存储阵列中，交叉处接有器件的在交叉点上画一个圆点，未接器件的则不画圆点，按这种方法处理后的电路图称为点阵图。图 7-3 为图 7-2 的点阵图。

7.2.2　可编程只读存储器

由于掩膜 ROM 中的存储内容用户不能修改，这就限制了用户在某些场合的应用。掩膜 ROM 中的存储阵列如果采用带金属熔断器的二极管、SIMOS 管、Flotox MOS 管或快闪叠栅 MOS 管，就能制成各种可编程 ROM。一次可编程存储器（Programmable ROM，PROM）的存储阵列由带金属熔断器的二极管构成。出厂时，PROM 存储内容全为 1（或者全为 0），用户可以根据自己的需要，利用通用或专用的编程器将某些单元的熔断器熔断，

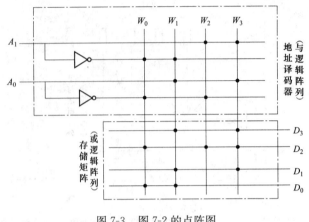

图 7-3 　图 7-2 的点阵图

来改写存储器的内容。由于熔断器熔断后不能恢复，因此 PROM 只能改写一次。PROM 仍不能满足使用过程中经常修改存储内容的需要。

光可擦除的可编程只读存储器 EPROM（Erasable PROM）的存储阵列由 SIMOS 管构成，其数据写入需要通用或专用的编程器。EPROM 芯片的封装外壳装有透明的石英盖板，用紫外线或 X 射线照射 15～20min 便可擦除其全部内容，擦除后可重新写入数据。有的 EPROM 没有装透明石英盖板，也就无法擦除了，用户只能写入一次，称为一次可编程（OTP-One Time Programmable）EPROM。

电可擦除的可编程存储器 E^2PROM（Electrically EPROM）的存储阵列由 Flotox MOS 管构成。E^2PROM 既具有 ROM 的非易失性，又具有写入功能，改写过程就是电擦除过程，且该擦除过程为在线擦除，不需要将芯片从电路系统中取出，可重复擦写 10 000 次以上，改写以字为单位进行。

闪烁存储器（Flash Memory）简称闪存，它的存储阵列由快闪叠栅 MOS 管构成，它的擦除和写入是分开进行的，通过在快闪叠栅 MOS 管的源极加正电压完成擦除操作，而在 MOS 管的栅极加高的正电压完成写入操作，因此写入前首先要进行擦除。由于闪烁存储器的存储单元只需要一个快闪叠栅 MOS 管，结构比 E^2PROM 更简单，所以集成度也更高。现在个人计算机（PC）里的硬盘很多已经是固态硬盘了，其主存储器就属于闪烁存储器。

可编程 ROM 的发展，实际上已经改变了 ROM 作为只读存储器的含义，不仅有读功能，也有了写功能。特别是闪烁存储器的大容量、可读写、非易失性，使其广泛应用于各种数码产品中。例如，移动硬盘已经取代了 PC 中原来的软盘。

ROM 的结构除了前面所述的并行结构外还有串行结构，即地址串行输入，数据也串行输入/输出，而且经常是地址和数据分时共用一个引脚。由于串行结构大大减少了芯片的引脚数，因此其体积可以做得很小，通常用在速度要求不太高、便携的场合。例如，日常生活中的各种 IC 卡、数码照相机中的 CF 卡及手机中的 SD 卡就属于这种结构。需要指出的是，随着数字系统运算速度的提高，串行存储器得到了越来越多的应用。

7.2.3　用 ROM 实现组合逻辑函数

ROM 作为只读存储器常用于存储系统的运行程序，同时 ROM 也是一种组合逻辑电路，因此可以用来实现各种组合逻辑函数，特别是多输入、多输出的逻辑函数。用 ROM 实现组合逻辑函数时，只需列出真值表，地址看作输入变量，存储内容看作输出函数，将内容按地址写入 ROM 即可。具有 n 位地址输入、m 位数据输出的 ROM 可以实现不超过 m 个的一组任意形式的 n 变量组合逻辑函数。这个原理也适用于 RAM。

例 7-1　试用 ROM 实现下列多输出逻辑函数。

$$\begin{cases} Y_1 = A'BC + A'B'C + BC'D \\ Y_2 = AC'D + B'C'D + ABCD \\ Y_3 = A'BCD' + AB'C'D' \\ Y_4 = AD + B'CD \end{cases}$$

解 列出上式的真值表，见表 7-2。

表 7-2   **例 7-1 的真值表**

A	B	C	D	Y_1	Y_2	Y_3	Y_4
0	0	0	0	0	0	0	0
0	0	0	1	0	1	0	0
0	0	1	0	1	0	0	0
0	0	1	1	1	0	0	1
0	1	0	0	0	0	0	0
0	1	0	1	0	1	0	0
0	1	1	0	1	0	1	0
0	1	1	1	1	0	0	0
1	0	0	0	0	0	1	0
1	0	0	1	0	1	0	1
1	0	1	0	0	0	0	0
1	0	1	1	0	0	0	1
1	1	0	0	0	0	0	0
1	1	0	1	1	1	0	1
1	1	1	0	0	0	0	0
1	1	1	1	0	1	0	1

由真值表可知，实现该组函数的 ROM 需有 4 位地址输入和 4 位数据输出，将 A、B、C、D 4 个输入变量分别接至地址输入端 $A_3A_2A_1A_0$，按表 7-2 中的函数值存入相应的数据，即可在数据输出端 $D_3D_2D_1D_0$ 得到 Y_1、Y_2、Y_3、Y_4，电路图如图 7-4 所示。图中的 CE 为 ROM 的片选信号，OE 为 ROM 的输出使能信号，两信号都是低电平有效，故在图中均接地。

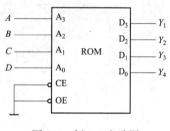

图 7-4   例 7-1 电路图

7.3 随机存取存储器

RAM 与 ROM 的最大区别就是数据易失性，一旦掉电，所存储的数据会立即丢失。RAM 的最大优点是可以随时读出或写入数据。RAM 又分为静态 RAM（SRAM）和动态 RAM（DRAM）。

7.3.1 静态随机存取存储器

1. SRAM 的基本结构

和 ROM 类似，SRAM 的基本结构也由存储矩阵、地址译码器和读写控制电路三部分组

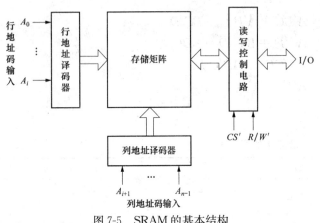

图 7-5　SRAM 的基本结构

成，其结构框图如图 7-5 所示。其中，$A_0 \sim A_{n-1}$ 是 n 根地址线，I/O 是双向数据线，CS' 是片选信号，R/W' 是读写控制信号。只有在 $CS' = 0$ 时，SRAM 才能进行读写操作，否则输出均为高阻态，SRAM 不能工作。为降低功耗，SRAM 中都设计有电源控制电路，当片选信号无效时，将降低 SRAM 的内部工作电压，使其处于微功耗状态。

SRAM 的存储矩阵也是由一些存储单元排列而成的，每个存储单元可以存储 1 位二值信息。在地址译码器和读写电路控制下，可以写入数据，也可以读出数据。在存储器中，通常将输入地址译码器分为行地址译码器和列地址译码器两部分。读/写控制电路用于对电路的工作状态进行控制。当读/写控制信号 $R/W' = 1$ 时，执行读操作，将由地址输入端指定的存储单元里的数据送到输入/输出端上；当 $R/W' = 0$ 时，执行写操作，输入/输出端上的数据被写入由地址输入端指定的存储器单元中。SRAM 的工作模式见表 7-3。

表 7-3　　　　SRAM 的工作模式

工作模式	CS'	R/W'	I/O
保持（微功耗）	1	$\times$	高阻
读	0	1	数据输出
写	0	0	数据输入

2. SRAM 存储单元

与 ROM 不同，SRAM 的存储单元是由锁存器构成的，是靠锁存器的自锁功能存储数据的，因此 SRAM 属于时序逻辑电路。图 7-6 画出了存储阵列中第 i 行、第 j 列的存储单元结构示意图，框中为六管 SRAM 存储单元。其中，VT1～VT4 构成一个 SR 锁存器用来存储 1 位二值数据。X_i 为行译码器的输出，Y_j 为列译码器的输出。VT5 和 VT6 为本单元控制门，做模拟开关使用，由行选择线 X_i 控制，$X_i = 1$ 时，VT5、VT6 导通，锁存器与位线接通；$X_i = 0$ 时，VT5、VT6 截止，锁存器与位线隔离。VT7、VT8 为一列存储单元公用的控制门，用于控制位线与数据线的连接状态，由列选择线 Y_j 控制。只有行选择线和列选择线均为高电平时，VT5～VT8 均导通，锁存器的输出才与数据线接通，该单元才能通过数据线传送数据。由此可见，SRAM 中的数据由锁存器记忆，只要不断电，数据就不会丢失。

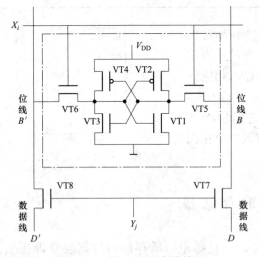

图 7-6　六管 SRAM 存储单元

7.3.2　同步静态随机存取存储器

同步静态随机存取存储器（Synchronous SRAM，SSRAM）是在 SRAM 的基础上发展起来的一种高速 RAM。SSRAM 与 SRAM 的主要差别是，SSRAM 的读写操作是在时钟脉冲控制下完成的，具有时钟脉冲输入端，而 SRAM 没有时钟输入端。为便于区别，前面介绍的 SRAM 也称为异步 SRAM，即 ASRAM（Asynchronous SRAM）。SSRAM 在时钟的上升沿传输数据，并且公用读写数据总线，读和写分时进行，也称单倍传输率静态随机存取存储器（Single Data Rate SRAM，SDR SRAM）。由于 SSRAM 采用与时钟同步的方式工作，使得 SSRAM 的读写速度高于 SRAM。目前 SSRAM 已广泛应用于各种同步工作的数字系统中，特别是与 CPU 一同工作的系统。SSRAM 常用于 PC、工作站、路由器内部的 CPU 高速缓存（Cache）、硬盘缓冲区、路由器缓冲区等。LCD 显示器或者打印机也常用 SSRAM 来缓存数据。

IT 行业的快速发展对存储器提出了更高的要求，高速、高密度、低功耗早已成为 RAM 发展的永恒主题。在 SSRAM 之后，各大 RAM 厂商又先后开发出双倍传输率静态随机存取存储器（Double Data Rate SRAM，DDR SRAM）和四倍传输率静态随机存取存储器（Quad Data Rate SRAM，QDR SRAM）。DDR SRAM 在每个时钟脉冲的上升沿和下降沿各传输一次数据，这样数据传输率比 SSRAM 提高了一倍，但读写仍是分时进行的。而 QDR SRAM 进一步改进了结构，为读和写操作分别提供了独立的接口，不但在每个时钟脉冲的上升沿和下降沿共传输两次数据，而且每次读写能够同时进行，其数据传输效率是 SSRAM 的四倍。对 DDR SRAM 和 QDR SRAM 的性能进一步改善后的产品称为 DDR Ⅱ SRAM 和 QDR Ⅱ SRAM。

7.3.3 动态随机存取存储器

前面介绍的 SRAM 存储单元由六个 MOS 管构成，所用的管子数目多，功耗大，集成度受到限制，动态随机存取存储器 DRAM 克服了这些缺点。DRAM 的存储单元由一个 MOS 管和一个容量较小的电容器构成，如图 7-7 所示。它存储数据的原理是电容器的电荷存储效应。当电容 C 充有电荷、呈现高电压时，相当于存有 1 值，反之为 0 值。由于电路中存在漏电流，电容上存储的数据不能长久保存，因此必须定期给电容补充电荷，以免存储数据丢失，这种操作称为刷新或再生。

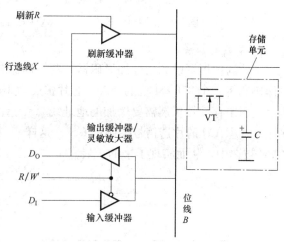

图 7-7 DRAM 的存储单元

与 SRAM 类似，DRAM 也有同步 DRAM（SDRAM）、双倍数据传输率 DRAM（DDR SDRAM）和四倍数据传输率 DRAM（QDR SDRAM）。由于 DRAM 的存储单元结构简单，其集成度远高于 SRAM，因此在同等容量下 DRAM 更廉价。目前 DDR2 SDRAM 和 DDR3 SDRAM 已经成为 PC 的主流内存。

7.4 存储器容量扩展

尽管各种容量的存储器产品已经很丰富，且最大容量已超过 1G bit，用户能够比较方便地选择所需要的芯片，但实际中只用单个芯片不能满足存储容量要求的情况仍然存在。微机中的内存条就是一个例子，它由焊接在一块印制电路板上的多个芯片组成。这种情况下便涉及存储器的容量扩展问题。扩展存储器容量可以通过增加位数或字数来实现。

1. 位数的扩展

通常 RAM 芯片的字长为 1、4、8、16 位和 32 位等，当需要的存储器系统的字长超过 RAM 芯片的字长时，就必须对 RAM 实行位扩展。

位扩展可以利用芯片的并联方式实现，即将 RAM 的地址线、读写控制线和片选信号对应地并联在一起，而各个芯片的数据输入/输出端作为字的各个位线。图 7-8 为用 4 个 4K×4 位的 RAM 芯片扩展成 4K×16 位的存储器系统。

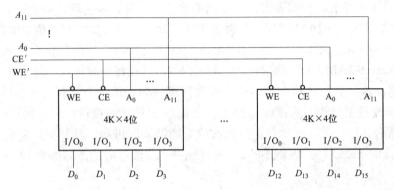

图 7-8　用 4 个 4K×4 位的 RAM 芯片扩展成 4K×16 位的存储器系统

2. 字数的扩展

字数的扩展可以利用外加译码器控制存储器芯片的片选信号来实现。例如，利用 2 线-4 线译码器将 4 个 256×4 位的 RAM 芯片扩展为 1024×4 位的存储器系统，扩展方式如图 7-9 所示。图中存储器扩展需要增加的地址线 A_9、A_8 与译码器的输入相连，译码器的输出分别接至 4 片 RAM 的片选信号控制端 CS'。这样，当输入一个地址码（$A_9 \sim A_0$）时，只有一片 RAM 被选中，从而实现了字的扩展。

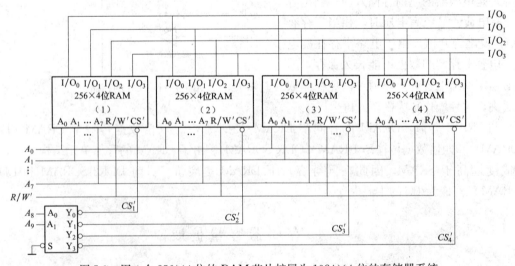

图 7-9　用 4 个 256×4 位的 RAM 芯片扩展为 1024×4 位的存储器系统

实际应用中，常将两种方法结合起来，以达到字和位同时扩展的要求。可见，无论需要多大的存储器系统，均可利用现有的存储器芯片，通过位数和字数的扩展来构成。

本 章 小 结

半导体存储器是一种能存储大量数据或信息的半导体器件。在半导体存储器中采用了按地址存取数据的办法，只有那些被地址译码器选中的单元才能对其进行读写。存储器由地址译码器、存储矩阵、输入/输出电路三部分组成。

半导体存储器有多种类型，按存取功能的不同分为 ROM 和 RAM 两大类，ROM 属于组合逻辑电路，而 RAM 属于时序逻辑电路。根据存储单元电路结构和工作原理的不同，ROM 又分为掩膜 ROM、PROM、EPROM、E^2PROM、FLASH ROM 等几种类型，RAM 又分为 SRAM 和 DRAM。SRAM 由于采用了锁存器结构，使用时不需要刷新，控制方便，主要用于存储容量较小的嵌入式系统中；DRAM 靠电容存储信息，需要定时刷新，但其集成度高、容量大，主要用于通用计算机系统。

将存储器的地址线作为输入变量，数据线作为函数，可以实现多输入、多输出的组合逻辑函数。

当使用一片存储器不能满足存储容量的要求时，就需要将若干片 ROM 或 RAM 组合起来，扩展为容量更大的存储器。存储器扩展要确定所需的存储器片数，以及地址线、数据线和控制信号线的连接。

习 题

7.1 如何表示存储器的容量？

7.2 若某存储器的容量为 256K×4 位，则该存储器的地址线和数据线各有多少根？

7.3 ROM 的基本结构是怎样的？

7.4 闪存属于 ROM 还是 RAM？有什么特点？

7.5 SRAM 和 DRAM 有什么区别？

7.6 有一容量为 16K×8 位的 RAM，试问：

(1) 该 RAM 有多少个基本存储单元？

(2) 该 RAM 有多少根数据引线？

(3) 该 RAM 有多少根地址引线？

7.7 设存储器的起始地址全为 0，指出下列存储系统的最高地址的十六进制地址码为多少。

(1) 2K×4；(2) 16K×8；(3) 512K×16。

7.8 将 8 位二进制数转换成用 BCD 码表示的十进制数，需要多大容量的存储器？

7.9 使用 ROM 设计一个组合逻辑电路，实现如下逻辑函数，写出 ROM 中应存入的数据表。

$$\begin{cases} Y_1 = A'BC' + A'B'C + BC'D' \\ Y_2 = ACD' + AB'CD + ABCD' \\ Y_3 = A'C'D' + B'C'D \\ Y_4 = A'D + B'CD \end{cases}$$

7.10　用 ROM 实现二进制码与格雷码的相互转换电路，要求当控制位 C＝0 时实现二进制码到格雷码的转换，C＝1时实现格雷码到二进制码的转换。

7.11　试用 EPROM 实现全加器，列出 EPROM 的数据表，画出存储矩阵的点阵图。

7.12　已知 PROM 的点阵图如图 7-10 所示，试写出三个输出函数的表达式，并化简成最简与或式。

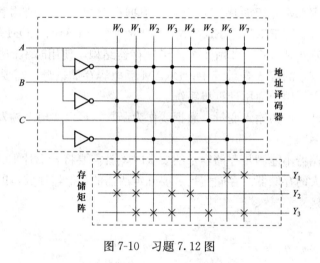

图 7-10　习题 7.12 图

7.13　试用如图 7-11 所示的 8×4 位的 RAM 分别扩展为 16×4 位 RAM 和 32×16 位 RAM，画出逻辑图。

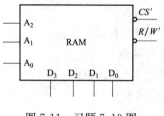

图 7-11　习题 7.13 图

7.14　试用具有片选端 CS'、输出使能端 OE'、读写控制 R/W'、容量为 4K×4 位的 SRAM 设计一个 8K×8 位的存储器系统，画出逻辑图。

8 可编程逻辑器件

【引入】

前面章节学过的中小规模集成电路的逻辑功能都比较简单，且是固定不变的，属于通用型数字集成电路。从理论上讲，用这些通用型中小规模集成电路可以组成任何复杂的数字系统，但如果能把一个复杂的数字系统集成在一片芯片上，则不仅能减小集成电路的体积、重量和功耗，而且可以大大提高电路的可靠性，可编程逻辑器件就是在这样的背景下产生的。可编程逻辑器件虽然是作为一种通用器件生产的，但其逻辑功能由用户通过对器件编程来设定，而且其集成度可以做得很高，这样就可以通过编程将一个数字系统集成在一个器件内。

使用可编程逻辑器件时，需要在硬件描述语言的软件平台进行编程、仿真和调试，最后把程序下载到可编程器件中。

8.1 概   述

可编程逻辑器件（Programmable Logic Device，PLD）的功能不是固定不变的，而是可根据用户的需要进行改变，即由编程的方法来确定器件的逻辑功能。PLD 如同一张白纸或是一堆积木，工程师可以通过传统的原理图输入法，或是硬件描述语言自由地设计一个数字系统。通过软件仿真，可以事先验证设计的正确性。在 PCB 完成以后，还可以利用 PLD 的在线修改能力，随时修改设计而不必改动硬件电路。使用 PLD 来开发数字电路，可以大大缩短设计时间，减少 PCB 面积，提高系统的可靠性。

PLD 自 20 世纪 70 年代出现以来，经过不断发展和改进，主要有以下几种：可编程阵列逻辑（Programmable Array Logic，PAL）、通用阵列逻辑（Generic Array Logic，GAL）、复杂可编程逻辑器件（Complex Programmable Logic Device，CPLD）和现场可编程门阵列（Field Programmable Gate Array，FPGA）。第 7 章所讲的 EPROM 也是一种可编程逻辑器件，只是实际中绝大多数情况下用作存储器。

PLD 的分类方法有多种，按照 PLD 门电路的集成度可以分为低密度 PLD 和高密度 PLD，1000 门以下的为低密度 PLD，如 EPROM、PAL 和 GAL 等；1000 门以上的为高密度 PLD，如 CPLD 和 FPGA 等。按照 PLD 的结构体系，可分为简单 PLD 和复杂 PLD，PAL 和 GAL 属于简单 PLD，CPLD 和 FPGA 属于复杂 PLD。

PLD 的一般结构框图如图 8-1 所示，与阵列和或阵列是它的基本部分，通过对与阵列、或阵列的编程实现所需的逻辑功能。输入电路由输入缓冲器组成，通过它可以得到驱动能力强并且互补的输入信号送到与阵列。有些 PLD 的输入电路也包含锁存器和寄存器等时序电路。输出电路主要分为组合和时序两种方式，组合方式的输出经过三态门，时序方式的输出经过寄存器和三态门。有些电路可以根据需要将输出反馈到与阵列的输入，以增加器件的灵活性。

在表示 PLD 时，为便于画图，一般采用简化的方法。该方法中连接方式的画法如图 8-2 所示。

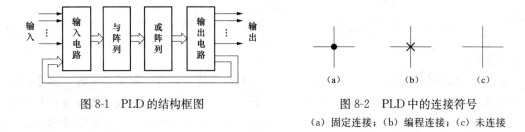

图 8-1 PLD 的结构框图

图 8-2 PLD 中的连接符号
（a）固定连接；（b）编程连接；（c）未连接

在 PLD 的与阵列和或阵列中，每个交义点称为一个单元，单元的连接方式有三种情况。在图 8-2 中，（a）图的固定连接是硬线连接，不能通过编程改变；（b）图中的编程连接是指通过用户编程实现的连接；（c）图中的未连接是指通过编程实现的断开状态，也称编程擦除。

PLD 中的基本门电路符号如图 8-3 所示。

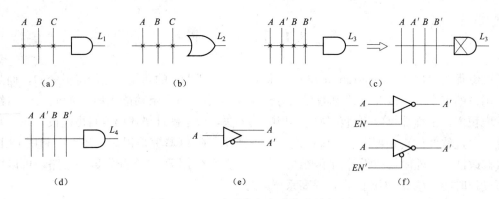

图 8-3 PLD 中基本门电路的表示方法
（a）与门；（b）或门；（c）输出恒为 0 的与门；（d）输出为 1 的与门；
（e）输入缓冲器；（f）三态输出缓冲器

在图 8-3 中，图（a）表示 $L_1=ABC$；图（b）表示 $L_2=A+B+C$；图（c）中 $L_3=AA'BB'=0$，与门的输出恒为 0，可以用图中的简化画法；图（d）中与门的所有输入均不接通，表示输出为 1；图（e）为具有互补输出的输入缓冲器；图（f）为三态输出缓冲器。

用于 PLD 编程的开发系统由硬件和软件两部分组成。硬件部分包括计算机和专门的编程器，软件部分有各种编程软件。这些编程软件功能强大，操作简单，而且一般都可以在普通的计算机上运行。利用这些开发系统，就可以便捷地完成 PLD 的编程工作，大大提高设计的效率。近年出现的在系统可编程器件（In System Programmable，ISP）的编程就更简单了，它不需要专门的编程器，只需将计算机运行产生的编程数据直接写入 PLD 即可。

可编程片上系统（System on Chip，SoC）是另一种可编程器件，它是以处理器为中心的平台，能够在单芯片上提供软、硬件和 I/O 可编程功能。多核处理器和可编程逻辑可实现器件更少、速度更快且性能更出色的处理系统。

8.2 复杂可编程逻辑器件

8.2.1 CPLD 的电路结构

随着微电子技术的发展和实际应用的需求，PAL 和 GAL 等简单 PLD 在集成度和性能方面越来越难以满足要求，因此集成度更高、功能更强的复杂可编程逻辑器件 CPLD 便迅速发展起来。将若干个类似于 GAL 的功能模块和实现互联的开关矩阵集成在同一芯片上，就构成了复杂可编程逻辑器件（CPLD）。CPLD 多采用 CMOS 工艺制作。为了使用方便，现在的 CPLD 都做成了在系统可编程器件 ispPLD，在 ispPLD 中除了原有的可编程逻辑电路以外，还集成了编程所需的高压脉冲产生电路及编程控制电路。这样，编程时就不需要使用另外的编程器，也不用将 ispPLD 从印制电路板上拔出，在正常的工作电压下就可以完成对器件的编程。而且利用 ISP 技术，还可以实现系统在线远程升级。

CPLD 的种类和型号繁多，目前各大半导体器件生产商在不断推出 CPLD 新产品。各种 CPLD 虽然在具体结构形式上各不相同，但基本上都由若干个可编程的逻辑模块、输入/输出（I/O）模块和一些可编程的内部连线阵列组成。

下面以 Xilinx 公司的 XC9500XL 系列为例介绍 CPLD 器件。XC9500XL 系列包括 XC9536XL、XC9572XL、XC95144XL 和 XC95288XL 共 4 种型号，含有 JTAG 测试接口电路、在系统可编程电路、支持热插拔，且数据安全特性增强。图 8-4 所示为 XC9500XL 系列 CPLD 器件的结构框图。

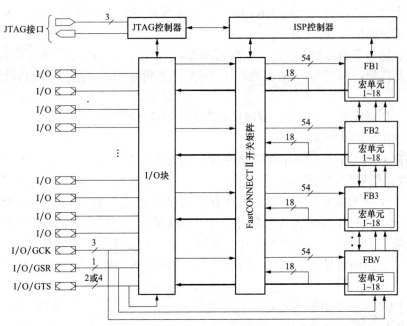

图 8-4 XC9500XL 系列 CPLD 的结构框图

XC9500XL 系列器件包含多个功能块、FastCONNECT Ⅱ 开关矩阵、输入/输出块、JTAG 控制器和 ISP 控制器。每个功能块提供具有 54 个输入和 18 个输出的可编程能力；

FastCONNECT Ⅱ开关矩阵将所有输入信号和 FB 的输出连接到 FB 的输入端；输入/输出块为器件的输入和输出提供了缓冲。图 8-4 中，GCK 为全局时钟，GSR 为全局置位/复位信号，GTS 为全局输出使能信号。

1. 功能块

功能块（Function Block，FB）也称逻辑阵列模块（Logic Array Block，LAB）、通用逻辑模块（Generic Logic Block，GLB），其结构如图 8-5 所示。

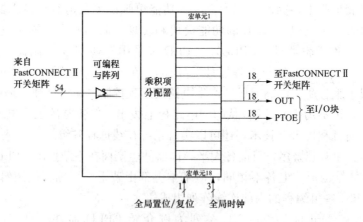

图 8-5　功能块的结构

每个功能块由 18 个独立的宏单元组成，每个宏单元可实现一个组合电路和寄存器的功能。功能块能接收来自开关矩阵的输入及全局时钟信号、输出使能信号和复位/置位信号。功能块产生 18 个输出信号驱动 FastCONNECT Ⅱ 开关矩阵，这 18 个信号和相应的输出使能信号也可以驱动输入/输出块。

功能块利用一个积之和的表达式实现其功能，54 个输入连同其互补信号共 108 个信号进入可编程与阵列，形成 90 个乘积项，这些乘积项通过乘积项分配器分配到每个宏单元。

2. 宏单元

XC9500XL 器件的每个宏单元可以单独配置成组合逻辑或时序逻辑功能，宏单元及相应的功能块逻辑图如图 8-6 所示。

来自与阵列的 5 个乘积项用作原始的数据输入来实现组合逻辑功能，也可用作时钟信号、复位/置位信号和输出使能信号的控制输入。乘积项分配器的功能与每个宏单元如何选择利用这 5 个乘积项有关。宏单元的寄存器可以配置成 D 触发器或 T 触发器，也可以被旁路，让宏单元只作为组合逻辑使用。每个寄存器均支持非同步的复位和置位。在加电期间，所有的用户寄存器都被初始化为用户定义的预加载状态，默认值为 0。所有的全局控制信号，包括时钟信号、置位/复位信号和输出使能信号，对每个单独的宏单元都是有效的。

3. FastCONNECT Ⅱ 开关矩阵

FastCONNECT Ⅱ 开关矩阵信号连接到功能块的输入端，如图 8-7 所示。所有输入/输出块和所有功能块的输出连接到 FastCONNECT Ⅱ 开关矩阵。开关矩阵的所有输出都可通过编程选择驱动功能块，每个功能块最多可接收 54 个来自开关矩阵的输入信号。所有从开关矩阵到功能块的信号延时是相同的。

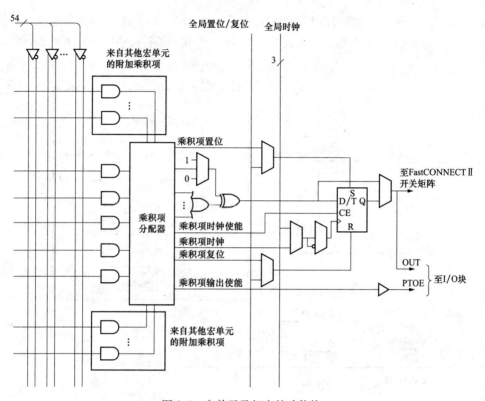

图 8-6　宏单元及相应的功能块

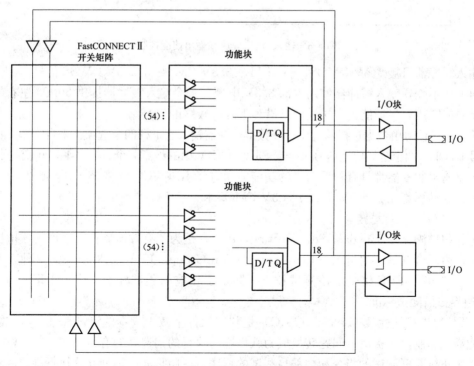

图 8-7　FastCONNECT Ⅱ 开关矩阵

4. 输入/输出块

输入/输出块（IOB）连接用户 I/O 引脚和内部逻辑电路。每个输入/输出块包括一个输入缓冲器、一个输出驱动器、一个输出使能数据选择器和一个用户编程接地控制，如图 8-8 所示。

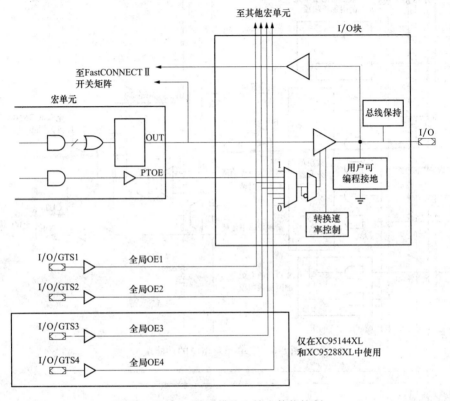

图 8-8 输入/输出模块和输出使能控制

输入缓冲器可接受 5V CMOS、5V TTL、3.3V CMOS 和 2.5V CMOS 信号。为保证输入阈值电压不变，输入缓冲器使用内部 3.3V 电源。每个输入缓冲器提供 50mV 左右的滞回来降低系统噪声，保证能正常接受上升沿和下降沿较缓的信号。

输出使能信号由数据选择器提供，该数据选择器输入有下列四个选项：来自宏单元的乘积项信号 PTOE、四个全局使能信号（全局 OE1~OE4）中的任意一个、高电平 1 和低电平 0。

每个输出驱动器都具有降低噪声的功能。通过将引脚 VCCIO 接至 3.3V 或 2.5V 电源，所有输出驱动器都能驱动 5V TTL、3.3V CMOS 和 2.5V CMOS 电平。

5. JTAG 边界扫描接口

边界扫描测试（Boundary Scan Testing，BST）是为了有效地进行大规模集成电路的在板测试而由联合测试行动组织（Joint Test Action Group，JTAG）提出来的一种新型测试技术。1990 年，IEEE 接受了该测试技术，制定了相应的测试标准，称为 IEEE 1149.1—1990 边界扫描测试标准。

IEEE 边界扫描标准 1149.1（JTAG）是利用软件来减少成本的测试标准，其主要好处是它能够把印制电路板测试问题转换成为软件容易执行的构造好的有效方案。JTAG 标准定义了用来执行互联测试的指令和内部自测试的程序。专门扩充的标准允许执行维修和诊断应用及编程重新配置的算法。

JTAG 标准规定了 4 个引脚：TMS-编程模式控制、TCK-编程时钟、TDI-编程数据输入、TDO-编程数据输出。多个 CPLD 串行编程时，按边界扫描连接的所有器件共享 TCK 和 TMS 信号。系统的 TDI 信号连接到边界扫描链中的第一个器件的 TDI，第一个器件的 TDO 信号连接到第二个器件的 TDI，依次类推。链中最后一个器件的 TDO 连接到系统的 TDO。ISP 器件的编程连接示意图如图 8-9 所示。图中的 CPLD 具有 ISP 功能。

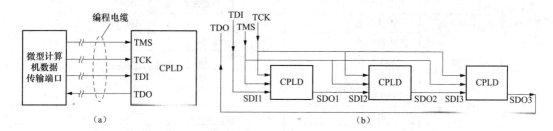

图 8-9 ISP 器件的编程连接

（a）单个 ISP 器件编程连接；（b）多个 CPLD 串行编程连接

XC9500XL 系列器件完全支持 JTAG 标准。每个器件支持 EXTEST、SAMPLE/PRE-LOAD、BYPASS、USERCODE、INTEST、IDCODE、HIGHZ 和 CLAMP 指令。所有的系统内编程、擦除和校验指令作为完全兼容的扩充 1149.1 指令集被执行。

XC9500XL 器件通过标准的 JTAG 协议实现在系统编程。对器件编程可以利用 Xilinx 公司提供的下载电缆，也可以使用第三方 JTAG 开发系统、JTAG 兼容的板级测试仪或仿真 JTAG 指令的微处理器接口。

8.2.2　几种典型的 CPLD 产品

目前在世界范围内 CPLD 器件的著名生产商已超过 10 家，其中占据市场份额前三名的分别是 Altera 公司、Xilinx 公司和 Lattice 公司。各大生产商仍在不断开发出集成度更高、速度更快、功耗更低的 CPLD 新产品。表 8-1 所示为几种典型的 CPLD 产品。在选择 CPLD 产品型号时，要注意生产商网站公布的产品过期信息，不要选择那些已经停止生产或即将停止生产的产品型号，以免给后续工作带来不必要的麻烦。

表 8-1　　　　　　　　　　几种典型的 CPLD 产品

厂家	系列	型号	逻辑块	宏单元密度	宏单元总个数	最高工作频率/MHz	工作电压/V
Altera	MAX3000A	EPM3032A	2	16	32	227.3	3.3
		EPM3064A	4	16	64	222.2	3.3
		EPM3128A	8	16	128	192.3	3.3
		EPM3256A	16	16	256	126.6	3.3
		EPM3512A	32	16	512	116.3	3.3
	MAX II[①]	EPM240	240	—	192	304	3.3/2.5/1.8
		EPM570	570	—	440	304	3.3/2.5/1.8
		EPM1270	1270	—	980	304	3.3/2.5/1.8
		EPM2210	2210	—	1700	304	3.3/2.5/1.8
	MAX V[①]	5M40Z	40	—	32	152	1.8
		5M160Z	160	—	128	152	1.8
		5M570Z	570	—	440	152	1.8
		5M2210Z	2210	—	1700	304	1.8

续表

厂家	系列	型号	逻辑块	宏单元密度	宏单元总个数	最高工作频率/MHz	工作电压/V
Xilinx	XC9500XL	XC9536XL	2	18	36	178	3.3
		XC9572XL	4	18	72	178	3.3
		XC95144XL	8	18	144	178	3.3
		XC95288XL	18	18	288	208	3.3
	CoolRunner-Ⅱ	XC2C32A	2	16	32	323	1.8
		XC2C64A	4	16	64	263	1.8
		XC2C128A	8	16	128	244	1.8
		XC2C256A	16	16	256	256	1.8
		XC2C512A	32	16	512	179	1.8
Lattice	ispMACH 4000V/B/C	4032	2	16	32	400	3.3/2.5/1.8
		4064	4	16	64	400	3.3/2.5/1.8
		40128	8	16	128	333	3.3/2.5/1.8
		40256	16	16	256	322	3.3/2.5/1.8
		40384	24	16	384	322	3.3/2.5/1.8
		40512	32	16	512	322	3.3/2.5/1.8

① 表示 Altera 公司的 MAX Ⅱ 系列和 MAX Ⅴ 系列内部结构和其他 CPLD 有所不同，它们的内部不含有逻辑块，而是逻辑单元（Logic Element，LE）。表格中这两个系列逻辑块栏为逻辑单元数量，宏单元总个数为等效的宏单元数量。

8.3 现场可编程门阵列

现场可编程门阵列 FPGA 是美国 Xilinx 公司 1984 年首先推出的大规模可编程集成逻辑器件。后来 Altera 公司、Lattice 公司、Atmel 公司及 Atcel 公司等也都陆续推出了自己的 FPGA。FPGA 不像 CPLD 那样采用可编程的与或阵列来实现逻辑函数，而是采用查找表（Look-Up Table，LUT）实现逻辑函数。这种不同于 CPLD 的结构特点，使 FPGA 中可以包含数量众多的 LUT 和触发器，从而能够实现更大规模、更复杂的逻辑电路，避免了与或阵列结构上的限制及 I/O 端数量上的限制。

近年来，集成电路的制作工艺不断提高，28nm 工艺和 20nm 工艺已经有了成熟的产品，最近 Xilinx 公司的 16nm 工艺和 Altera 公司的 14nm 工艺高端 FPGA 也已投入市场。这就使得 FPGA 的集成度大大提高，同时功耗不断降低，功能和性能大幅度提高，这些优点使 FPGA 成为目前设计数字电路或系统的首选器件之一。

8.3.1 查找表（LUT）

在 FPGA 中实现组合逻辑功能的基本电路是 LUT 和数据选择器，而触发器仍是实现时序逻辑功能的基本电路。LUT 的本质是一个 SRAM。一般 FPGA 中使用 4 个或 6 个输入、1 个输出的 LUT，所以每个 LUT 可以看成是一个有 4 根或 6 根地址线的 16×1 位或 64×1 位的 SRAM。

SRAM 实现组合逻辑函数的原理与第 7 章 ROM 的实现原理相同。下面以 4 个输入的 LUT 为例进行说明。现要求用 LUT 实现逻辑函数 $Y=A'CD+AB'C'D+BC'$。首先列出 Y 的真值表，见表 8-2。以 $ABCD$ 作为地址，将 Y 的值写入 SRAM 中即可，如图 8-10 所示。

表 8-2				Y 的真值表
A	B	C	D	Y
0	0	0	0	0
0	0	0	1	0
0	0	1	0	0
0	0	1	1	1
0	1	0	0	1
0	1	0	1	1
0	1	1	0	0
0	1	1	1	1
1	0	0	0	0
1	0	0	1	1
1	0	1	0	0
1	0	1	1	0
1	1	0	0	1
1	1	0	1	1
1	1	1	0	0
1	1	1	1	0

这样对每一组输入信号 ABCD 进行逻辑运算，就相当于输入一个地址进行查表，查到该地址对应的内容作为输出，在 Y 端便得到该组输入信号逻辑运算的结果。

当用户通过编程软件把数据写入 SRAM 后，LUT 就有了确定的逻辑功能。由于 SRAM 掉电会丢失数据，所以 FPGA 一般需要一个外部的 PROM 或 E^2 PROM 保存编程数据。上电后，FPGA 首先从外部读入编程数据进行初始化，然后再开始正常工作。

由于一般的 LUT 为 4 输入结构，当要实现多于 4 变量的逻辑函数时，就需要用多个 LUT

级联。FPGA 中的 LUT 是通过数据选择器完成级联的。图 8-11 所示是由 2 个 LUT 和 1 个 2 选 1 数据选择器实现 5 变量任意逻辑函数的原理图。该电路实际上是将 2 个 16×1 位的 LUT 扩展成 32×1 位。A 相当于 5 位地址的最高位，当 A=0 时，选通 LUT0，当 A=1 时，选通 LUT1，从而可实现任意 5 变量的组合逻辑函数。

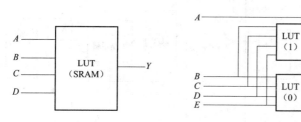

图 8-10 4 输入 LUT   图 8-11 LUT 通过级联实现 5 变量逻辑函数

在 LUT 和数据选择器的基础上再增加触发器，便可构成既可实现组合逻辑电路功能又可实现时序逻辑电路功能的基本逻辑单元电路。FPGA 中就有很多类似这样的基本逻辑单元，用来实现各种复杂的逻辑功能。

由于 SRAM 中的数据理论上可以进行无限次写入，所以基于 SRAM 技术的 FPGA 可以进行无限次的编程。

8.3.2 FPGA 的结构

FPGA 的种类繁多，内部结构各不相同，各功能类似的功能块的名字也不同。这里以 Xilinx 公司的早期产品 Spartan-Ⅱ系列进行介绍。图 8-12 所示为 Spartan-Ⅱ系列 FPGA 的结构示意图。

Spartan-Ⅱ系列 FPGA 主要包括可配置逻辑块（Configurable Logic Block，CLB）、RAM 块、输入/输出块和延时锁环（Delay-Locked Loop，DLL）等，这些单元通过内部布线通道连

接。CLB 是实现各种逻辑功能的基本单元，包括组合逻辑、时序逻辑和加法器等运算功能。可编程的输入/输出块是芯片外部引脚与内部数据进行交换的接口电路，通过编程可将 I/O 引脚设置成输入、输出和双向三种不同的功能。DLL 可以控制和修正内部各部分时钟的传输延迟时间，保证逻辑电路可靠地工作，同时也可以产生相位滞后 0°、90°、180°和 270°的时钟脉冲，还可以产生倍频或分频时钟。

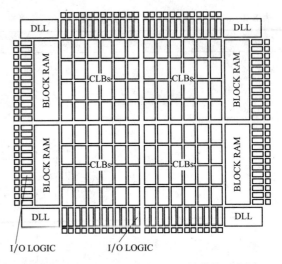

各 CLB 之间的多层布局布线区，分布着可编程布线资源，通过它们可实现 CLB 与 CLB 之间、CLB 与输入/输出块之间及全局时钟等信号与 CLB 和输入/输出块之间的连接。

图 8-12　Spartan-Ⅱ系列 FPGA 的结构示意图

在一些高端 FPGA 中，已将乘法器、数字信号处理器和收发器等集成在内部，大大增强了 FPGA 的功能。同时为了使芯片稳定可靠地工作，其内部都设有数字时钟管理模块。

1. 可配置逻辑块（CLB）

CLB 是 FPGA 的基本逻辑单元，每种型号的 FPGA 中 CLB 的数量各不相同，它可实现大多数逻辑功能，其简化的原理框图如图 8-13 所示。

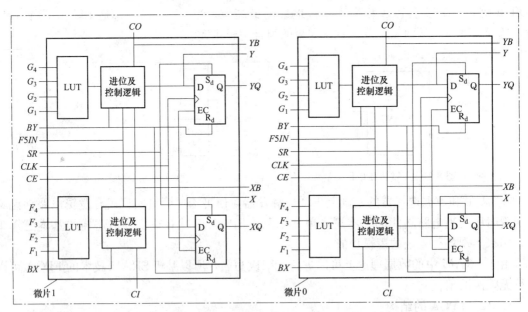

图 8-13　Spartan-Ⅱ系列 FPGA 简化的 CLB 原理框图

Spartan-Ⅱ系列 FPGA 的每个 CLB 由两个微片（Slice）构成，每个微片中包含两个 4 输入 LUT、两个进位及控制逻辑、两个 D 触发器。由于在一个微片中共含有 4 个 4 输入 LUT，和内部的数据选择器结合起来，可实现任意 4～6 个变量的组合逻辑函数。4 变量逻辑函数使用 1 个 LUT，5 变量逻辑函数使用两个 LUT，6 变量逻辑函数使用 4 个 LUT。为实现加法运算，在微片中专门设计了进位链，一个微片可以完成两位二进制的加法运算。LUT 和触发器结合，可以方便地实现时序逻辑电路。

CLB 的输入来自可编程布线区，其输出再回到内部布线区。灵活的互连布线负责在 CLB 和 I/O 之间传递信号。布线有几种类型，如用于专门实现 CLB 互连的布线、器件内的高速水平和垂直长线、时钟与其他全局信号的布线等。

2. 输入/输出块

输入/输出块是 FPGA 外部引脚和内部逻辑间的接口。每个输入/输出块对应一个封装引脚，通过对输入/输出块编程，可将引脚分别定义为输入、输出和双向功能。输入/输出块的简化原理图如图 8-14 所示。

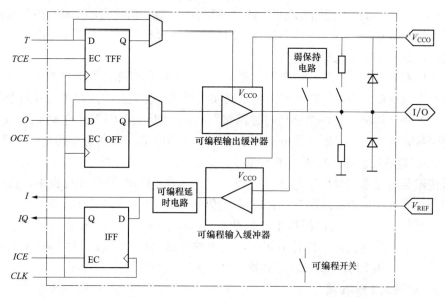

图 8-14　输入/输出块简化原理框图

输入/输出块中有输入和输出两条信号通路。当 I/O 引脚用做输出时，内部逻辑信号由 O 端进入输入/输出块，由可编程数据选择器确定是直接送输出缓冲器还是经过 D 触发器寄存后再送输出缓冲器。输出缓冲器使能信号 T 可以直接控制输出缓冲器，也可以通过触发器 TFF 后再控制输出缓冲器。当 I/O 引脚用做输入时，引脚上的输入信号经过输入缓冲器，可以直接由 I 进入内部逻辑电路，也可以经过触发器 IFF 寄存后由 IQ 输入到内部逻辑电路中。没有用到的引脚被预置成高阻态。

可编程延时电路可以控制输入信号进入的时机，保证内部逻辑电路协调工作。3 个触发器可编程配置为边沿触发或电平触发方式，它们共用一个时钟信号 CLK，但有各自的时钟使能控制信号。这样可方便地实现同步输入/输出。

输入和输出缓冲器及输入/输出块中所有的信号，均有独立的极性控制电路，可以控制信号是否反相、使能信号是高有效还是低有效、触发器是上升沿触发还是下降沿触发等。图中的两个钳位二极管具有瞬时过压保护和静电保护作用，上拉电阻、下拉电阻和弱保持电路可通过编程配置给 I/O 引脚。弱保持电路监视并跟踪 I/O 引脚输入电压的变化，当连至引脚的总线上所有驱动信号全部无效时，弱保持电路将维持在引脚最后一个状态的逻辑电平上，可以避免总线处于悬浮状态，以消除总线抖动。

3. 可编程布线资源

FPGA 中有多种布线资源，包括局部布线资源、通用布线资源、I/O 布线资源、专用布线资源和全局布线资源等，它们分别承担了不同的连线任务。

（1）局部布线资源。局部布线资源是指进出 CLB 信号的连线资源，主要包括三部分连接：CLB 到通用布线矩阵（General Routing Matrix，GRM）之间的连接；CLB 的输出到自身输入的高速反馈连接；CLB 到相邻 CLB 间的直通快速连接。

（2）通用布线资源。通用布线资源由 GRM 及其连线构成。GRM 是行线资源和列线资源互联的开关矩阵。通用布线资源是 FPGA 中主要的内连资源。

（3）I/O 布线资源。在 CLB 阵列与输入/输出块接口的外围有附加的布线资源，通过对这些布线资源的编程，可以方便地实现引脚的交换和锁定，使引脚位置的变动与内部逻辑无关。

（4）专用布线资源。除了上述布线外，FPGA 中还含有具有特殊用途的横向片内三态总线和纵向进位链的专用布线资源。

（5）全局布线资源。全局布线资源主要用于分配时钟信号和其他贯穿整个器件的高扇出信号。这些布线资源分为主、次两级。主全局布线资源与提供高扇出时钟信号的专用输入引脚构成 4 个专用全局网络，每个全局时钟网络可以驱动所有的 CLB、输入/输出块和 RAM 块的时钟引线，有 4 个全局缓冲器分别驱动这 4 个全局网络。次全局布线资源由 24 根干线组成，12 根穿越芯片顶部，12 根穿越底部。

信号传输延时是限制器件工作速度的根本原因。在 FPGA 的设计过程中，由软件进行优化确定电路布局的位置和线路选择，以减小传输延迟时间，提高工作速度。

以上介绍的 FPGA 的内部结构主要是针对 Xilinx 公司的 Spartan-Ⅱ 系列产品，其他型号、其他公司的产品的内部结构各不相同，这里的介绍主要是让读者对 FPGA 的内部结构有初步的了解。使用 FPGA 做设计时必须仔细阅读所选型号的技术资料。

8.3.3　中高端 FPGA 简介

随着半导体工艺的进一步提高，FPGA 的发展速度也相当快，大的 FPGA 生产商不断推出功能强大、低功耗、高密度的产品，如 Lattice 公司的 ECP5 系列、MachXO2 系列、MachXO3 系列，Xilinx 公司的 Artix-7 系列、Kintex-7 系列和 Virtex-7 系列，Altera 公司的 Stratix 10 系列、Stratix Ⅴ 系列和 Arria 10 系列等。这些中高端 FPGA 在通信、航空航天、医疗、工业、汽车、消费类电子等各领域有着广泛的应用。表 8-3 列出了 Xilinx 公司系列中高端 FPGA 的特性。

表 8-3　　　　　　　　　　　**Xilinx 公司系列中高端 FPGA 的特性**

系　列 特　性	Artix-7	Kintex-7	Virtex-7	Spartan-6	Virtex-6
逻辑单元数	215 000	480 000	2 000 000	150 000	760 000
BlockRAM	13Mb	34Mb	68Mb	4.8Mb	38Mb
DSP 片	740	1920	3600	180	2016
DSP 性能（对称 FIR）	930GMACS	2845GMACS	5335GMACS	140GMACS	2419GMACS
收发器数量	16	32	96	5	72
收发器速度	6.6Gb/s	12.5Gb/s	28.05Gb/s	3.2Gb/s	11.18Gb/s
总收发器带宽（全双工）	211Gb/s	800Gb/s	2784Gb/s	50Gb/s	536Gb/s
存储器接口（DDR3）	1066Mb/s	1866Mb/s	1866Mb/s	800Mb/s	1066Mb/s

续表

特　性 ＼ 系　列	Artix-7	Kintex-7	Virtex-7	Spartan-6	Virtex-6
PCI Express 接口	有	有	有	有	有
模拟混合信号（AMS）/XADC	有	有	有	—	有
配置 AES	有	有	有	有	有
I/O 引脚数	500	500	1200	576	1200
I/O 电压	1.2V、1.35V、1.5V、1.8V、2.5V、3.3V	1.2V、1.35V、1.5V、1.8V、2.5V、3.3V	1.2V、1.35V、1.5V、1.8V、2.5V、3.3V	1.2V、1.5V、1.8V、2.5V、3.3V	1.2V、1.5V、1.8V、2.5V

8.3.4　FPGA 和 CPLD 的选择

FPGA 是基于 SRAM 的架构，集成度高，以可配置逻辑块 CLB（包括查找表、触发器等）为基本单元，有内嵌 Memory、DSP 等，支持的输入/输出标准丰富。大部分 FPGA 具有易失性，需要有上电加载过程。在实现复杂算法、队列调度、数据处理、高性能设计、大容量缓存设计等领域中有广泛应用。

CPLD 基于 E^2PROM 工艺，集成度相对较低，以宏单元（包括组合逻辑与寄存器等）为基本单元，具有非易失性，可以重复写入，在组合逻辑、地址译码、简单控制等设计中有广泛应用。具体来说，选择时可以参考以下几点。

（1）CPLD 更适合完成各种算法和组合逻辑，FPGA 更适合于完成时序逻辑。换句话说，FPGA 更适合于触发器丰富的结构，而 CPLD 更适合于触发器有限而乘积项丰富的结构。

（2）CPLD 的连续式布线结构决定了它的时序延迟是均匀的和可预测的，而 FPGA 的分段式布线结构决定了其延迟的不可预测性。

（3）CPLD 保密性好，FPGA 保密性差。

（4）一般情况下，CPLD 的功耗要比 FPGA 大，且集成度越高越明显。

尽管 FPGA 和 CPLD 在硬件结构上有一定的差异，但是对用户而言，FPGA 和 CPLD 的设计流程是相似的，使用 EDA 软件的设计方法也没有太大的差别。设计时，需根据所选器件型号充分发挥器件的特性就可以了。

8.4　Verilog HDL 语言基础与实例

8.4.1　硬件描述语言概述

硬件描述语言（Hardware Description Language，HDL）主要用于编写设计文件及建立数字系统的电路模型。通过对电路结构或功能行为的描述，可以在不同的抽象层次对电路进行逐层描述，用一系列分层次的模块来表示极其复杂的数字电路系统。HDL 从出现至今，已成功地应用于设计的建模、仿真、验证和综合等各个阶段。自 20 世纪 80 年代以来，各个公司相继推出了多种硬件描述语言。这些语言一般各自面向特定的设计领域和层次，而且众多的语言使用户无所适从。因此，急需一种面向设计的多领域、多层次并得到普遍认同的标准硬件描述语言。20 世纪 80 年代后期，VHDL 和 Verilog HDL 语言适应了这种趋势的要求，先后成为 IEEE 标准。

VHDL 的英文全名是 Very-High-Speed Integrated Circuit Hardware Description Language，诞生于 1982 年。1987 年底，VHDL 被 IEEE 和美国国防部确认为标准硬件描述语言。自 IEEE 公布了 VHDL 的标准版本 IEEE 1076（简称 87 版）之后，各 EDA 公司相继推出了自己的 VHDL 设计环境，或宣布自己的设计工具可以和 VHDL 接口。此后 VHDL 在电子设计领域得到了广泛的接受，并逐步取代了原有的非标准的硬件描述语言。1993 年，IEEE 对 VHDL 进行了修订，从更高的抽象层次和系统描述能力上扩展了 VHDL 的内容，公布了新版本的 VHDL，即 IEEE 标准的 1076-1993 版本（简称 93 版）。

Verilog HDL 是在最广泛使用的 C 语言的基础上发展起来的一种硬件描述语言，它是由 GDA（Gateway Design Automation）公司在 1983 年末首创的，最初只设计了一个仿真与验证工具，之后又陆续开发了相关的故障模拟与时序分析工具。1985 年推出它的第三个商用仿真器 Verilog-XL，获得了巨大的成功，从而使得 Verilog HDL 迅速得到推广应用。1989 年 Cadence 公司收购了 GDA 公司，使得 Verilog HDL 成为了该公司的独家专利。1990 年 Cadence 公司公开发表了 Verilog HDL，并促进 Verilog HDL 成为了 IEEE 标准，即 IEEE 1364-1995 标准。1999 年，模拟和数字都适用的 Verilog 标准公开发表，2001 年正式成为 IEEE 1364-2001 标准。Verilog HDL 的最大特点就是易学易用，如果有 C 语言的编程经验，可以在一个较短的时间内很快地学习和掌握。

硬件描述语言有许多突出的优点：

（1）语言与工艺的无关性，可以使设计者在系统设计、逻辑验证阶段便可确立方案的可行性。

（2）语言的公开可利用性，使它们便于实现大规模系统的设计。

（3）硬件描述语言具有很强的逻辑描述和仿真功能，而且输入效率高，在不同的设计输入库之间转换非常方便。因此，运用 VHDL、Verilog HDL 硬件描述语言设计数字系统已是当前的趋势。

正因如此，各大 PLD 公司的设计软件都支持这两种硬件描述语言。最著名的三大 PLD 生产厂商的设计软件如下：

（1）Altera 公司的 Quartus Ⅱ 设计软件，最新版本是 14.0，以前的 Max＋plus Ⅱ 已经被 Quartus Ⅱ 取代。Quartus Ⅱ 软件数十年来一直在缩短编译时间，编译时间平均每年减少 20％，能够更高效地利用当今 FPGA 强大的功能。

（2）Xilinx 公司的 ISE 设计软件，最新版本是 2013 年 10 月更新的 14.7 版本，以前的 Foundation 设计软件已被淘汰。

（3）Lattice 公司的 Diamond 设计软件，最新版本是 3.2 版本。

8.4.2　Verilog HDL 语言基础

Verilog HDL 源代码是由大量的基本语法元素构成的，其中包括注释、间隔符、标识符、操作符、数值、字符串和关键字等。

1. Verilog HDL 的基本语法规则

（1）注释。在代码中添加注释行可以提高代码的可读性和可维护性。Verilog HDL 中注释行的定义与 C 语言完全一致，分为两类：第一类是单行注释，以"//"开始到本行末结束，不允许续行。第二类是多行注释，以"/＊"开始，以"＊/"结束，可以跨越多行，但中间不允许嵌套。注释在编译时不起作用。

（2）间隔符。间隔附也称空白符，包括空格符、制表符、换行符和换页符等。间隔符的作用是分隔其他语法元素。在必要的地方插入间隔符可以增强源程序的可读性。但在字符串中空格符和制表符是有意义的字符。

（3）标识符。与 C 语言等一样，Verilog HDL 语法中最基本的部分就是标识符。标识符是模块、寄存器、端口、连线等元素的名称，是赋给对象的唯一的名称。一般来说，Verilog HDL 中的标识符有普通标识符和转义标识符。普通标识符的命名规则是：

1）必须由字母或者下划线开头，字母区分大小写。

2）后续部分可以是字母、数字、下划线或 $。

3）总长度要小于 1024 个字符。

转义标识符指以反斜杠"\\"开头，以间隔符结尾的任意字符串序列。转义字符本身没有意义，如"\\abcd"与"abcd"等价。标识符的第一个字符不能是"$"，因为在 Verilog HDL 中，"$"专门用来代表系统命令（如系统任务和系统函数）。

（4）关键字。关键字是 Verilog HDL 本身规定的特殊字符串，用来定义语言的结构，通常为小写的英文字符串。例如，module、endmodle、input、output、wire 等都是关键字。Verilog HDL IEEE 1364—2001 标准中共规定了 123 个关键字。表 8-4 所示为全部 123 个关键字。

表 8-4　　　　　　　　Verilog HDL IEEE 1364-2001 中规定的关键字

always	and	assign	automatic	begin
buf	bufif0	bufif1	case	casex
casez	cell	cmos	config	deassign
default	defparam	design	disable	edge
else	end	endcase	endconfig	endfunction
endgenerate	endmodule	endprimitive	endspecify	endtable
endtask	event	for	force	forever
fork	function	generate	genvar	highz0
highz1	if	ifnone	incdir	include
initial	inout	input	instance	integer
join	large	liblist	library	localparam
macromodule	medium	module	nand	negedge
nmos	nor	noshowcancelled	not	notif0
notif1	or	output	parameter	pmos
posedge	primitive	pull0	pull1	pulldown
pullup	pulsestyle _ onevent	pulsestyle _ ondetect	rcmos	real
realtime	reg	release	repeat	rnmos
rpmos	rtran	rtranif0	rtranif1	scalared
showcancelled	signed	small	specify	specparam
strong0	strong1	supply0	supply1	table
task	time	tran	tranif0	tranif1
tri	tri0	tri1	triand	trior
trireg	unsigned	use	vectored	wait
wand	weak0	weak1	while	wire
wor	xnor	xor		

（5）逻辑值集合。Verilog HDL 的逻辑值集合由以下四个基本的值组成：0，代表逻辑 0 或假状态；1，代表逻辑 1 或真状态；X（或 x），代表逻辑不定态；Z（或 z），代表高阻态。

表 8-5　　　　　Verilog HDL 中的操作符

分类	操作符	功能
算术操作符	+	加法
	-	减法
	*	乘法
	/	除法
	%	整除
比较操作符	>	大于
	<	小于
	>=	不小于
	<=	不大于
	==	相等
	! =	不相等
	===	全等
	! ==	不全等
逻辑操作符	&&	逻辑与
	||	逻辑或
	!	逻辑非
位操作符	~	按位非
	&	按位与
	|	按位或
	^	按位异或
	^~或~^	按位同或
归约操作符	&	归约与
	~&	归约与非
	|	归约或
	~ |	归约或非
	^	归约异或
	^~或~^	归约同或
移位操作符	<<	左移
	>>	右移

（6）操作符。操作符也称运算符，按操作数的个数可分为一元操作符、二元操作符和三元操作符；按功能可分为算术操作符、逻辑操作符、比较操作符等几大类，见表 8-5。

各类操作符之间有优先级之分，见表 8-6。表上部是最高优先级，底部是最低优先级。列在同一行中的操作符具有相同的优先级。所有操作符在表达式中都是从左向右结合的。圆括号"（）"用于改变优先级或使得表达式中的运算顺序更加清晰，提高程序的可读性。

（7）数值常量。常数按照其数值类型可以划分为整数和实数两种。Verilog HDL 的整数可以是十进制、十六进制、八进制或二进制。

整数定义的格式为：<位宽><基数><数值>。

位宽：描述常量所含二进制数的位数，用十进制整数表示，是可选项，如果没有这一项，可以从常量的值推断出。

基数：可选项，可以是 b（B）、o（O）、d（D）、h（H），分别表示二进制、八进制、十进制和十六进制。基数默认为十进制数。

数值：是由基数所决定的表示常量真实值的一串 ASCII 码。如果基数定义为 b 或 B，数值可以是 0、1、x（X）、z（Z）。对于基数是 d 或 D 的情况，数值符可以是从 0～9 的任何十进制数，但不可以是 X 或 Z。

Verilog HDL 中的实数用双精度浮点型数据来描述。实数既可以用小数（如 12.79）也可以用科学计数法的方式（如 23E7，表示 23 乘以 10 的 7 次方）来表达。带小数点的实数在小数点两侧都必须至少有一位数字。

（8）字符串。字符串指同一行内写在双引号之间的字符序列，但字符串不允许分成多行书写。在表达式和赋值语句中，字符串要转换成无符号整数，用若干个 8 位 ASCII 码的形式表示，每一个 8 位 ASCII 码代表一个字符。例如，字符串"ab"等价于 16'h6162。

表 8-6　　　　　各类操作符的优先级

操作符	优先级
+ - ! ~ （一元）	
* / %	
+ - （二元）	
<< >>	
< <= > >=	
! = ! ==	
& ~&	
^ ^~ ~^	
| ~|	
&&	
||	
?:	

2. 变量的数据类型

Verilog HDL 主要包括两种数据类型：线网类型和寄存器类型。

（1）线网类型。线网类型主要有 wire 和 tri 两种。线网类型用于对结构化器件之间的物理连线的建模，如器件的引脚，内部器件的输出等。由于线网类型代表的是物理连接线，因此它不存储逻辑值，必须由器件驱动。通常由 assign 进行赋值，如 assign A＝B^C。当一个 wire 类型的信号没有被驱动时，默认值为 Z（高阻）。信号没有定义数据类型时，默认为 wire 类型。tri 主要用于定义三态的线网。

wire 型变量的定义格式如下：

wire [n－1：0] 变量名 1，变量名 2，…，变量名 n；

其中，方括号内用冒号分离的两个数字定义了变量的位宽，位宽的定义也可以用 [n：1] 的形式定义。以下是 wire 型变量定义的几个例子：

wire a,b； //定义两个 1 位的 wire 变量

wire [7：0] databusA； //定义 1 个 8 位的 wire 变量

wire [8：1] databusB； //定义 1 个 8 位的 wire 变量

线网类型除 wire 和 tri 外，还有 wand、wor、triand、trior、trireg、tri1、tri0、supply1、supply0 等。

（2）寄存器类型。寄存器型变量表示一个抽象的数据存储单元，它并不特指寄存器，而是所有具有存储能力的硬件电路的通称，如触发器、锁存器等。此外，寄存器型变量还包括测试文件中的激励信号。虽然这些激励信号并不是电路元件，仅是虚拟驱动源，但由于保持数值的特性，仍然属于寄存器变量。寄存器类型只能在 always 语句和 initial 语句中被赋值。寄存器型变量的默认值是不定态 X。

寄存器型变量与线型变量的显著区别是：寄存器型数据在接受下一次赋值之前，始终保持原值不变，而线型变量需要有持续的驱动。寄存器型变量主要有：reg（常用的寄存器型变量）、integer（32 位带符号整数型变量）、real（64 位带符号整数型变量）、time（无符号时间变量）。其中，integer、real 和 time 主要用于纯数学的抽象描述，不对应任何具体的硬件电路。reg 类型定义语法如下：

reg[n－1：0] 变量名 1，变量名 2，…，变量名 n；

寄存器型变量的位宽默认值为 1 位，以下是 reg 型变量定义的几个例子：

reg Cnt； //定义 1 位寄存器型变量

reg [3：0] Sat； //定义 4 位寄存器型变量

3. Verilog HDL 程序的基本结构

Verilog HDL 程序是由模块（module）构成的，每个模块对应的是硬件电路中的逻辑实体。因此，每个模块都有自己独立的功能或结构，以及用于与其他模块之间相互通信的端口。例如，一个模块可以代表一个简单的门，一个计数器，一个存储器，也可以是复杂的数字系统等。模块的定义总是以关键词 module 开始，以关键词 endmodule 结束。下面以加法器的 Verilog HDL 描述为例进行说明，加法器的 Verilog HDL 描述如下：

```
module adder(in1,in2,sum);
input in1,in2;
output [1:0] sum;
wire in1,in2;
```

```
reg [1:0] sum;
always @(in1 or in2)
begin
sum=in1+in2;
end
endmodule
```

一般一段完整的代码主要由以下几部分组成：

第一部分是注释部分，主要用于简要介绍设计的各种基本信息，如代码中加法器的主要功能、设计工程师、完成的日期及版本等，该程序省略了注释部分。

第二部分是模块定义行，这一行以 module 开头，然后是模块名和端口列表，标志着后面的代码是设计的描述部分。

第二部分是端口类型和数据类型的说明部分，用于端口、数据类型和参数的定义等。

第四部分是描述的主体部分，对设计的模块进行描述，实现设计要求。模块中 "always-begin" 和 "end" 构成一个执行块，它一直监测输入信号，其中任意一个发生变化时，都重新将两个输入的值相加，并将结果赋值给输出信号。这些定义和描述可以出现在模块中的任何位置，但是变量、寄存器、线网和参数的使用必须出现在相应的描述说明部分之后。

第五部分是结束行，就是用关键词 endmodule 表示模块定义的结束。模块中除了结束行以外，所有语句都需要以分号结束。

4. Verilog HDL 建模概述

在 HDL 的建模中，主要有结构化描述方式、数据流描述方式和行为描述方式，下面分别举例说明三者之间的区别。

（1）结构化描述方式。结构化的建模方式就是通过对电路结构的描述来建模，即通过对器件的调用（HDL 概念称为例化），并使用线网来连接各器件的描述方式。这里的器件包括 Verilog HDL 的内置门，如与门 and、异或门 xor 等，也可以是用户的一个设计。结构化描述方式反映了一个设计的层次结构。

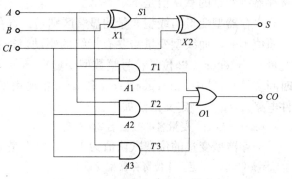

图 8-15 全加器的一种逻辑结构图

例 8-1 用结构化描述方式描述图 8-15 所示的 1 位全加器。

解 程序如下。

```
module FA_str(A,B,CI,S,CO);
input A;
input B;
input CI;
output S;
output CO;
wire S1,T1,T2,T3;
xor x1(S1,A,B);
```

```
xor x2(S,S1,CI);
and A1(T1,A,B);
and A2(T2,A,CI);
and A3(T3,B,CI);
or O1(CO,T1,T2,T3);
endmodule
```

该实例显示了一个全加器由两个异或门、三个与门、一个或门构成。S1、T1、T2、T3 则是门与门之间的连线。代码显示了用纯结构的建模方式，其中 xor、and、or 是 Verilog HDL 内置的门器件。以 xor x1(S1，A，B) 语句为例，xor 表明调用一个内置的异或门，器件名称为 xor，代码例化名为 x1（类似原理图输入方式）；括号内的 S1，A，B 表明该器件引脚的实际连接线（信号）的名称，其中 A、B 是输入，S1 是输出。其他与此类似。

（2）数据流描述方式。数据流建模方式就是通过对数据流在设计中的具体行为的描述来建模。最基本的机制就是使用连续赋值语句。在连续赋值语句中，某个值被赋给某个线网型变量（信号），语法如下：

```
assign ［delay］ net_name=expression;
```

例如：

```
assign#2 A=B;
```

在数据流描述方式中，还必须借助于 HDL 提供的一些运算符，如按位逻辑运算符：逻辑与（&）、逻辑或（|）等。仍以上面的全加器为例，程序如下：

```
timescale  1ns/100ps
module FA_flow(A,B,CI,S,CO);
input   A,B,CI;
output S,CO;
wire S1,T1,T2,T3;
assign ＃2 S1=A˄B;
assign ＃2 S=S1˄CI;
assign ＃2 T1=A&B;
assign ＃2 T2=A&CI;
assign ＃2 T3=B&CI;
assign ＃2 CO=(T1|T2)|T3;
endmodule
```

注意：各 assign 语句之间是并行执行的，即各语句的执行与语句之间的顺序无关。例如，当 A 有变化时，S1、T1、T2 将同时变化，S1 的变化又会造成 S 的变化。

（3）行为描述方式。行为方式建模是指采用对信号行为级的描述来建模。在表示方面，类似数据流的建模方式，但一般把用 initial 块语句或 always 块语句描述信号行为的建模方式归类为行为建模方式。行为建模方式通常需要借助一些行为级的运算符，如加法运算符（＋），减法运算符（－）等。还是以上面的全加器为例，行为描述方式的程序如下：

```
module FA_behave1(A,B,CI,S,CO);
input A,B,CI;
output S,CO;
```

```
reg S,CO;
reg T1,T2,T3;
always @(A or B or CI)
begin
Sum=(A^B)^CI;
T1=A & B;
T2=A & CI;
T3=B & CI;
CO=(T1|T2)|T3;
end
endmodule
```

另外，还可以用另一种更简单的行为描述方式，程序如下：

```
module FA_behave2(A,B,CI,S,CO);
input A,B,CI;
output S,CO;
reg S,CO;
always @( A or B or CI)
begin
{CO,S}=A+B+CI;
end
endmodule
```

该例直接采用"＋"来描述加法。{CO，S} 表示对位数的扩展，因为两个 1 位二进制数相加，和有两位，低位放在 S 变量中，进位放在 CO 中。

8.4.3　典型逻辑电路的 Verilog HDL 描述实例

在本教材的前面章节中，我们分别学习了组合逻辑电路和时序逻辑电路，具体电路主要有编码器、译码器、数据选择器、触发器、寄存器、计数器等，这些电路都能很方便地用 Verilog HDL 来描述。把这些程序从合适的软件平台上下载到 PLD（主要是 CPLD 和 FP-GA）中，就可以实现从最简单的门电路到复杂的数字系统。本小节通过几个常用数字电路的 Verilog HDL 描述实例，熟悉用 Verilog HDL 描述电路逻辑功能的方法。

1. 组合逻辑电路的 Verilog HDL 描述

例 8-2　3-8 译码器的 Verilog HDL 描述。

```
module decoder_38(out,in);
output [7:0] out;
input [2:0] in;
reg [7:0] out;
always @(in)
    begin
    case(in)
    3'd0:out=8'b11111110;      //这里输入代码用十进制表示
    3'd1:out=8'b11111101;
    3'd2:out=8'b11111011;
```

```
    3′d3:out=8′b11110111;
    3′d4:out=8′b11101111;
    3′d5:out=8′b11011111;
    3′d6:out=8′b10111111;
    3′d7:out=8′b01111111;
    endcase
  end
endmodule
```

2. 触发器的 Verilog HDL 描述

例 8-3　带异步清 0、异步置 1 的 JK 触发器的 Verilog HDL 描述。

```
module JK_FF(CLK,J,K,Q,RS,SET);
  input CLK,J,K,SET,RS;
  output Q;
  reg Q;
  always @(posedge CLK or negedge RS or negedge SET)
    begin
    if(!RS)Q<=1′b0;
    else if(!SET)Q<=1′b1;
    else case({J,K})
      2′b00:Q<=Q;
      2′b01:Q<=1′b0;
      2′b10:Q<=1′b1;
      2′b11:Q<=~Q;
      default:Q<=1′bx;
    endcase
    end
endmodule
```

3. 计数器的 Verilog HDL 描述

例 8-4　同步置数、同步清零的计数器的 Verilog HDL 描述。

```
module count(out,data,load,reset,clk);
  output[7:0]out;
  input[7:0]data;
  input load,clk,reset;
  reg[7:0]out;
  always @(posedge clk)    //clk 上升沿触发
  begin
  if(! reset)out=8′h00;     //同步清 0,低电平有效
  else if(load)out=data;    //同步预置数
  else out=out+1;           //计数
  end
endmodule
```

本 章 小 结

可编程逻辑器件 PLD 从 20 世纪 70 年代开始出现，并随着半导体技术的发展而迅速发展起来。它的最大特点是可以通过编程设置其逻辑功能。本章的重点是介绍各种 PLD 的基本电路结构和性能特点。本章内容在数字电子技术基础课程中属于了解性质的内容，通过本章的学习，可以使读者对 PLD 有初步的印象，知道 PLD 的内部电路绝大部分属于纯数字电路。分析 PLD 的电路功能用的也是数字电路的基本分析方法。至于 CPLD 和 FPGA 等高密度 PLD 的应用，电子类相关专业高年级会有专门的专业课程进行详细讲解。

目前广泛使用的 PLD 主要有复杂可编程逻辑器件 CPLD 和现场可编程门阵列 FPGA。

可编程逻辑器件种类繁多，不同厂商生产的可编程逻辑器件的结构有较大的不同。但其基本结构都是由输入缓冲电路、与阵列、或阵列、触发器和输出缓冲电路组成。输入缓冲电路主要对输入信号进行预处理，以适应各种输入情况，如产生输入信号的原变量和反变量、适应不同电压的电平信号。与阵列和或阵列在不同型号的 PLD 中叫法不同，在低密度 PLD 和 CPLD 中一般叫可编程与-或阵列，而在 FPGA 中一般叫可配置逻辑块阵列，这部分是 PLD 的主体，可实现各种组合逻辑电路和时序逻辑电路功能。输出缓冲电路主要用来对输出信号进行处理，用户可以根据需要通过编程选择灵活的输出形式，并可将反馈信号送回输入端，实现复杂的逻辑功能。

CPLD 主要是由可编程逻辑宏单元和可编程互联矩阵组成，并具有复杂的 I/O 单元互连结构，可由用户根据需要生成特定的电路结构，完成需要的逻辑功能。FPGA 由可配置逻辑块 CLB、输入/输出块和可编程互联网络组成，可以实现非常复杂的功能。现在绝大部分 CPLD 和 FPGA 具有 JTAG 接口，支持在系统可编程 ISP 功能，这给器件编程和调试带来了极大方便。

硬件描述语言是为了应用 CPLD 和 FPGA 等可编程逻辑器件而产生的，属于一种专用计算机编程语言。从最简单的门电路到复杂的数字系统，都可以用它进行完整的功能、动态参数及功耗参数的描述。HDL 有多种，应用最多的是 Verilog HDL 和 VHDL，大多数 PLD 的软件平台都可以接受这两种语言编写的程序文件。本章介绍的是 Verilog HDL，这种硬件描述语言的语法和 C 语言很接近，初学者容易上手。

Verilog HDL 语言的语法元素包括注释、间隔符、标识符、操作符、逻辑值集合、数值、字符串和关键字等。在 HDL 的建模中，主要有结构化描述方式、数据流描述方式和行为描述方式，同一功能的逻辑电路可以用不同的描述方式建模。本章列举了全加器、译码器、触发器和计数器等本书常用逻辑电路的 Verilog HDL 描述实例，通过这些实例，使读者对 Verilog HDL 编程有初步的了解。因本课程性质和授课学时所限，本章只是对 Verilog HDL 硬件描述语言进行了简要介绍，要真正掌握这门编程语言，还需后续专业课的学习和实践。

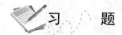

习　　题

8.1　可编程逻辑器件有哪些种类？它们的优点是什么？

8.2 分析图 8-16 的与或逻辑阵列，写出 Y_1、Y_2、Y_3 的逻辑函数式。

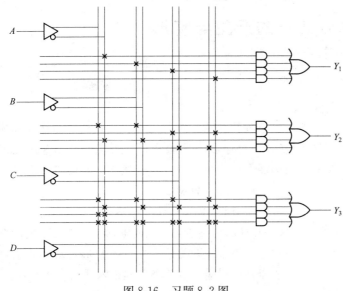

图 8-16 习题 8.2 图

8.3 CPLD 在结构上由哪几部分组成？各部分的主要功能是什么？

8.4 什么是 LUT？LUT 实现各种组合逻辑功能的原理是什么？

8.5 FPGA 与 CPLD 有哪些主要区别？实际中如何选用这两种器件？

8.6 在系统可编程 ISP 的优点是什么？

8.7 什么是边界扫描技术？JTAG 接口的引脚有哪些？

8.8 什么是硬件描述语言？当前使用最多的硬件描述语言是哪两种？

8.9 Verilog HDL 中规定的 4 种基本逻辑值是什么？

8.10 Verilog HDL 中的数据类型主要有哪两种？

8.11 使用 Verilog HDL 语言，分别用结构化描述方式、数据流描述方式和行为描述方式描述 1 位半加器电路。

8.12 根据下面的 Verilog HDL 描述，画出电路的逻辑图。

```
module questn5(A,B,Y)
    input a,b;
    output Y;
    wire a1,a2,An,Bn;
    and G1(a1,A,B);
    and G2(a2,An,Bn);
    not(An,A);
    not(Bn,B);
    or(Y,a1,a2);
endmodle
```

9　脉冲信号的产生与整形

【引入】

　　在前面几章中，我们经常说"输入端加一个时钟脉冲信号"或者"给计数器加计数脉冲信号"，这些脉冲信号都是连续的矩形波。在数字电子技术实验中，可用实际的信号发生器来获得一个连续的矩形波，并且其频率可调。那么这些矩形脉冲信号是怎么来的呢？它们的频率和脉冲宽度又是怎样调整的呢？本章将就这些问题进行解答。

　　本章首先介绍中规模集成电路 555 定时器，它是模拟电路与数字电路结合的典范。以 555 定时器为核心部件，加入一些必要的外围元器件就可以构成不同功能的电路。那么 555 定时器是怎样将模拟电路和数字电路相结合的？555 定时器怎么构成脉冲波形的整形电路和产生电路？555 定时器还可以构成其他功能的电路吗？让我们带着这些问题一起进入这一章的学习。

9.1　概　　述

　　数字电路中最常使用的脉冲信号是矩形脉冲波形，也称矩形波。获取矩形脉冲波形的途径有两种：一种是利用各种形式的多谐振荡器电路直接产生所需的矩形脉冲，另一种则是通过各种整形电路将已有的周期性变化波形变换为符合要求的矩形脉冲。获取矩形脉冲波形的整形电路主要有施密特触发器和单稳态触发器。

　　一个周期性矩形脉冲波形如图 9-1 所示，可用以下几个参数描述。

　　脉冲幅度 V_m：脉冲电压的最大变化幅度。

　　脉冲周期 T：周期性重复的脉冲序列中，两个相邻脉冲之间的时间间隔。有时也使用频率 $f = \dfrac{1}{T}$ 表示单位时间内脉冲重复的次数。

　　脉冲宽度 t_W：从脉冲前沿到达 $0.5V_m$ 起，到脉冲后沿到达 $0.5V_m$ 为止的一段时间。

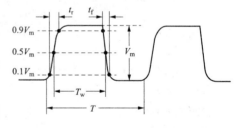

图 9-1　矩形脉冲特性

　　占空比 q：脉冲宽度与脉冲周期的比值，$q = \dfrac{t_W}{T}$。

　　上升时间 t_r：脉冲上升沿从 $0.1V_m$ 上升到 $0.9V_m$ 所需要的时间。

　　下降时间 t_f：脉冲下降沿从 $0.9V_m$ 下降到 $0.1V_m$ 所需要的时间。

　　显然，上升时间与下降时间的值越小，越接近理想的矩形脉冲波形，其典型值为几纳秒（ns）。对于理想矩形脉冲，其上升时间 t_r 和下降时间 t_f 则均为零。

9.2　集成 555 定时器

　　555 定时器是一种多用途的数字-模拟混合中规模集成电路。该电路使用灵活、方便，只需外接少量的阻容元件就可以构成各种脉冲单元电路，因此 555 定时器在波形的产生与变换、测量与控制、家用电器和电子玩具等许多领域中都得到了广泛的应用。

555 定时电路有 TTL 集成定时电路和 CMOS 集成定时电路，它们的逻辑功能与外部引脚排列都完全相同。双极型产品型号最后数码为 555，CMOS 型产品型号最后数码为 7555。通常，双极型定时器具有较大的驱动能力，而 CMOS 定时电路具有低功耗、输入阻抗高等优点。为了提高集成度，随后又生产了双定时器产品 556（双极型）和 7556（CMOS 型）。

9.2.1　555 定时器的电路结构

图 9-2（a）是国产双极型定时器 CB555 的电路结构图。它由分压器、两个电压比较器 C1 和 C2、SR 锁存器和集电极开路的放电晶体管 VT 四部分组成。图 9-2（b）是 555 定时器的逻辑图。

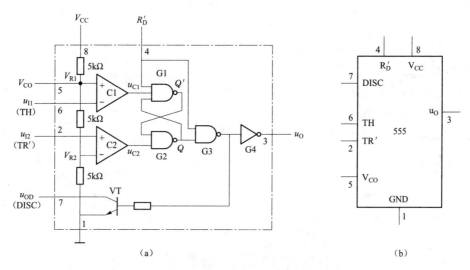

图 9-2　555 定时器电路结构和逻辑图

（a）CB555 电路结构图；（b）555 定时器的逻辑图

（1）分压器。由三个阻值为 $5k\Omega$ 的电阻组成，产生两个固定不变的电压（当控制电压端 V_{CO} 悬空时），$V_{R1}=\frac{2}{3}V_{CC}$；$V_{R2}=\frac{1}{3}V_{CC}$。若 V_{CO} 外接固定电压，则 $V_{R1}=V_{CO}$，$V_{R2}=\frac{1}{2}V_{CO}$。

（2）电压比较器。C1、C2 是两个电压比较器。C1 的同相输入端为基准电压 V_{R1}，反相输入端为 555 定时器的阈值端 u_{I1}（6 脚），当 $u_{I1}>V_{R1}$ 时，C1 输出低电平；当 $u_{I1}<V_{R1}$ 时，C1 输出高电平。C2 的反相输入端为基准电压 V_{R2}，同相输入端为 555 定时器的触发端 u_{I2}（2 脚），当 $u_{I2}>V_{R2}$ 时，C2 输出高电平；当 $u_{I2}<V_{R2}$ 时，C2 输出低电平。

（3）SR 锁存器。由两个与非门组成 SR 锁存器。电压比较器 C1 和 C2 的输出 u_{C1} 和 u_{C2} 作为锁存器的输入端。u_{C1} 相当于锁存器的 R'_D（置 0 端），u_{C2} 相当于锁存器的 S'_D（置 1 端）。

（4）晶体管开关和输出缓冲器。当 $u_O=0$ 时，晶体管 VT 导通；当 $u_O=1$ 时，晶体管 VT 截止。G4 门为输出缓冲器，其作用是提高电路带负载能力和隔离负载对 555 定时器的影响。

9.2.2 555 定时器的功能

555 定时器主要有以下四种功能：

(1) 复位（直接置 0）。复位端 R'_D（4 脚）具有最高的优先级别，只要 $R'_D=0$，无论其他输入端处于何种状态，555 定时器的输出端 u_O（3 脚）立即被置 0。正常工作时必须使 R'_D 处于高电平。

(2) 置 0。当 $u_{I1}>V_{R1}$，$u_{I2}>V_{R2}$ 时，比较器 C1 输出 $u_{C1}=0$，比较器 C2 输出 $u_{C2}=1$，SR 锁存器处于置 0 状态，VT 导通，输出 $u_O=0$。

(3) 保持。当 $u_{I1}<V_{R1}$，$u_{I2}>V_{R2}$ 时，比较器 C1 输出 $u_{C1}=1$，比较器 C2 输出 $u_{C2}=1$，SR 锁存器处于保持状态，因此 VT 和输出 u_O 也保持不变。

(4) 置 1。当 $u_{I1}<V_{R1}$，$u_{I2}<V_{R2}$ 时，比较器 C1 输出 $u_{C1}=1$，比较器 C2 输出 $u_{C2}=0$，SR 锁存器处于置 1 状态，VT 截止，输出 $u_O=1$。

此外，当 $u_{I1}>V_{R1}$，$u_{I2}<V_{R2}$ 时，比较器 C1 输出 $u_{C1}=0$，比较器 C2 输出 $u_{C2}=0$，SR 锁存器处于不定状态，$Q=Q'=1$，VT 截止，输出 $u_O=1$。555 定时器的功能表见表 9-1。

表 9-1　　　555 定时器的功能表

输　　入			输　　出	
R'_D	u_{I1}	u_{I2}	u_O	VT 状态
0	×	×	低	导通
1	$>\frac{2}{3}V_{CC}$	$>\frac{1}{3}V_{CC}$	低	导通
1	$<\frac{2}{3}V_{CC}$	$>\frac{1}{3}V_{CC}$	不变	不变
1	$<\frac{2}{3}V_{CC}$	$<\frac{1}{3}V_{CC}$	高	截止
1	$>\frac{2}{3}V_{CC}$	$<\frac{1}{3}V_{CC}$	高	截止

9.3　施密特触发器

施密特触发器（Schmitt Trigger）是脉冲波形变换和整形中经常使用的一种电路，它能将边沿变化缓慢的电压波形整形为边沿陡峭的矩形脉冲波形。与普通触发器相比较，它有以下的特点。

(1) 具有两个稳定的状态，但没有记忆作用，输出状态需要相应的输入电压来维持。

(2) 属于电平触发，能对变化缓慢的输入信号做出响应，只要输入信号达到某一额定值，输出即发生翻转。

(3) 具有滞回特性，输入信号从低电平上升的过程中，电路状态转换时对应的输入电平与输入信号从高电平下降过程中对应的输入转换电平不同。由于滞回特性使其具有较强的抗干扰能力。

9.3.1　用 555 定时器构成的施密特触发器

将 555 定时器的阈值端 u_{I1}（TH，6 脚）和触发端 u_{I2}（TR′，2 脚）连接在一起，作为信号输入端，将 3 脚作为输出端（u_O），便构成了施密特触发器，如图 9-3（a）所示。为提高电压比较器参考电压 V_{R1} 和 V_{R2} 的稳定性，通常在控制电压端（V_{CO}，5 脚）与地之间接有 $0.01\mu F$ 左右的滤波电容。555 定时器构成的施密特触发器的逻辑图如图 9-3（b）所示。

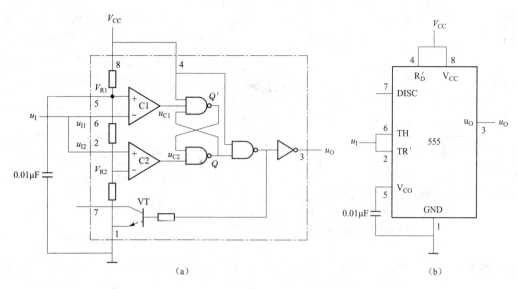

图 9-3 用 555 定时器接成的施密特触发器

(a) 施密特触发器电路结构图；(b) 施密特触发器逻辑图

1. 工作原理

(1) u_I 从 0 逐渐升高的过程：

当 $u_I < \frac{1}{3} V_{CC}$ 时，$u_{C1} = 1$、$u_{C2} = 0$，$Q = 1$，故 $u_O = V_{OH}$；

当 $\frac{1}{3} V_{CC} < u_I < \frac{2}{3} V_{CC}$ 时，$u_{C1} = u_{C2} = 1$，故 $u_O = V_{OH}$ 保持不变；

当 $u_I > \frac{2}{3} V_{CC}$ 时，$u_{C1} = 0$、$u_{C2} = 1$，$Q = 0$，故 $u_O = V_{OL}$，输出端 u_O 从高电平跳变为低电平。

(2) u_I 从高于 $\frac{2}{3} V_{CC}$ 逐渐下降的过程：

当 $u_I > \frac{2}{3} V_{CC}$ 时，$u_{C1} = 0$、$u_{C2} = 1$，$Q = 0$，故 $u_O = V_{OL}$；

当 $\frac{1}{3} V_{CC} < u_I < \frac{2}{3} V_{CC}$ 时，$u_{C1} = u_{C2} = 1$，故 $u_O = V_{OL}$ 保持不变；

当 $u_I < \frac{1}{3} V_{CC}$ 时，$u_{C1} = 1$、$u_{C2} = 0$，$Q = 1$，故 $u_O = V_{OH}$，输出端 u_O 从低电平跳变为高电平。

2. 电压传输特性和主要参数

根据以上分析，得出 555 定时器构成的施密特触发器的电压传输特性，如图 9-4 (a) 所示。因为 u_O 和 u_I 的高、低电平是反相的，所以也把这种形式的电压传输特性叫做反相输出的施密特触发特性。反相施密特触发器的图形符号如图 9-4 (b) 所示。

施密特触发器的几个主要参数：

(1) 正向阈值电压 V_{T+}：u_I 上升过程中，施密特触发器的输出状态由高电平 V_{OH} 跳变到低电平 V_{OL} 时，所对应的输入电压值。在图 9-4 (a) 中，$V_{T+} = \frac{2}{3} V_{CC}$。

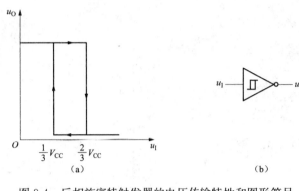

图 9-4 反相施密特触发器的电压传输特性和图形符号
(a) 555 定时器构成的施密特触发器的电压传输特性；
(b) 反相施密特触发器的图形符号

（2）负向阈值电压 V_{T-}：u_1 下降过程中，施密特触发器的输出状态由低电平 V_{OL} 跳变到高电平 V_{OH} 时，所对应的输入电压值。在图 9-4（a）中，$V_{T-} = \frac{1}{3} V_{CC}$。

（3）回差电压 ΔV_T：正向阈值电压 V_{T+} 与负向阈值电压 V_{T-} 之差，即 $\Delta V_T = V_{T+} - V_{T-}$。在图 9-4（a）中，$\Delta V_T = \frac{1}{3} V_{CC}$。

如果参考电压由外接的电压 V_{CO} 供给，则 $V_{T+} = V_{CO}$，$V_{T-} = \frac{1}{2} V_{CO}$，$\Delta V_T = \frac{1}{2} V_{CO}$。通过改变 V_{CO} 值可以调节回差电压的大小。

例 9-1 在图 9-3 所示施密特触发器中，计算在下列条件下电路的 V_{T+}、V_{T-}、ΔV_T：

（1）$V_{CC} = 12V$，V_{CO} 端通过 $0.01\mu F$ 电容接地；

（2）$V_{CC} = 12V$，V_{CO} 端接 9V 电源。

解 （1）当 V_{CO} 通过 $0.01\mu F$ 电容接地时：

$$V_{T+} = \frac{2}{3} V_{CC} = 8V, V_{T-} = \frac{1}{3} V_{CC} = 4V, \Delta V_T = \frac{1}{3} V_{CC} = 4V$$

（2）当 V_{CO} 端接 9V 电源时，参考电压由 V_{CO} 供给，故

$$V_{T+} = V_{CO} = 9V, V_{T-} = \frac{1}{2} V_{CO} = 4.5V, \Delta V_T = \frac{1}{2} V_{CO} = 4.5V$$

9.3.2 用门电路构成的施密特触发器

将两级反相器串接起来，同时通过分压电阻把输出端的电压反馈到输入端，就构成了图 9-5 所示的施密特触发器电路。

1. 工作原理

图 9-5 中反相器 G1 和 G2 是 CMOS 电路，它们的阈值电压 $V_{TH} \approx \frac{1}{2} V_{DD}$，且 $R_1 < R_2$。

（1）当 $u_I = 0$ 时，$u_{O1} = V_{OH}$，$u_O = V_{OL} \approx 0$，此时 G1 门的输入电压为

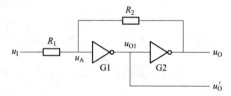

图 9-5 用门电路构成的施密特触发器

$$u_A = \frac{R_1}{R_1 + R_2} u_O \approx 0$$

（2）当 u_1 从 0 逐渐升高使得 $u_A = V_{TH}$ 时，反相器进入电压传输特性的放大区（转折区），故 u_A 的增加会引起下面的正反馈，即

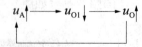

于是电路的状态迅速地转换为 $u_O = V_{OH} \approx V_{DD}$。

（3）当 u_I 从高电平 V_{DD} 逐渐下降到 $u_A = V_{TH}$ 时，由于也存在正反馈，即

$$u_A \downarrow \longrightarrow u_{O1} \uparrow \longrightarrow u_O \downarrow$$

使电路的状态迅速转换为 $u_O = V_{OL} \approx 0$。

2. 电压传输特性和主要参数

根据以上分析，得出门电路构成的施密特触发器的电压传输特性，如图 9-6（a）所示。因为 u_O 和 u_I 的高、低电平是同相的，所以也把这种形式的电压传输特性叫做同相输出的施密特触发特性。同相施密特触发器的图形符号如图 9-6（b）所示。

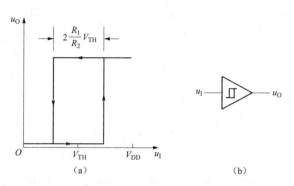

图 9-6　同相施密特触发器的电压传输特性和图形符号
(a) 门电路构成的施密特触发器的电压传输特性；
(b) 同相施密特触发器的图形符号

施密特触发器的几个主要参数：

（1）正向阈值电压 V_{T+}。当 u_I 从 0 逐渐升高使得 $u_A = V_{TH}$ 时，由于正反馈的作用，电路的状态迅速地转换为 $u_O = V_{OH} \approx V_{DD}$，由此便可以求出 u_I 上升过程中电路状态发生转换时对应的输入电平 V_{T+}。根据此时电路状态可得：

$$u_A = V_{TH} = \frac{R_2}{R_1 + R_2} V_{T+}$$

因此

$$V_{T+} = \frac{R_1 + R_2}{R_2} V_{TH} = \left(1 + \frac{R_1}{R_2} \right) V_{TH} \tag{9-1}$$

（2）负向阈值电压 V_{T-}。当 u_I 从高电平 V_{DD} 逐渐下降到 $u_A = V_{TH}$ 时，由于正反馈的作用，电路的状态迅速转换为 $u_O = V_{OL} \approx 0$，由此便可以求出 u_I 下降过程中电路状态发生转换时对应的输入电平 V_{T-}。根据此时电路状态可得：

$$u_A = V_{TH} = \frac{R_2}{R_1 + R_2} u_I + \frac{R_1}{R_1 + R_2} u_O$$

$$= \frac{R_2}{R_1 + R_2} V_{T-} + \frac{R_1}{R_1 + R_2} V_{DD}$$

因为 $V_{TH} \approx \frac{1}{2} V_{DD}$，因此

$$V_{T-} = \left(1 - \frac{R_1}{R_2} \right) V_{TH} \tag{9-2}$$

（3）回差电压 ΔV_T：

$$\Delta V_T = V_{T+} - V_{T-} = 2 \frac{R_1}{R_2} V_{TH} \tag{9-3}$$

通过改变 R_1 和 R_2 的比值可以调节 V_{T+}、V_{T-} 和回差电压的大小，但 R_1 必须小于 R_2，否则电路将进入自锁状态，不能正常工作。

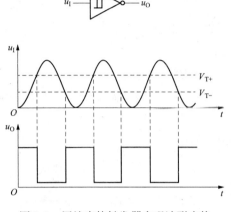

图 9-7 用施密特触发器实现波形变换

9.3.3 施密特触发器的应用

1. 用于波形变换

利用施密特触发器的特性，可以把边沿变化缓慢的周期性信号变换为边沿很陡的矩形脉冲信号。施密特触发器将能将三角波、正弦波及其他不规则的波形变换成矩形波。如图 9-7 是将正弦波变换成同频率的矩形波。

2. 用于脉冲整形

在数字系统中，矩形脉冲经传输后往往发生波形畸变，当传输的信号受到干扰而发生畸变时，可用施密特触发器将其整形成比较理想的矩形脉冲波形，如图 9-8 所示。

3. 用于脉冲鉴幅

如图 9-9 所示，若将一系列幅度不同的脉冲信号施加到施密特触发器的输入端时，只有那些幅度大于 V_{T+} 的输入脉冲才会在输出端产生输出波形，而幅度小于 V_{T+} 的输入脉冲则被滤掉了。因此，施密特触发器具有脉冲鉴幅能力。

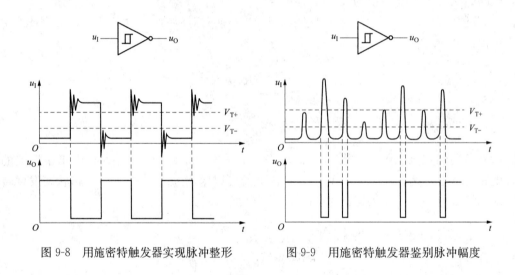

图 9-8 用施密特触发器实现脉冲整形   图 9-9 用施密特触发器鉴别脉冲幅度

9.4 单 稳 态 触 发 器

单稳态触发器（Monostable Multivibrator，又称 One-shot）的工作特性具有如下的显著特点：

（1）它有稳态和暂稳态两个不同的工作状态。

（2）在外界触发脉冲作用下，能从稳态翻转到暂稳态，在暂稳态维持一段时间以后，再自动返回稳态。

（3）暂稳态维持时间的长短取决于电路本身的参数，与触发脉冲的宽度和幅度无关。

由于具备这些特点，单稳态触发器被广泛应用于脉冲整形、延时（产生滞后于触发脉冲的输出脉冲）及定时（产生固定时间宽度的脉冲信号）等。

9.4.1 用 555 定时器构成的单稳态触发器

图 9-10（a）所示是用 555 定时器构成的单稳态触发器的电路。R、C 是定时元件，输入触发信号 u_I 加在 555 的触发端（TR'，2 脚），下降沿触发。输出信号 u_O 从 555 的输出端 3 脚送出。555 定时器构成的单稳态触发器的逻辑图如图 9-10（b）所示。

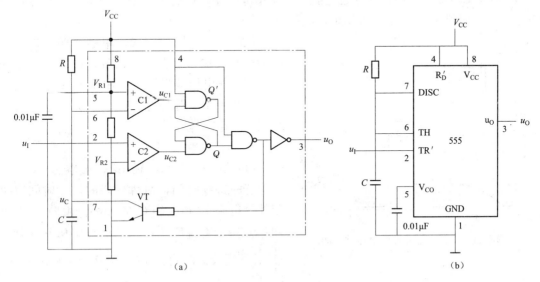

图 9-10　用 555 定时器构成的单稳态触发器
（a）单稳态触发器电路结构图；（b）单稳态触发器逻辑图

1. 工作原理

（1）无触发信号输入时工作在稳定状态。当电路无触发信号，即 u_I 保持高电平时，电路工作在稳定状态，此时输出端 $u_O = 0$。

假定接通电源后 SR 锁存器 $Q = 0$，则 VT 导通，$u_C = 0$。因此 $u_{C1} = u_{C2} = 1$，$Q = 0$ 及 $u_O = 0$，所以保持稳态（0 状态）不变。

如果接通电源后 SR 锁存器 $Q = 1$，则 VT 一定截止，V_{CC} 便经 R 向 C 充电。当充电到 $u_C = \frac{2}{3} V_{CC}$ 时，$u_{C1} = 0$，$u_{C2} = 1$，于是 SR 锁存器置 0。同时，VT 导通，电容 C 经 VT 迅速放电，使 $u_C = 0$。此后由于 $u_{C1} = u_{C2} = 1$，SR 锁存器保持 0 状态不变，输出也相应地稳定在 $u_O = 0$ 的状态。

（2）u_I 下降沿触发进入暂稳态。当 u_I 下降沿到达时，555 的 2 脚由高电平跳变为低电平 $\left(\frac{1}{3} V_{CC} 以下 \right)$，两个电压比较器输出 $u_{C1} = 1$，$u_{C2} = 0$，SR 锁存器被置 1，输出端 u_O（3 脚）由低电平跳变为高电平，电路由稳态进入暂稳态。同时 VT 截止，V_{CC} 开始经 R 向 C 充电。

（3）暂稳态的维持时间。在暂稳态期间，$u_O = 1$，VT 截止，V_{CC} 经 R 向 C 充电。充电时间常数 $\tau_1 = RC$，电容电压 u_C 由 0V 开始按指数规律上升。在 u_C 上升到 $\frac{2}{3} V_{CC}$ 之前，电路将保持暂稳态（1 状态）不变。

（4）自动返回（暂稳态结束）。随着电容 C 充电过程的进行，电容电压 u_C 不断升高，当 u_C 上升至 $\frac{2}{3}V_{CC}$ 时，u_{C1} 变成 0。若此时 u_1 回到高电平，则 SR 锁存器被置 0，u_O 由高电平跳变为低电平，暂稳态结束。

（5）恢复过程。当暂稳态结束后，$u_O=0$，VT 导通，电容 C 通过 VT 放电。时间常数 $\tau_2=R_{CES}C$，R_{CES} 是 VT 的饱和导通电阻，其阻值非常小，因此放电速度非常快。电容 C 放电完毕，u_C 回到 0V，恢复过程结束，电路回到稳态。

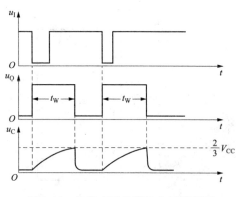

图 9-11　单稳态触发器的电压波形图

此时，一个周期完成，单稳态触发器又可以接收新的输入触发信号。图 9-11 是单稳态触发器的工作电压波形图。应注意 u_1 低电平所维持的时间须小于脉冲宽度 t_W，否则该电路将无法正常工作。

2. 相关参数

（1）脉冲宽度 t_W。输出脉冲的宽度 t_W 等于暂稳态的持续时间，而暂稳态的持续时间取决于外接电阻 R 和电容 C 的大小。由图 9-11 可知，t_W 等于电容电压在充电过程中从 0 上升到 $\frac{2}{3}V_{CC}$ 所需要的时间。$u_C(0)\approx 0V,u_C(\infty)=V_{CC}$，$V_{TH}=\frac{2}{3}V_{CC}$，代入 RC 电路过渡过程计算公式，可得

$$
\begin{aligned}
t_W &= RC\ln\frac{u_C(\infty)-u_C(0)}{u_C(\infty)-V_{TH}}\\
&= RC\ln\frac{V_{CC}-0}{V_{CC}-\frac{2}{3}V_{CC}}\\
&= RC\ln 3 \approx 1.1RC
\end{aligned}
\tag{9-4}
$$

式（9-4）说明，单稳态触发器输出脉冲宽度 t_W 仅决定于电路本身参数 R、C 的取值，与触发脉冲的宽度和幅度无关，调节 R、C 的取值，即可方便地调节 t_W。通常 R 的取值在几百欧姆到几兆欧，电容的取值范围为几百皮法到几百微法，t_W 的范围为几微秒到几分钟。但 t_W 越大，其精度和稳定度也越低。

（2）恢复时间 t_{re}。恢复时间 t_{re} 就是暂稳态结束后，电容 C 经晶体管 VT 放电的时间，一般取

$$
t_{re}=(3\sim 5)R_{CES}C
\tag{9-5}
$$

由于 R_{CES} 很小，所以 t_{re} 极短。

（3）最高工作频率 f_{max}。若输入触发脉冲 u_1 是周期 T 的连续脉冲，为了保证单稳态触发器能够正常工作，应满足 $T>t_W+t_{re}$。即输入触发脉冲 u_1 周期的最小值 T_{min} 应为 $T_{min}=t_W+t_{re}$，所以单稳态触发器的最高工作频率应为

$$
f_{max}=\frac{1}{T_{min}}=\frac{1}{t_W+t_{re}}
\tag{9-6}
$$

9.4.2　用门电路组成的单稳态触发器

图 9-12 是由 CMOS 门电路 G1、G2 和 RC 微分电路构成的微分型单稳态触发器。

1. 工作原理

对于 CMOS 门电路，可以近似地认为 $V_{OH} \approx$

V_{DD}，$V_{OL} \approx 0$，$V_{TH} = \dfrac{1}{2} V_{DD}$。

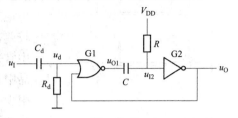

（1）无触发信号时，电路处于稳态。由于该电路的输入门为或非门，所以为高电平触发。当电路无触发信号时，电路处于稳态。在稳态下 $u_1 = 0$，$u_{I2} = V_{DD}$，故 $u_O = 0$，$u_{O1} = V_{DD}$，电容 C 两端无电压。

图 9-12　CMOS 门电路构成的微分型单稳态触发器

（2）外加触发信号时，电路由稳态翻转到暂稳态。当输入信号 u_1 上升沿到达时，由 R_d、C_d 组成的微分电路使 u_d 得到一个很窄的正脉冲。当 u_1 上升，u_d 也随之上升，当 u_d 上升到 V_{TH} 后，此时存在下列正反馈：

$$u_d \uparrow \longrightarrow u_{O1} \downarrow \longrightarrow u_{I2} \downarrow \longrightarrow u_O \uparrow$$

则 u_{O1} 迅速跳变为低电平。由于电容两端电压不能发生突变，故 u_{I2} 也同时跳变为低电平，使得输出 u_O 跳变为高电平，此时电路进入暂稳态。在暂稳态期间，V_{DD} 经 R 向 C 充电，随着充电的进行，u_{I2} 由 0V 开始按指数规律上升。在 u_{I2} 上升到 V_{TH} 之前，电路将保持暂稳态不变。

（3）由暂稳态自动返回稳态。随着充电的进行，u_{I2} 逐渐升高，当 u_{I2} 上升到 V_{TH} 时，产生另一正反馈：

$$C充电 \longrightarrow u_{I2} \uparrow \longrightarrow u_O \downarrow \longrightarrow u_{O1} \uparrow$$

如果这时触发脉冲 u_d 已回到低电平，则 u_{O1} 和 u_{I2} 迅速跳变为高电平，电路马上翻转为稳态。同时，电容 C 通过电阻 R 和 G2 门的输入保护电路向 V_{DD} 放电，直至电容上的电压为 0V，电路恢复到稳态。

根据以上的分析，即可画出电路中各点的电压波形，如图 9-13 所示。

2. 脉冲宽度

由图 9-13 可以看出，输出脉冲宽度 t_W 就是电容从 0V 充电到 V_{TH} 所需的时间，则 $u_C(0) \approx 0V$，$u_C(\infty) = V_{DD}$，$V_{TH} = \dfrac{1}{2} V_{DD}$，代入 RC 电路过渡过程计算公式，可得

$$
\begin{aligned}
t_W &= RC\ln \frac{u_C(\infty) - u_C(0)}{u_C(\infty) - V_{TH}} \\
&= RC\ln \frac{V_{CC} - 0}{V_{CC} - \dfrac{1}{2} V_{CC}} \\
&= RC\ln 2 \approx 0.69RC
\end{aligned}
\tag{9-7}
$$

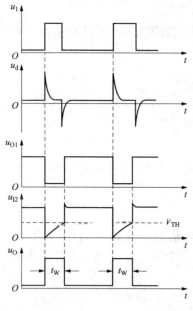

图 9-13　微分型单稳态触发器
的电压波形图

9.4.3　集成单稳态触发器

单稳态触发器的应用十分普遍，而由门电路构成的单稳态触发器虽然电路简单，但输出脉冲宽度的稳定性较差，调节范围小，而且触发方式单一。因此实际应用中常采用集成单稳态触发器。在 TTL 和 CMOS 系列产品中都生产了单片集成的单稳态触发器。使用时只需要很少的外接元器件和连线，而且由于器件内部电路一般附加了窄脉冲形成电路，以及上升沿与下降沿触发的控制和置零等功能，使用极为方便。

集成单稳态触发器按能否被重复触发，可以分成两类：一类是可重复触发的；一类是不可重触发的。所谓可重复触发，是指在暂稳态期间，能够接收新的触发信号，重新开始暂稳态的过程，如图 9-14（a）所示。而不可重复触发则是在暂稳态期间不能接收新的触发信号，也就是说，不可重复触发的单稳态触发器只能在稳态时接收输入触发信号，一旦被触发由稳态翻转到暂稳态后，即使再有新的触发信号到来，其既定的暂稳态过程也会照样进行下去，直至结束为止，如图 9-14（b）所示。

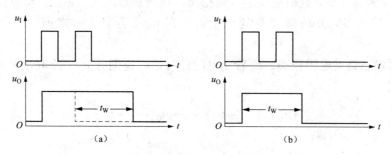

（a）　　　　　　　　　　　　　　（b）

图 9-14　单稳态触发器的工作波形
（a）可重复触发单稳态触发器；（b）不可重复触发单稳态触发器

74121、74221、74LS221 都是不可重复触发的单稳态触发器。74122、74LS122、74123、74LS123 都属于可重复触发的单稳态触发器。

1. 不可重复触发单稳态触发器 74121

集成单稳态触发器 74121 是在普通微分型单稳态触发器的基础上附加了输入控制电路和输出缓冲电路，是 TTL 逻辑电路。其逻辑图形符号如图 9-15 所示。

表 9-2 是 74121 的功能表，图 9-16 是 74121 在触发脉冲作用下的波形图。

A_1 和 A_2 为下降沿有效的触发端，B 是上升沿有效的触发端。C_{ext} 和 R_{ext} 为外接电容和外接电阻，通常 R_{ext} 取值在 2～

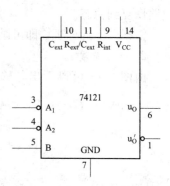

图 9-15　集成单稳态触发器
74121 的逻辑图形符号

表 9-2 集成单稳态触发器 74121 的功能表

输入			输出		工作状态
A_1	A_2	B	u_O	u_O'	
0	×	1	0	1	保持稳态
×	0	1	0	1	
×	×	0	0	1	
1	1	×	0	1	
1	↓	1	⎍	⎍	下降沿触发
↓	1	1	⎍	⎍	
↓	↓	1	⎍	⎍	
0	×	↑	⎍	⎍	上升沿触发
×	0	↑	⎍	⎍	

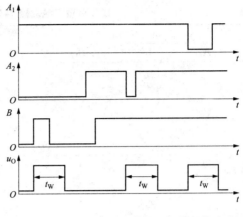

图 9-16 集成单稳态触发器 74121 的工作波形图

$30\text{k}\Omega$，C_{ext} 的取值在 $10\text{pF} \sim 10\mu\text{F}$，得到的脉冲宽度 t_W 的范围为 $20\text{ns} \sim 200\text{ms}$。$R_{int}$ 为内置电阻，可以代替外接电阻，但阻值不大，约为 $2\text{k}\Omega$，所以在希望得到较宽的输出脉冲时，仍需使用外接电阻。如图 9-17 所示为使用外接电阻和内部电阻时电路的连接方法，图 9-17 （a）是使用外部电阻 R_{ext} 且电路为下降沿触发的连接方式，图 9-17 （b）是使用内部电阻 R_{int} 且电路为上升沿触发的连接方式。74121 的输出脉冲宽度为 $t_W = RC\ln 2 \approx 0.69RC$（$R = R_{ext}$ 或 R_{int}）。

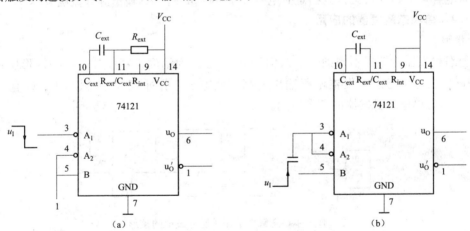

图 9-17 集成单稳态触发器 74121 的外部元件连接方法
(a) 使用外部电阻 R_{ext}；(b) 使用内部电阻 R_{int}

2. 可重复触发单稳态触发器 74122

图 9-18 是 74122 的逻辑图形符号，表 9-3 是 74122 的功能表。与 74121 相比较，除了带清零端和可重复触发以外，还有两个上升沿有效的触发输入端 B_1 和 B_2，它的清零端 C_r 也可以做触发输入端。

74122 是可重触发的单稳态触发器，只要在输出脉冲结束之前，重新输入触发信号，就可以方便地延长输出脉冲的持续时间。而 C_r 为直接复位端，能够在预期的时间内结束暂稳态过程，使电路返回到稳态。若使用内部定时电阻，则只需外接

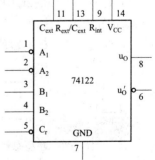

图 9-18 集成单稳态触发器
74122 的逻辑图形符号

表 9-3　　　　　　　　　　　　　集成单稳态触发器 74122 的功能表

输　入					输　出		工作状态
C_r	A_1	A_2	B_1	B_2	u_O	u_O'	
0	×	×	×	×	0	1	清零
×	1	1	×	×	0	1	保持稳态
×	×	×	×	0	0	1	
×	×	×	0	×	0	1	
1	0	×	⌐	1	⊓	⊔	上升沿触发
1	0	×	1	⌐	⊓	⊔	
1	×	0	⌐	1	⊓	⊔	
1	×	0	1	⌐	⊓	⊔	
1	1	⌐|	1	1	⊓	⊔	下降沿触发
1	⌐|	⌐|	1	1	⊓	⊔	
1	⌐|	1	1	1	⊓	⊔	
⌐	0	×	1	1	⊓	⊔	清零端触发
⌐	×	0	1	1	⊓	⊔	

一个定时电容，电路就可工作。当定时电容大于 1000pF 时，其输出脉冲宽度 $t_W \approx 0.32RC$。

9.4.4　单稳态触发器的应用

1. 整形

单稳态触发器能够把不规则的输入信号 u_I 整形成为幅度、宽度都标准的矩形脉冲 u_O。u_O 的幅度仅决定单稳态触发器电路输出的高、低电平，脉冲宽度 t_W 只与 R、C 有关。如图 9-19 所示为单稳态触发器的整形应用。

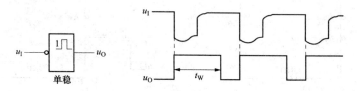

图 9-19　单稳态触发器用于脉冲波形的整形

2. 延时与定时

（1）延时。在图 9-20 中，可以看出 u_O 的下降沿比 u_I 的下降沿滞后了 t_W，即延迟了 t_W。这个 t_W 正好生动具体地反映了单稳态触发器的延时作用。延时时间，即脉冲宽度 t_W，可通过改变定时元件 R、C 的数值来改变。

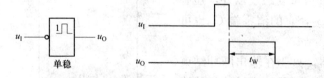

图 9-20　单稳态触发器的延时作用

（2）定时。在图 9-21 中，单稳态触发器的输出 u_{O1} 送给与门作为定时控制信号，当 $u_{O1} = 1$ 时，与门的输出 $u_O = u_F$，相当于 u_F 信号通过与门被输出；当 $u_{O1} = 0$ 时，与门的输出 $u_O = 0$，相当于 u_F 的信号被与门封锁，不能被输出。显然，u_F 信号通过与门的时间是恒定不变的，就是单稳态触发器输出脉冲 u_{O1} 的脉冲宽度 t_W。

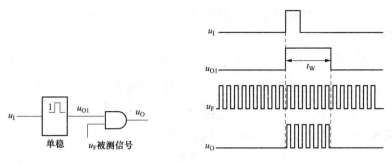

图 9-21 单稳态触发器的定时作用

9.5 多 谐 振 荡 器

多谐振荡器（Astable Multivibrator）是一种自激振荡器，接通电源后，不需要外加触发信号，便能自动产生矩形脉冲波形。与正弦波相比，矩形波中除基波之外，还包含丰富的高次谐波，因此矩形波振荡器也被称为多谐振荡器。多谐振荡器起振之后，电路没有稳态，只有两个暂稳态交替变化，输出连续的矩形波，因此它又被称为无稳态电路。

9.5.1 用 555 定时器构成的多谐振荡器

图 9-22（a）是由 555 定时器构成的多谐振荡器。R_1、R_2、C 是外接定时元件，555 定时器的阈值端（TH，6 脚）和低电平触发端（TR'，2 脚）并联在一起接电容 C 与电阻 R_2 的连接点 u_C，晶体管 VT 的集电极（DISC，7 脚）连接到 R_1、R_2 之间。555 定时器构成的多谐振荡器的逻辑图如图 9-22（b）所示。

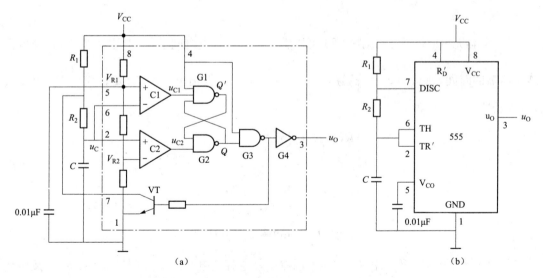

图 9-22 用 555 定时器构成的多谐振荡器

（a）多谐振荡器电路结构图；（b）多谐振荡器逻辑图

1. 工作原理

（1）初始状态。假设在接通电源时，电容 C 尚未充电，即 $u_C = 0$，两个电压比较器的输

出 $u_{C1}=1$，$u_{C2}=0$，所以 SR 锁存器处于置 1 状态，故 $Q=1$，$u_O=1$，同时 VT 截止，即电路处于第一暂稳态。

（2）第一暂稳态期间。由于 $u_O=1$，同时 VT 截止，V_{CC} 经 R_1、R_2 向电容 C 充电，电容 C 上的电压 u_C 伴随着充电过程按指数规律增加。当电容电压 u_C 增大至 $u_C=\dfrac{2}{3}V_{CC}$ 时，两个电压比较器的输出 $u_{C1}=0$，$u_{C2}=1$，所以 SR 锁存器被置 0，此时 $Q=0$，$u_O=0$，同时 VT 导通，u_O 由高电平跳变为低电平，电路进入第二暂稳态。

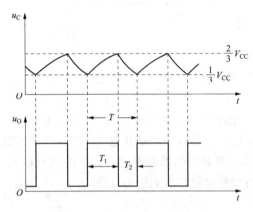

图 9-23　多谐振荡器的电压波形图

（3）第二暂稳态期间。此时由于 $Q=0$，$u_O=0$，同时 VT 导通，电容 C 经 R_2 和晶体管 VT 放电。此后，电容 C 上的电压 u_C 伴随着放电过程由 $\dfrac{2}{3}V_{CC}$ 按指数规律下降，当电容电压 u_C 减小至 $\dfrac{1}{3}V_{CC}$ 时，两个电压比较器的输出 $u_{C1}=1$，$u_{C2}=0$，此时 SR 锁存器又被置 1，u_O 由低电平跳变为高电平，电路又回到第一暂稳态。

以上过程周而复始，如图 9-23 所示，电容充电时，$u_O=1$；电容放电时，$u_O=0$。电容不断地进行充、放电，输出端 u_O 便获得了一个连续的矩形波。可见对于多谐振荡器电路来说没有稳态，只有两个暂稳态。之所以称为"暂稳态"，是因为这两个状态只能维持一段时间，每个状态都会随着电容的充电或放电自动结束。

2. 相关参数

（1）电容充电时间 T_1。由图 9-23 可以看出，电容充电时间 T_1 就是电容从 $\dfrac{1}{3}V_{CC}$ 充电到 $\dfrac{2}{3}V_{CC}$ 所需的时间。则 $u_C(0)=\dfrac{1}{3}V_{CC}$，$u_C(\infty)=V_{CC}$，转换值 $V_{T+}=\dfrac{2}{3}V_{CC}$，代入 RC 电路过渡过程计算公式，可得

$$
\begin{aligned}
T_1 &= (R_1+R_2)C\ln\frac{u_C(\infty)-u_C(0)}{u_C(\infty)-V_{T+}} \\
&= (R_1+R_2)C\ln\frac{V_{CC}-\dfrac{1}{3}V_{CC}}{V_{CC}-\dfrac{2}{3}V_{CC}} \\
&= (R_1+R_2)C\ln2 \approx 0.69(R_1+R_2)C
\end{aligned}
\tag{9-8}
$$

（2）电容放电时间 T_2。由图 9-23 可以看出，电容放电时间 T_2 就是电容从 $\dfrac{2}{3}V_{CC}$ 放电到 $\dfrac{1}{3}V_{CC}$ 所需的时间。则 $u_C(0)=\dfrac{2}{3}V_{CC}$，$u_C(\infty)=0$，转换值 $V_{T-}=\dfrac{1}{3}V_{CC}$，代入 RC 电路过渡过程计算公式，可得

$$
T_2 = R_2C\ln\frac{u_C(\infty)-u_C(0)}{u_C(\infty)-V_{T-}}
$$

$$= R_2 C \ln \frac{0 - \frac{2}{3} V_{CC}}{0 - \frac{1}{3} V_{CC}} \tag{9-9}$$

$$= R_2 C \ln 2 \approx 0.69 R_2 C$$

（3）电路振荡周期：

$$T = T_1 + T_2 = (R_1 + 2R_2) C \ln 2 \approx 0.69(R_1 + 2R_2) C \tag{9-10}$$

（4）电路振荡频率：

$$f = \frac{1}{T} = \frac{1}{(R_1 + 2R_2) C \ln 2} \approx \frac{1}{0.69(R_1 + 2R_2) C} \tag{9-11}$$

（5）输出波形占空比：

$$q = \frac{T_1}{T} = \frac{R_1 + R_2}{R_1 + 2R_2} \tag{9-12}$$

上式说明，图 9-22 电路输出脉冲的占空比始终大于 50%。

3. 占空比可调的多谐振荡器

若要得到小于或等于 50% 的占空比，可以采用如图 9-24 所示的改进电路。由于接入了二极管 VD1 和 VD2，电容 C 的充电电流和放电电流流经不同的路径，充电电流只流经 R_1，放电电流只流经 R_2，因此相关参数也要发生相应改变。

电容充电时间 T_1：

$$T_1 = R_1 C \ln 2 \approx 0.69 R_1 C \tag{9-13}$$

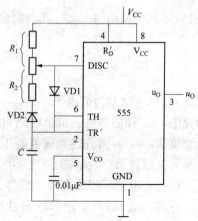

电容放电时间 T_2：

$$T_2 = R_2 C \ln 2 \approx 0.69 R_2 C \tag{9-14}$$

电路振荡周期 T：

$$T = T_1 + T_2 = (R_1 + R_2) C \ln 2 \approx 0.69(R_1 + R_2) C \tag{9-15}$$

输出波形占空比：

$$q = \frac{T_1}{T} = \frac{R_1}{R_1 + R_2} \tag{9-16}$$

只要改变电位器滑动端的位置，就可以方便地调节占空比 q，当 $R_1 = R_2$ 时，$q = 50\%$，u_O 成为对称的矩形波。

图 9-24　占空比可调的多谐振荡器

9.5.2　用门电路组成的多谐振荡器

图 9-25 所示电路是对称式多谐振荡器的典型电路，它是由两个 TTL 反相器 G1、G2 经耦合电容 C_1、C_2 连接起来的正反馈电路。

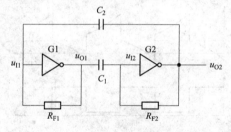

图 9-25　由门电路构成的对称式多谐振荡器

1. 工作原理

为了产生自激振荡，电路不能有稳定状态，即静态（没有振荡时）时应是不稳定的。如果能设法使 G1、G2 工作在放大状态，这时只要 G1 或 G2 的输入电压有极微小的扰动，就会被正反馈回路放大而引起振荡。

为了使反相器静态时工作在放大状态，必须给它们设置适当的偏置电压，它的数值应介于高、低电平之间。这个偏置电压可以通过在反相器的输入端与输出端之间接入反馈电阻 R_F 来得到。对于 74 系列的门电路而言，R_F 的阻值应取在 $0.5 \sim 1.9\text{k}\Omega$。

（1）第一个暂稳态。假使当电路接通电源后，由于电扰动，使得输入 u_{I1} 有微小的正跳变，则引起下列正反馈过程：

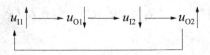

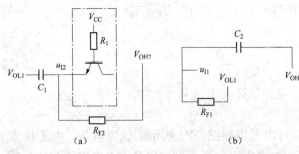

图 9-26　图 9-25 电路中电容的充、放电等效电路

(a) C_1 充电的等效电路；(b) C_2 放电的等效电路

此正反馈使得 u_{O1} 迅速跳变为低电平，u_{O2} 迅速跳变为高电平，电路进入第一个暂稳态。同时 C_1 开始充电，而 C_2 开始放电。C_1 充电和 C_2 放电的等效电路如图 9-26 所示。

（2）第二个暂稳态。由于 C_1 同时经 R_1 和 R_{F2} 两条支路充电，而 C_2 只通过 R_{F1} 一条支路放电，所以充电的速度比放电速度快，故 u_{I2} 首先上升到 G2 的阈值电压 V_{TH}，并引起如下的正反馈过程：

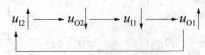

因此 u_{O2} 迅速跳变为低电平，而 u_{O1} 迅速跳变为高电平，电路进入第二个暂稳态，同时 C_2 开始充电，C_1 开始放电。由于电路对称，这一过程与前面过程类似，C_2 充电的速度比 C_1 放电速度快，故 u_{I1} 首先达到阈值电压 V_{TH}，使得 u_{O1} 迅速跳变回低电平，而 u_{O2} 迅速跳变回高电平，又回到第一暂稳态。

因此，电路不停地在两个暂稳态之间往复振荡，在输出端 u_{O2} 产生矩形输出脉冲。电路中各点电压的波形，如图 9-27 所示。

2. 相关参数

如果 G1、G2 为 74LS 系列反相器，取 $V_{OH} = 3.4\text{V}$，$V_{IK} = -1\text{V}$，$V_{TH} = 1.1\text{V}$，在 $R_F \ll R_1$ 的情况下可近似得到电路振荡周期 T，即

$$T \approx 2R_F C \ln \frac{V_{OH} - V_{IK}}{V_{OH} - V_{TH}} \approx 1.3 R_F C \quad (9\text{-}17)$$

用门电路组成的多谐振荡器还有很多种电路形式，这里就不一一介绍了。它们共同的结构特点是：由门电路、正反馈网络和 RC 延时环节三部分组成。门电路的作用是产生高、低电平；正反馈网络可将输出状态恰当地反馈给门电路的输

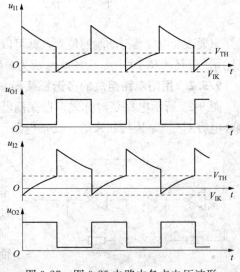

图 9-27　图 9-25 电路中各点电压波形

入端，以改变输出的状态；RC 延时环节决定振荡频率。

9.5.3 由施密特触发器构成的多谐振荡器

根据前面的介绍，施密特触发器最突出的特点是它的电压传输特性有一个滞回区。根据这个特点，只要将施密特触发器的反相输出端经 RC 积分电路接回输入端即可构成多谐振荡器，如图 9-28 所示。

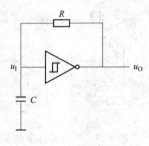

图 9-28　用施密特触发器构成的多谐振荡器

当接通电源以后，因为电容 C 上的初始电压为零，即 $u_I = 0$，所以输出 u_O 为高电平，并开始经电阻 R 向电容 C 充电。当充电到 $u_I = V_{T+}$ 时，输出 u_O 跳变为低电平，电容 C 又经过电阻 R 开始放电。

当放电到 $u_I = V_{T-}$ 时，输出 u_O 又跳变成高电平，电容 C 又重新开始充电。如此循环往复，电路便不停地振荡。u_I 和 u_O 的电压波形如图 9-29 所示。

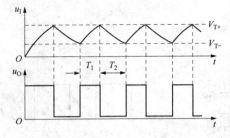

图 9-29　图 9-28 电路的电压波形图

若使用的是 CMOS 施密特触发器，而且 $V_{OH} \approx V_{DD}$，$V_{OL} \approx 0$，则依据图 9-29 的电压波形得到计算振荡周期的公式为

$$T = T_1 + T_2 = RC\ln\frac{V_{DD} - V_{T-}}{V_{DD} - V_{T+}} + RC\ln\frac{V_{T+}}{V_{T-}}$$

$$= RC\ln\left(\frac{V_{DD} - V_{T-}}{V_{DD} - V_{T+}} \cdot \frac{V_{T+}}{V_{T-}}\right) \tag{9-18}$$

9.5.4 石英晶体振荡器

在许多数字系统中，都要求时钟脉冲频率十分稳定。例如，在数字钟表里，计数脉冲频率的稳定性直接决定着计时的精确度。前面介绍的多谐振荡器的振荡周期或频率不仅与时间常数 RC 有关，而且还取决于门电路的阈值电压 V_{TH}。V_{TH} 容易受温度、电源电压及其他干扰的影响，故频率的稳定性很差，不能适应对频率稳定性要求较高的场合。在对振荡器频率稳定度要求很高的场合，多采用由石英晶体构成石英晶体振荡器。

1. 石英晶体的选频特性

图 9-30 给出了石英晶体的符号和电抗的频率特性。由电抗频率特性可知，当外加电压频率为 $f = f_0$ 时，其阻抗最小，此频率的信号最易通过，其他频率被衰减，故振荡器工作在频率 f_0 处。石英晶体不仅选频特性极好，而且谐振频率 f_0 十分稳定。石英晶体的谐振频率由石英晶体的结晶方向和外形尺寸所决定，具有极高的频率稳定性。它的频率稳定度可达 $10^{-11} \sim 10^{-10}$，足以满足大多数数字系统对频率稳定度的要求。具有各种谐振频率的石英晶体已被制成标准化和系列化的产品。

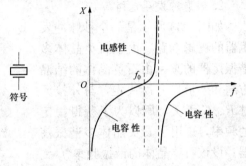

图 9-30　石英晶体的电抗频率特性及符号

2. 石英晶体多谐振荡器

把石英晶体与对称式多谐振荡器中的耦合电容串联起来，就组成了如图 9-31 所示的石英晶体多谐振荡器。由于石英晶体串联于反馈回路中

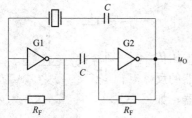

图 9-31　石英晶体多谐振荡器

作为选频环节，因此只有频率为 f_0 的信号才能通过，满足振荡条件，故该电路的振荡频率为石英晶体的谐振频率 f_0。f_0 仅决定于石英晶体的体积和形状，而与外接元件 R、C 无关，所以这种电路振荡频率的稳定度很高。

9.5.5　多谐振荡器的应用

1. 模拟声响电路

如图 9-32（a）所示是一个模拟声响电路。它由两个多谐振荡器构成。多谐振荡器 A 的输出 u_{O1} 连接多谐振荡器 B 的清零端 R'_D，所以当 u_{O1} 为 0 时，多谐振荡器 B 的输出 u_{O2} 输出为 0，扬声器不能发出声响；当 u_{O1} 为 1 时，多谐振荡器 B 正常工作，并驱动扬声器发出声响。u_{O1} 和 u_{O2} 的波形关系如图 9-32（b）所示。

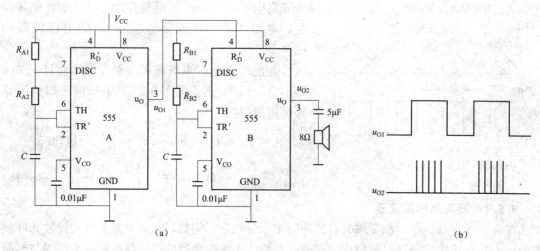

图 9-32　模拟声响电路
(a) 逻辑图；(b) 波形图

通过选择不同的定时元件 R_{A1}、R_{A2}、C，可以调节多谐振荡器 A 的振荡频率，从而可以调节扬声器每个时间周期发声和间歇的时间长短。通过选择不同的定时元件 R_{B1}、R_{B2}、C，可以调节多谐振荡器 B 的振荡频率，从而可以调节扬声器发出不同频率的声响。

2. 秒脉冲发生电路

如图 9-33 所示是一个秒脉冲发生器的逻辑电路。由于石英晶体多谐振荡器的频率由石英晶体的结晶方向和外形尺寸所决定，与外接元件 R、C 无关，所以为了获得稳定的频率，选用了石英晶体多谐振荡器。设该石英晶体的谐振频率 $f_0 = 32768\text{Hz}$，为了获得秒脉冲信号，

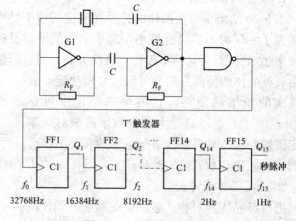

图 9-33　秒脉冲发生电路

需对此信号进行分频。一级 T′触发器可以对信号进行二分频，因此经 T′触发器构成 15 级异步计数器分频后，便可得到稳定度极高的秒脉冲信号。这种秒脉冲发生器可作为各种计时系统的基准信号源。

9.6 电 路 仿 真

本节采用 Multisim 12.0 仿真软件进行电路仿真，读者可根据需要自行学习 Multisim 12.0 的使用方法。

9.6.1 555 定时器构成的施密特触发器的电路仿真

首先启动 Multisim 12.0，在器件库中选择合适的器件，根据图 9-3（b）连接完成如图 9-34 所示仿真电路图。

XFG1 是函数发生器，用以产生输入信号 u_1。双击 XFG1 图标，打开 XFG1 属性设置窗口，选择正弦波，并根据仿真电路设置信号频率、振幅等。示波器 XSC1 用于观察输入和输出波形。连接好电路后，单击运行按钮，同时双击 XSC1 图标，可以打开 XSC1 显示窗口，就可以观察到如图 9-35 所示的 u_1 和 u_O 的波形。若让波形的显示方式由 YT 模式切换为 XY 模式，则 u_1 和 u_O 的 波形如图 9-36 所示。从图 9-36 可以发现其特点与图 9-4（a）相同，也就是 555 定时器构成的施密特触发器的电压传输特性。

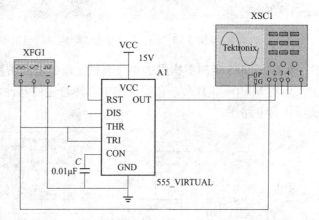

图 9-34　555 定时器构成的施密特触发器仿真电路

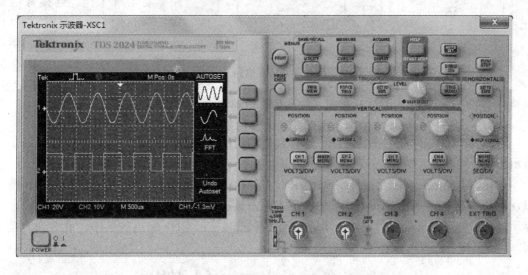

图 9-35　555 定时器构成的施密特触发器仿真波形（YT 形式）

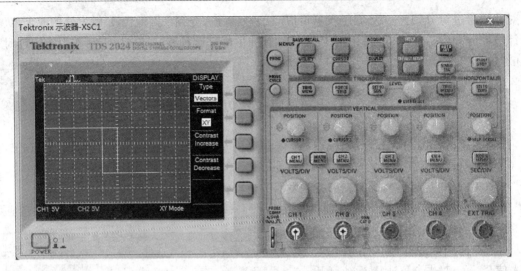

图 9-36　555 定时器构成的施密特触发器仿真波形（XY 形式）

9.6.2　555 定时器构成的单稳态触发器的电路仿真

启动 Multisim 12.0，在器件库中选择合适的器件，根据图 9-10（b）连接完成如图 9-37 所示仿真电路图。

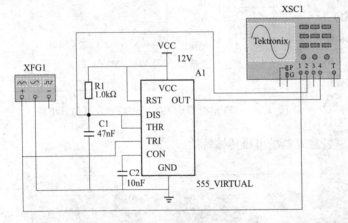

图 9-37　555 定时器构成的单稳态触发器仿真电路

双击函数发生器 XFG1 图标，打开 XFG1 属性设置窗口，选择矩形波，作为触发信号接入 555 定时器触发端（2 脚，TRI）。注意触发信号频率的选择，要保证 u_I 低电平所维持的时间小于脉冲宽度 t_W，否则电路不能正常工作。连接好电路后，双击示波器 XSC1 图标，打开 XSC1 显示窗口，并单击运行按钮，就可以观察到如图 9-38 所示的 u_I、u_C 和 u_O 的波形。

图 9-38 的波形与图 9-11 的波形相同，故该仿真电路正确。

9.6.3　555 定时器构成的多谐振荡器的电路仿真

启动 Multisim 12.0，在器件库中选择合适的器件，根据图 9-22（b）连接完成如图 9-39 所示仿真电路图。

连接好电路后，双击示波器 XSC1 图标，打开 XSC1 显示窗口，并单击运行按钮，就可以观察到如图 9-40 所示的 u_C 和 u_O 的波形。单击显示窗口右侧上方的"Measure"按钮，在显示窗口右侧显示屏处设置，使显示屏右侧菜单能够显示 CH2 通道的频率，可看到测量结果 $f=2.87\text{kHz}$。根据式（9-11）可得

$$f = \frac{1}{T} = \frac{1}{(R_1 + 2R_2)C\ln 2} \approx 2.89\text{kHz}$$

计算值与测量值相符，因此仿真电路正确。

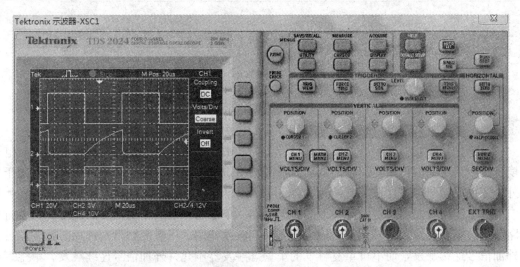

图 9-38 555 定时器构成的单稳态触发器仿真波形

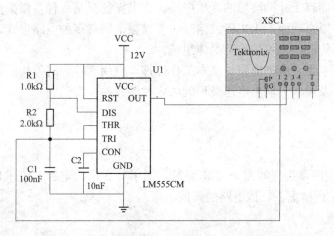

图 9-39 555 定时器构成的多谐振荡器仿真电路

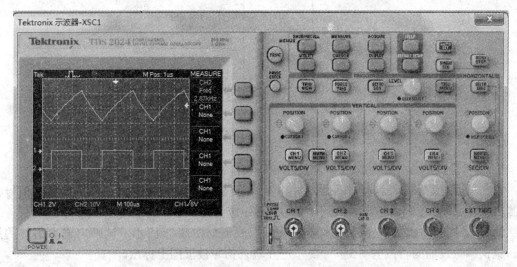

图 9-40 555 定时器构成的多谐振荡器仿真波形

本 章 小 结

本章介绍了集成电路 555 定时器和用于矩形脉冲波形整形和产生的一些常用电路。

（1）555 定时器是一种用途很广的集成电路，除了能组成施密特触发器、单稳态触发器和多谐振荡器以外，还可以接成各种灵活多变的应用电路。

（2）施密特触发器属于脉冲波形的整形电路。由于施密特触发器的滞回特性和输出电平转换过程中正反馈的作用，使输出电压波形的边沿得到明显的改善。施密特触发器除用于整形外，还可以用于电平比较和脉冲鉴幅等。

（3）单稳态触发器属于脉冲波形的整形电路。单稳态触发器输出信号的宽度完全由自身电路参数决定，与输入信号无关，输入信号只起触发作用。可重复触发的单稳态触发器可以被外加信号连续触发，而不可重复触发的单稳态触发器不允许外加信号连续触发。单稳态触发器因可在触发信号作用下输出固定脉宽，除可以用于整形外，也常用来定时、延时等。

（4）多谐振荡器属于脉冲波形的产生电路。多谐振荡器是一种自激振荡电路，不需要外加输入信号，就可以自动地产生矩形波信号。多谐振荡器有多种电路形式，可用 555 定时器组成，可用门电路组成，也可用石英晶体组成。

本章学习的重点是，典型电路的基本工作原理，利用 555 定时器构成这些典型电路的方法，相关参数计算及输入、输出电压波形间的定性关系。

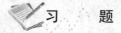 习 题

9.1   将 555 定时器接成如图 9-41 电路时，属于什么样的电路？试求出当 V_{CC} 电压值分别为 6、9、12V 三种情况下，该电路的阈值电压。

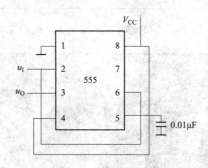

图 9-41   习题 9.1 图

9.2   分别定性画出反相施密特触发器和同相施密特触发器的电压传输特性曲线。

9.3   若用图 9-3 所示电路作脉冲鉴幅电路，要求能将 u_1 中幅度大于 5V 的脉冲信号都检测出来，如图 9-9 所示波形，试问电源电压 V_{CC} 应为几伏？

9.4   若同相输出的施密特触发器输入信号波形如图 9-42 所示，试画出输出信号的波形。施密特触发器的转换电平 V_{T+}、V_{T-} 已在输入信号波形图上标出。

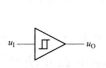 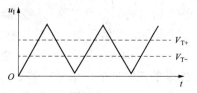

图 9-42　习题 9.4 图

9.5　在图 9-43（a）所示的施密特触发器电路中，已知 $R_1=10\text{k}\Omega$，$R_2=30\text{k}\Omega$，G1 和 G2 为 CMOS 反相器，$V_{DD}=15\text{V}$。

（1）试计算电路的正向阈值电压 V_{T+}、V_{T-} 和 ΔV_T。

（2）若将图 9-43（b）给出的电压信号加到图 9-43（a）电路的输入端，试画出输出电压的波形。

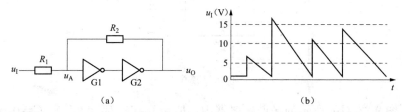

图 9-43　习题 9.5 图

9.6　将 555 定时器连接成如图 9-44 所示的电路，试问该电路属于什么电路？若 $V_{CC}=9\text{V}$，$R=2\text{k}\Omega$，$C=0.05\mu\text{F}$，试求出输出脉冲宽度 t_W。

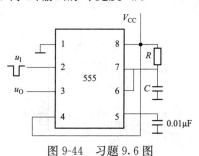

图 9-44　习题 9.6 图

9.7　图 9-10（b）所示的电路中 V_{CC} 电压值为 9V，要求在输入端外加一个电压值足够低的负向触发脉冲信号，输出电压维持高电平的时间为 3s，若电路中的电阻 R 为 15kΩ，电容 C 的大小应为多大？

9.8　图 9-45 是用 555 定时器组成的开机延时电路。若给定 $C=25\mu\text{F}$，$R=91\text{k}\Omega$，$V_{CC}=12\text{V}$，试计算动断开关 S 断开以后经过多长的延迟时间，u_O 才跳变为高电平。

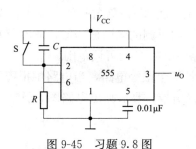

图 9-45　习题 9.8 图

9.9　在图 9-12 给出的微分型单稳态触发器电路中，已知 $R=51\mathrm{k\Omega}$，$C=0.01\mu\mathrm{F}$，电源电压 $V_{\mathrm{DD}}=10\mathrm{V}$，试求在触发信号作用下输出脉冲的宽度 t_{W}。

9.10　试利用 74121 构成单稳态触发器，要求在输入触发脉冲上升沿作用下，能够产生脉冲宽度 t_{W} 为 $20\mu\mathrm{s}$ 的正脉冲输出信号，若 $C=0.01\mu\mathrm{F}$，试画出电路图并计算 R 的取值。

9.11　将 555 定时器连接成如图 9-46 所示的电路，试问该电路属于什么电路？若 $V_{\mathrm{CC}}=9\mathrm{V}$，$R_1=1\mathrm{k\Omega}$，$R_2=2\mathrm{k\Omega}$，$C=0.05\mu\mathrm{F}$，试求出输出脉冲频率 f。

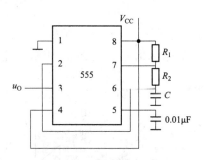

图 9-46　习题 9.11 图

9.12　在图 9-22（b）所示的多谐振荡器中，$R_1=15\mathrm{k\Omega}$、$R_2=10\mathrm{k\Omega}$、$C=0.05\mu\mathrm{F}$，$V_{\mathrm{CC}}=9\mathrm{V}$，试定性画出 u_{C}、u_{O} 的波形，计算振荡周期 T 和占空比 q。

9.13　图 9-47 是用 555 定时器构成的压控振荡器，试求输入控制电压 u_1 和振荡频率之间的关系式。当 u_1 升高时，频率是升高还是降低？

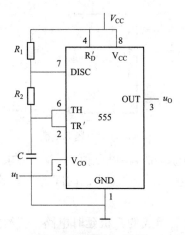

图 9-47　习题 9.13 图

9.14　利用正向阈值电压 $V_{\mathrm{T+}}$ 为 3V、负向阈值电压 $V_{\mathrm{T-}}$ 为 0.5V 的施密特触发器，设计一个输出脉冲宽度在 $0.1\sim5\mathrm{s}$ 内可调的多谐振荡器，取电容 C 的容量为 $500\mu\mathrm{F}$，电路的电源电压值为 5V。要求计算电路中电阻 R 的可调范围。

9.15　利用 555 定时器设计一个报警电路，当电路中报警开关由闭合转变为断开时，电路能够产生 2000Hz 频率的报警信号。要求画出电路图，计算电路的相关元件参数。555 定时器的外接电源电压为 6V。

拓展阅读

555 定时器的发明者——Hans R. Camenzind

模拟专家 Hans R. Camenzind 是一位瑞士裔美国人，他从 1960 年来到美国，随后几年分别在半导体业的知名厂商 Transitron、Tyco Semiconductor 和 Signetics 供职。

1971 年，Hans R. Camenzind 在 Signetics 公司任职期间发明了 555 定时器，同时 Signetics 公司将该项发明成功商业化。该器件主要应用于振荡器、脉冲产生及其他应用中，至今仍被广泛应用。目前，世界各大半导体厂商仍生产着各种各样的 555 定时器，这些厂商包括 Texas Instruments、Intersil、Maxim、Avago、Exar、Fairchild、NXP 和 STMicroelectronics。

HansR. Camenzind 除发明了一个最成功的电路——555 定时器外，还首次在 IC 设计中引入锁相环的概念。Hans R. Camenzind 于 2012 年 8 月 15 日在睡眠中走完了他最后的人生之路，享年 78 岁。

10　数模与模数转换器

【引入】

通过前面的学习，我们已经对数字电路有了一定的了解，数字技术与模拟技术相比有其独特的优势。同时由于数字电子技术的迅速发展，尤其是计算机在自动控制、自动检测及许多其他领域中的广泛应用，用数字电路处理模拟信号的情况也更加普遍了。那么如何能够使用数字电路处理模拟信号？数字电路怎样将输出结果以模拟信号形式输出？本章将就这些问题进行解答。

10.1　概　　述

数字技术与模拟技术相比有其独特的优势，因此在现代控制、通信、检测等越来越多的领域中得到了广泛的应用。但是无论数字技术怎样发展，自然界中的大多数物理量都是模拟量，如温度、压力、位移、图像等。要使计算机或数字系统能识别和处理这些模拟信号，必须首先将这些模拟信号转换成数字信号；而经计算机分析、处理后输出的数字量往往也需要转换成相应的模拟信号才能为执行机构所接收。这样，就需要在模拟信号与数字信号之间架起一座桥梁。数模转换器和模数转换器就起到了这样的桥梁作用。

例如，在计算机控制系统中，如图10-1所示，被控量一般为非电量，如温度、压力、位移等。首先由传感器将它们转化成连续变化的模拟量，再由模数转换器转换成数字量，送到计算机中进行处理和计算。由计算机处理后要经过数模转换器将计算机输出的数字量转换成模拟量，加到执行机构，执行机构根据要求对控制对象进行相应调节。

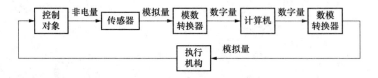

图 10-1　计算机控制系统框图

从模拟信号到数字信号的转换称为模数转换，或简称为 A/D 转换（Analog to Digital），把从数字信号到模拟信号的转换称为数模转换，或简称为 D/A 转换（Digital to Analog）。同时，把实现 A/D 转换的电路称为 A/D 转换器，简写为 ADC（Analog-Digital Converter），把实现 D/A 转换的电路称为 D/A 转换器，简写为 DAC（Digital-Analog Converter）。

转换精度和转换速度是衡量 A/D 转换器和 D/A 转换器性能优劣的主要指标。为了保证处理结果的准确性，A/D 转换器和 D/A 转换器必须要有足够的转换精度；而为了适应快速过程的控制和检测，它们还必须要有足够快的转换速度。我们知道，在系统中，数字计算机的精度和速度是没有问题的，所以对最终处理结果的精度和处理的速度，起决定作用的是 A/D 转换器和 D/A 转换器的转换精度和转换速度。因此在讲述各种转换电路时，在介绍工作原理的基础上，主要讨论的就是转换精度和转换速度的问题。

10.2　D/A 转 换 器

10.2.1　D/A 转换器的基本工作原理

数字量是用代码按数位组合起来表示的，对于有权码，每位代码都有一定的位权。为了将数字量转换成模拟量，必须将每 1 位的代码按其位权的大小转换成相应的模拟量，然后将这些模拟量相加，即可得到与数字量成正比的总模拟量，从而实现数字量到模拟量的转换。这就是组成 D/A 转换器的基本指导思想。

D/A 转换器是由数码寄存器、模拟电子开关电路、解码电路、求和电路及基准电压等部分组成，如图 10-2 所示。数字量是以串行或并行方式输入并存储在数码寄存器中，寄存器输出的每位数码驱动对应数位上的电子开关将电阻解码网络中获得的相应数位权值送入求和电路中，求和电路将各位权值相加就得到与数字量相应的模拟量。

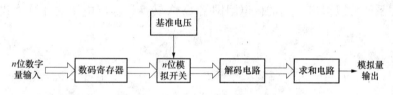

图 10-2　D/A 转换器原理框图

按解码电路结构可把 D/A 转换器分为：权电阻网络型、倒 T 形电阻网络型、权电流型、权电容型及开关树型等。

按模拟开关电路可把 D/A 转换器分为：CMOS 开关型和双极型开关型。其中双极型开关 D/A 转换器又分为电流开关型和 ECL 电流开关型。CMOS 型功耗低，但速度慢；双极型的转换速度快。

1. 权电阻网络 D/A 转换器

图 10-3 是 4 位权电阻网络 D/A 转换器的原理图，它由权电阻网络、4 个模拟开关和 1 个求和放大器组成。

S3、S2、S1、S0 为电子开关，其状态受输入信号 d_3、d_2、d_1、d_0 的取值控制。当 $d_i = 1$ 时开关接到参考电压 V_{REF} 上，有支路电流 I_i 流向求和放大器；当 $d_i = 0$ 时开关接地，支路电流 I_i 为零。

求和放大器是一个接成负反馈的运算放大器。为了便于分析计算，可以把运算放大器近似地看成是理想放大器，即它的开环放大倍数为无穷大（$A_u = \infty$），输入电流为零（$i_i = 0$），输入电阻为无穷大（$R_i = \infty$），输出电阻为零

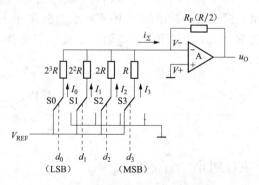

图 10-3　权电阻网络 D/A 转换器

（$R_o = 0$）。当同相输入端的电位 V_+ 高于反相输入端的电位 V_- 时，输出端对地的电压 u_O 为正；当 V_- 高于 V_+ 时，u_O 为负。

由于运算放大器引入了深度负反馈，故存在虚短和虚断，所以 $V_+ \approx V_- = 0$，$i_i = 0$。当参考电压经电阻网络加到 V_- 时，可以得到输出 u_O 为

$$u_O = -R_F i_\Sigma$$
$$= -R_F(I_3 + I_2 + I_1 + I_0) \tag{10-1}$$

由于 $V_+ \approx V_- = 0$，故各支路电流分别为

$$I_3 = \frac{V_{REF}}{R}d_3, I_2 = \frac{V_{REF}}{2R}d_2, I_1 = \frac{V_{REF}}{2^2 R}d_1, I_0 = \frac{V_{REF}}{2^3 R}d_0$$

取 $R_F = \dfrac{R}{2}$，则输出电压为

$$u_O = -R_F(I_3 + I_2 + I_1 + I_0)$$
$$= -R_F(\frac{V_{REF}}{R}d_3 + \frac{V_{REF}}{2R}d_2 + \frac{V_{REF}}{2^2 R}d_1 + \frac{V_{REF}}{2^3 R}d_0)$$
$$= -\frac{V_{REF}}{2^4}(2^3 d_3 + 2^2 d_2 + 2^1 d_1 + 2^0 d_0) \tag{10-2}$$

根据此关系，可以得出 n 位的权电阻网络 D/A 转换器输出电压的计算公式，仍取 $R_F = \dfrac{R}{2}$，则 u_O 为

$$u_O = -\frac{V_{REF}}{2^n}(2^{n-1}d_{n-1} + 2^{n-2}d_{n-2} + \cdots + 2^1 d_1 + 2^0 d_0)$$
$$= -\frac{V_{REF}}{2^n}D_n \tag{10-3}$$

上式表明，输出的模拟电压正比于输入的数字量 D_n，从而实现了从数字量到模拟量的转换。D_n 的范围是 $0 \sim 2^n - 1$，u_O 的范围是 $-\dfrac{2^n - 1}{2^n}V_{REF} \sim 0$。

这个电路的优点是结构比较简单，所用的电阻元件数很少。它的缺点是各个电阻的阻值相差较大，尤其在输入信号的位数较多时，这个问题就更加突出。要想在极为宽广的阻值范围内保证每个电阻都有很高的精度是十分困难的，尤其对制作集成电路更加不利。

2. 倒 T 形电阻网络 D/A 转换器

由于权电阻网络 D/A 转换器中电阻阻值相差太大，给集成电路的制作带来了很大的困难，因此又研制出如图 10-4 所示的倒 T 形电阻网络 D/A 转换器。由图可知，电阻网络中只有 R 和 $2R$ 两种阻值的电阻，这就给集成电路的设计和制作带来了很大的方便。

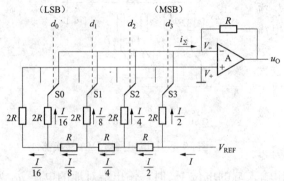

图 10-4　倒 T 形电阻网络 D/A 转换器

该电路的工作原理为：电子开关 S_i 由输入数字量 d_i 控制，当 $d_i = 1$ 时，S_i 连接在右端开关，将电阻 $2R$ 接运算放大器反相输入端，电流汇入 i_Σ；当 $d_i = 0$ 时，S_i 连接在左端，将电阻 $2R$ 接地。根据运算放大器线性应用时的"虚地"概念可知，无论电子开关 S_i 处于何种位置，与 S_i 相连的 $2R$ 电阻均"接地"（地或虚地）。电阻网络的等效电路如图 10-5

所示，从 AA、BB、CC、DD 每个端口向左看过去的等效电阻都是 R，因此从参考电源流入倒 T 形电阻网络的总电流为 $I = \dfrac{V_{REF}}{R}$，进一步分析可见，从每个节点向左看的电阻网络的等效电阻均为 $2R$，流入每个 $2R$ 电阻的电流从高位到低位按 2 的整倍数递减，即流过各开关支路（从右到左）的电流分别为

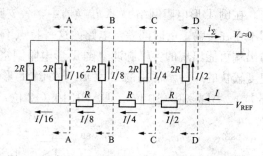

图 10-5 倒 T 形电阻网络 D/A 转换器的等效电路

$\dfrac{I}{2}$、$\dfrac{I}{4}$、$\dfrac{I}{8}$ 和 $\dfrac{I}{16}$。于是可得流入集成运算放大器组成的求和电路的总电流 i_{Σ} 为

$$i_{\Sigma} = d_3\left(\frac{I}{2}\right) + d_2\left(\frac{I}{4}\right) + d_1\left(\frac{I}{8}\right) + d_0\left(\frac{I}{16}\right)$$

输出电压为

$$u_O = -R i_{\Sigma} = -R\frac{V_{REF}}{R}\frac{1}{2^4}(d_3 2^3 + d_2 2^2 + d_1 2^1 + d_0 2^0)$$

$$= -\frac{V_{REF}}{2^4}D \tag{10-4}$$

对于 n 位输入的倒 T 形电阻网络 D/A 转换器，在求和放大器的反馈电阻为 R 时，其输出的模拟电压为

$$u_O = -\frac{V_{REF}}{2^n}(2^{n-1}d_{n-1} + 2^{n-2}d_{n-2} + \cdots + 2^1 d_1 + 2^0 d_0)$$

$$= -\frac{V_{REF}}{2^n}D_n \tag{10-5}$$

上式说明输出的模拟电压与输入的数字量成正比，其输出电压公式与权电阻网络 D/A 转换器相同。D_n 的范围是 $0 \sim 2^n - 1$，u_O 的范围是 $0 \sim -\dfrac{2^n - 1}{2^n}V_{REF}$。

图 10-6 是采用倒 T 形电阻网络的单片集成 D/A 转换器 CB7520（AD7520）的电路原理图。它的输入为 10 位二进制数，采用 CMOS 电路构成的模拟开关。使用 CB7520 时需要外接运算放大器，反馈电阻可以采用内部的电阻 R，也可以外接反馈电阻接到 I_{out1} 和 u_O 之间。外接参考电压 V_{REF} 必须有足够的精度，才能确保应有的转换精度。

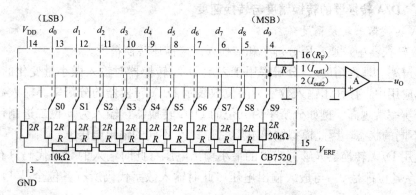

图 10-6 CB7520（AD7520）的电路原理图

在倒 T 形电阻网络 D/A 转换器中，各支路电流直接流入运算放大器的输入端，它们之间不存在传输上的时间差。电路的这一特点不仅提高了转换速度，而且也减少了动态过程中输出端可能出现的尖峰脉冲。倒 T 形电阻网络 D/A 转换器是目前广泛使用的 D/A 转换器中速度较快的一种。常用的 CMOS 开关倒 T 形电阻网络 D/A 转换器的集成电路有 AD7524（8 位）、AD7520（10 位）、DAC1210（12 位）和 AK7546（16 位高精度）等。

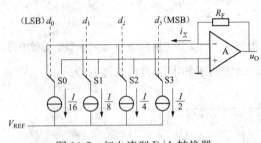

图 10-7 权电流型 D/A 转换器

3. 权电流型 D/A 转换器

在前面介绍的权电阻网络 D/A 转换器和倒 T 形电阻网络 D/A 转换器中，都没有考虑开关的导通电阻和导通压降，而是当成理想开关处理，这无疑会引起转换误差，影响转换精度。解决这个问题采用的一种方法是利用一组恒流源构成"权"，其原理电路如图 10-7 所示。

图 10-8 是常采用的恒流源电路，其电流为

$$I_i \approx \frac{V_B - V_{BE} - V_{EE}}{R_{Ei}} \tag{10-6}$$

输入的数字量为 1 时，相应的开关将恒流源接到运算放大器的输入端；当输入的数字量为 0 时，相应的开关将恒流源接地，故输出电压为

$$
\begin{aligned}
u_O &= R_F i_\Sigma \\
&= R_F \left(\frac{I}{2} d_3 + \frac{I}{4} d_2 + \frac{I}{8} d_1 + \frac{I}{16} d_0 \right) \\
&= \frac{R_F I}{2^4} (2^3 d_3 + 2^2 d_2 + 2^1 d_1 + 2^0 d_0) \tag{10-7}
\end{aligned}
$$

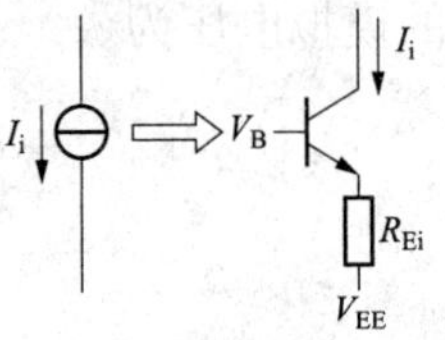

图 10-8 权电流型 D/A 转换器中的恒流源

可见输出电压 u_O 与输入的数字量成正比。

采用恒流源电路之后，各支路权电流的大小均不受开关导通电阻和压降的影响，这就降低了对开关电路的要求，提高了转换精度。由于在权电流 D/A 转换器中采用了高速电子开关，电路仍具有较高的转换速度。采用这种权电流型 D/A 转换电路的集成 D/A 转换器有 AD1408、DAC0806、DAC0808 等。

10. 2. 2　D/A 转换器的转换精度与转换速度

1. D/A 转换器的转换精度

在 D/A 转换器中，通常用分辨率和转换误差来描述转换精度。

（1）分辨率（理论精度）。分辨率用于表示 D/A 转换器对输入微小量变化的敏感程度，所以在实际应用中，往往用输入数字量的位数表示 D/A 转换器的分辨率。输入数字量的位数越多，分辨率就越高。例如分辨率为 n 位的 D/A 转换器，输入为 n 位二进制代码，可以组成 2^n 个不同的状态，因此模拟输出电压就有 2^n 个不同的输出电压。

另外也用 D/A 转换器能够分辨出的最小输出电压（此时输入的数字代码只有最低有效位为 1，其余各位都是 0）与最大输出电压（此时输入数字代码所有各位全是 1）之比表示分辨率，即

$$\text{分辨率} = \frac{u_{O\min}}{u_{O\max}} = \frac{\dfrac{V_{REF}}{2^n}}{\dfrac{(2^n - 1)V_{REF}}{2^n}} = \frac{1}{2^n - 1} \tag{10-8}$$

例如，8 位 D/A 转换器的分辨率可以表示为

$$\text{分辨率} = \frac{1}{2^8 - 1} = \frac{1}{255} \approx 0.00392$$

若基准电压是 10V，则分辨率电压为 0.0392V。

（2）转换误差（实际精度）。由于 D/A 转换器的各个环节在参数及性能上和理论值存在着差异，如基准电压不够稳定、运算放大器的零点漂移、模拟开关的导通内阻和导通压降、电阻网络中电阻阻值的偏差及三极管特性不一致等因素，都会使得实际精度与转换误差有关系。

转换误差是表示由各种因素引起误差的一个综合性的指标，它表示实际的 D/A 转换器特性和理论转换特性之间的最大偏差。转换误差一般用最低有效位的倍数表示，如 LSB/2（Least Significant Bit），即为输出的模拟电压和理论值之间的绝对误差小于等于输入为 00⋯01 时的输出电压的一半。有时也用输出电压满刻度（Full Scale Range，FSR）的百分数来表示输出电压误差绝对值的大小。

转换误差主要指静态误差，它包括：

1）非线性误差。它是由电子开关的导通压降和电阻网络电阻阻值的偏差产生的，常用满刻度的百分数表示。

2）比例系数误差。它是由参考电压 V_{REF} 偏离规定值引起的，也用满刻度的百分数表示。

3）失调误差（漂移误差或平移误差）。它是由运算放大器零点漂移产生的。

2. D/A 转换器的转换速度

当 D/A 转换器输入的数字量发生变化时，输出的模拟量并不能立即达到所对应的输出电压，它需要一段建立时间。通常用建立时间 t_{set} 来定量描述 D/A 转换器的转换速度。

建立时间 t_{set} 是指从输入的数字量发生突变开始，直到输出电压进入与稳态值相差 ±LSB/2 范围以内所用的时间。由于数字量的变化越大，建立的时间就越长，故一般产品给出的是输入从全 0 跳变到全 1（或反之）时的建立时间。目前在不包含运算放大器的 D/A 转换器中，t_{set} 最小在 0.1μs 以内；在包含运算放大器的集成 D/A 转换器中，t_{set} 最小在 1.5μs 以内。

10.3 A/D 转 换 器

10.3.1 A/D 转换器的基本原理

A/D 转换器的功能是把模拟信号转换为与之成正比的数字量。由于输入的模拟信号在时间上是连续的，输出的数字信号在时间和幅值都是离散的，因此转换时一般要经过取样、保持、量化和编码四个过程。实际中有时取样和保持、量化和编码会同时实现。

所以 A/D 转换过程是首先对输入模拟电压信号进行取样，然后保持并将取样电压量化为数字量，并按一定的编码形式给出转换结果。

1. 取样和保持

所谓取样，就是按一定的时间间隔和顺序采集模拟信号，从而把一个时间和幅值都连续变化的模拟信号变换成时间和幅值上都离散的信号，这个离散的信号是一串时间等距、幅度

取决于当时模拟量大小的脉冲信号。将取样所得的电压转换为相应的数字量还需要一定的时间，为了给后边的量化和编码电路提供一个稳定值，必须把取样的样值保持一段时间，这就是所谓的保持。进行 A/D 转换时所用的输入电压，实际上是每次取样结束时 u_1 的值，也就是在保持阶段的样值。

（1）取样定理。取样定理为若 f_s 为取样信号的频率，f_{imax} 为输入模拟信号的最高频率分量的频率，则它们必须满足：

$$f_s \geqslant 2f_{imax} \tag{10-9}$$

一般取 $f_s \geqslant (3 \sim 5) f_{imax}$。由图 10-9 所示，取样的时间间隔越短，即取样频率越高，取样后的信号越能正确的复现模拟信号 u_1。

一般取样和保持过程往往是通过取样保持电路同时完成的。

（2）取样保持电路。基本的取样保持电路如图 10-10 所示。图中的 N 沟道增强型 MOS 管 VT 作为采样模拟开关。设集成运算放大器 A 为理想运算放大器，当取样控制信号 u_L 为高电平时，为取样阶段，此时 MOS 管 VT 导通，输入信号 u_1 经电阻 R_1 和 VT 向电容 C_H 充电。根据集成运算放大器的"虚短"与"虚断"，若 $R_1 = R_F$，则充电结束后 $u_O = u_C = -u_1$。当采样控制信号 u_L 返回低电平时，为保持阶段。此时 MOS 管 VT 截止，由于电容 C_H 无放电回路，电容 C_H 上的电压可以在一段时间内保持不变，所以输出端 u_O 的数值被保存下来。显然，电容 C_H 的漏电流越小，运算放大器的输入阻抗越高，u_O 的保持时间越长。

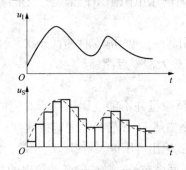
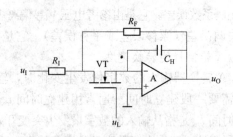

图 10-9　对输入模拟信号的取样　　　图 10-10　取样保持电路的基本形式

图 10-10 的电路由于对电容 C_H 充电时需通过 R_1 和 VT，它们将影响取样速度。而若减小 R_1 则会降低电路的输入电阻，因此采取在电路的输入端增加一级隔离放大器来解决上述矛盾。单片集成取样保持电路 LF398 就是这样的一种改进电路，如图 10-11 所示为 LF398 的电路原理图及符号。

图中 A1、A2 是两个运算放大器，S 是模拟开关，L 是控制开关 S 的逻辑单元。当取样控制信号 u_L 为高电平时，S 闭合，电路处于取样阶段，A1、

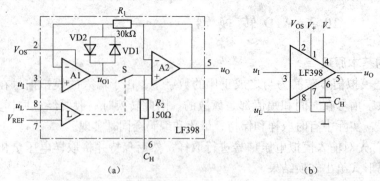

图 10-11　集成采样保持电路 LF398 的电路原理图及符号
(a) LF398 电路原理图；(b) LF398 图形符号

A2 均工作在电压跟随器状态，所以 $u_O = u_{O1} = u_1$。当 u_L 返回低电平以后，S 断开，电路处于保持阶段，由于 C_H 无放电回路，所以 C_H 上的电压基本保持不变，输出电压 u_O 的数值得以保持下来。VD1 和 VD2 构成保护电路，当保持时总有一个二极管是导通的，保护开关电路不承受过高的电压；当取样时，两个二极管都截止，保护电路不起作用。

2. 量化和编码

（1）量化。数字量不仅时间上是离散的，而且数值上也是离散的，所以任何一个数字量的大小只能是某个规定的最小数量单位的整数倍。将取样电压表示为最小数量单位（Δ）的整数倍，称为量化。所取的最小数量单位叫做量化单位，用 Δ 表示，它是数字信号最低位（LSB）为 1，其他位为 0 时所对应的模拟量，即 1LSB。

（2）编码。将量化的结果用代码（可以是二进制，也可以是其他进制）表示出来，这个过程称为编码，这些代码也是 A/D 转换器的输出数字量。

（3）量化误差。由于模拟电压是连续的，那么不可能所有的电压都能被量化单位 Δ 整除，所以量化过程不可避免地会引入误差，这种误差就叫做量化误差。量化误差属于原理性误差，无法消除。A/D 转换器的位数越多，各离散电平之间的差值就越小，量化误差也越小。

（4）量化方式。将输入模拟电压信号划分为不同的量化等级时，通常有两种方法，一种是只舍不入法，另一种是四舍五入法。

1）只舍不入量化方式。以 3 位 A/D 转换器为例，设输入模拟电压信号 u_1 为 $0 \sim 1V$，取量化单位 $\Delta = 1/8V$，量化中把不足量化单位部分舍弃，如 $0 \sim 1/8V$ 都当成 $0 \cdot \Delta$ 处理，用三位二进制数 000 表示；在 $1/8 \sim 2/8V$ 都当成 $1 \cdot \Delta$ 处理，即当成 1/8V 处理，用三位二进制数 001 表示，依此类推，如图 10-12（a）所示，其最大量化误差为 Δ，即 1/8V。

2）四舍五入量化方式。取量化单位 $\Delta = 2/15V$，量化中将不足半个量化单位部分舍去，对于等于或大于半个量化单位的部分按一个量化单位处理。如 $0 \sim 1/15V$ 当 $0 \cdot \Delta$ 处理，用 000 表示；将 $1/15 \sim 3/15V$ 当成 $1 \cdot \Delta$ 处理，即 2/15V，用 001 表示，依此类推，如图 10-12（b）所示，其最大量化误差为 $1/2\Delta$，即 1/15V。

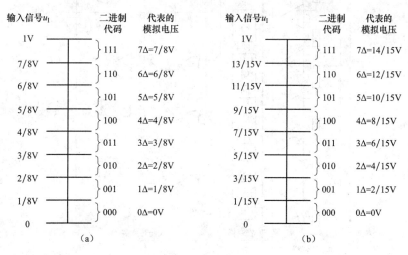

图 10-12 划分量化电平的两种方法

（a）只舍不入法；（b）四舍五入法

由于四舍五入量化方式比只舍不入量化方式的量化误差小，所以大多数 A/D 转换器采用四舍五入的量化方式。

10.3.2　几种常见的 A/D 转换器

1. 并联比较型 A/D 转换器

A/D 转换器的种类很多，但其基本原理都是通过比较的方法来实现。按比较的方法分类可以分为直接比较型和间接比较型两大类。直接比较型是将输入模拟信号直接与参考电压比较，从而转换为输出的数字量。间接比较型是先将输入信号与参考电压比较，转换为某个中间变量，再将中间变量进行比较转换为输出的数字量。可见直接比较型 A/D 转换器比间接比较型 A/D 转换器的转换速度要快。并联比较型 A/D 转换器是一种典型的直接比较型 A/D 转换器。

3 位并联比较型 A/D 转换器原理电路如图 10-13 所示。它是由电压比较器、寄存器和代码转换电路三部分组成。输入模拟电压 u_1 为 $0 \sim V_{RFF}$ 的模拟电压，输出为 3 位二进制代码 $d_2 d_1 d_0$。该 A/D 转换器不包括取样保持电路，假定输入的模拟电压 u_1 为取样—保持电路的输出电压。

电压比较器中量化电平的划分采用图 10-12（b）所示的方式，用电阻分压网络把参考电压 V_{REF} 分压，得到从 $\frac{1}{15} V_{REF} \sim \frac{13}{15} V_{REF}$ 7 个比较电压，量化单位 $\Delta = \frac{2}{15} V_{REF}$。然后，把这 7 个比较电压分别接到 7 个电压比较器 C1～C7 的反相输入端作为比较基准。同时将输入的模拟电压加到每个电压比较器的同相输入端上，与这 7 个比较基准进行比较。

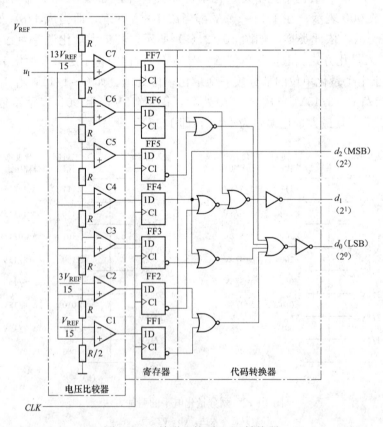

图 10-13　并联比较型 A/D 转换器

若 $u_1 \leqslant \dfrac{V_{\mathrm{REF}}}{15}$，则所有电压比较器的输出为低电平，当 CLK 的上升沿到达后寄存器中所有 D 触发器均被置成 0 状态。若 $\dfrac{V_{\mathrm{REF}}}{15} < u_1 \leqslant \dfrac{3V_{\mathrm{REF}}}{15}$，则只有电压比较器 C1 的输出为高电平，其余电压比较器的输出仍为低电平，当 CLK 的上升沿到达后触发器 FF1 被置成 1 状态，其余 D 触发器被置成 0 状态。以此类推，便可列出 u_1 为不同电压时寄存器的状态，见表 10-1。不过寄存器输出的是一组 7 位的二值代码，还不是所要求的二进制数，因此必须进行代码转换。

代码转换器是一个 7 输入 3 输出的组合逻辑电路，根据表 10-1 可以得出该代码转换器输出与输入间的逻辑函数式。按照该逻辑函数式就可以实现图 10-13 中代码转换器电路的设计。

$$d_2 = Q_4$$
$$d_1 = Q_6 + Q'_4 Q_2$$
$$d_0 = Q_7 + Q'_6 Q_5 + Q'_4 Q_3 + Q'_2 Q_1 \tag{10-10}$$

表 10-1　　　　　　　　　　3 位并联 A/D 转换器输入与输出转换关系对照

输入模拟量	寄存器状态（代码转换器输入）							数字量输出（代码转换器输出）		
u_1	Q_7	Q_6	Q_5	Q_4	Q_3	Q_2	Q_1	d_2	d_1	d_0
$0 < u_1 \leqslant \dfrac{1}{15}V_{\mathrm{REF}}$	0	0	0	0	0	0	0	0	0	0
$\dfrac{1}{15}V_{\mathrm{REF}} < u_1 \leqslant \dfrac{3}{15}V_{\mathrm{REF}}$	0	0	0	0	0	0	1	0	0	1
$\dfrac{3}{15}V_{\mathrm{REF}} < u_1 \leqslant \dfrac{5}{15}V_{\mathrm{REF}}$	0	0	0	0	0	1	1	0	1	0
$\dfrac{5}{15}V_{\mathrm{REF}} < u_1 \leqslant \dfrac{7}{15}V_{\mathrm{REF}}$	0	0	0	0	1	1	1	0	1	1
$\dfrac{7}{15}V_{\mathrm{REF}} < u_1 \leqslant \dfrac{9}{15}V_{\mathrm{REF}}$	0	0	0	1	1	1	1	1	0	0
$\dfrac{9}{15}V_{\mathrm{REF}} < u_1 \leqslant \dfrac{11}{15}V_{\mathrm{REF}}$	0	0	1	1	1	1	1	1	0	1
$\dfrac{11}{15}V_{\mathrm{REF}} < u_1 \leqslant \dfrac{13}{15}V_{\mathrm{REF}}$	0	1	1	1	1	1	1	1	1	0
$\dfrac{13}{15}V_{\mathrm{REF}} < u_1 \leqslant V_{\mathrm{REF}}$	1	1	1	1	1	1	1	1	1	1

集成并联比较型 A/D 转换器的产品较多，如 AD 公司的 AD9012（TTL 工艺，8 位）、AD9002（ECL 工艺，8 位）和 AD9020（TTL 工艺，10 位）等。

并联比较型 A/D 转换器具有如下特点：

（1）由于转换是并行的，其转换时间只受电压比较器、触发器和代码转换电路延迟时间限制，转换速度快，转换时间可达 50ns 以下。

（2）由于电路中的比较器和寄存器兼有取样保持的功能，所以此类 A/D 转换器可以不用附加采样保持电路。

（3）并联比较型 A/D 转换器的缺点是需要较多的电压比较器和触发器，n 位需要 $2^n - 1$ 个比较器和 $2^n - 1$ 个触发器。例如，输出为 10 位二进制代码，则需要用 1023 个电压比较器和 1023 个触发器以及一个规模相当庞大的代码转换电路。

(4) 并联比较型 A/D 转换器的转换精度主要取决于量化电平的划分，划分越细，精度越高，但所用的电压比较器和触发器的数目越多。另外转换精度与参考电压、电阻及集成运算放大器也有关。

2. 反馈比较型 A/D 转换器

反馈比较型 A/D 转换器也是一种直接 A/D 转换器。它的基本原理是：取一个数字量加到 D/A 转换器上，则可得到一个对应的输出模拟电压。将这个模拟电压和输入的模拟电压信号相比较。若两者不相等，则调整所取得数字量，直到两个模拟电压相等为止，最后所取得数字量即为所求的转换结果。

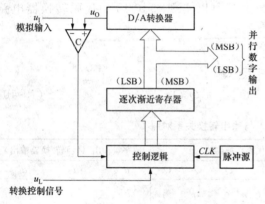

图 10-14　逐次渐近型 A/D 转换器的电路结构框图

反馈比较型 A/D 转换器中经常采用的有计数型和逐次渐近型两种方案。计数型方案由于转换时间太长，只能用在对转换速度要求不高的场合。逐次渐近型方案解决了前者转换速度慢的缺点，所以被广泛使用。本书主要介绍采用逐次渐近型方案 A/D 转换器。

逐次渐近型 A/D 转换器的工作原理可以用图 10-14 所示的框图表示。它由电压比较器、D/A 转换器、逐次渐近寄存器与控制逻辑电路以及时钟信号等几部分组成。

逐次渐近型 A/D 转换器的工作过程如下：

(1) 转换开始前先将逐次渐近寄存器清零。

(2) 开始转换以后，先将逐次渐近寄存器状态设为最高位为 1，其他位为 0（如 4 位 A/D 转换器为 1000），经过 D/A 转换器后，将转换成的模拟电压 u_O 送到比较器与输入信号 u_I 比较。若 $u_O > u_I$，则将最高位的 1 清除，将次高位设为 1，其他位为 0（如 4 位 A/D 转换器为 0100），再经过 D/A 转换器后与 u_I 比较，若 $u_O > u_I$ 重复此步骤。

(3) 若 $u_O < u_I$，则保留这个 1，然后再将次高位设置成 1，再进行比较，逐位比较下去，直到最低位为止。这时逐次渐近寄存器所存的数码即为输出的数字量。

3 位逐次渐近型 A/D 转换器的逻辑电路如图 10-15 所示。由三个上升沿触发的 SR 触发器 FFA、FFB 和 FFC 构成 3 位数码寄存器，其输出为三位二进制数 $d_2 d_1 d_0$。FF1～FF5（构成环形计数器）和 G_1～G_9 组成控制逻辑电路。运算放大器构成电压比较器，用它比较输入电压 u_I 和 DAC 转换器输出电压 u_O 的大小。

若设 D/A 转换器的参考电压 $V_{REF} = 8V$，输入的模拟电压为 $u_I = 5.86V$，则转换过程如下：

(1) 转换开始前将三个触发器 FFA～FFC 置 0，同时将环形计数器 FF1～FF5 置成 $Q_1 Q_2 Q_3 Q_4 Q_5 = 10000$。

(2) 当 u_L 为高电平时，转换开始。当第 1 个 CLK 信号脉冲上升沿到达后，$Q_A Q_B Q_C = 100$，这时加到 D/A 转换器输入端的代码为 100，得到相应的模拟电压输出 u_O。u_O 和 u_I 通过电压比较器进行比较，若 $u_O > u_I$，则电压比较器输出 $u_B = 1$；若 $u_O < u_I$，则电压比较器输出 $u_B = 0$。同时，环形计数器右移一位，输出 $Q_1 Q_2 Q_3 Q_4 Q_5 = 01000$。

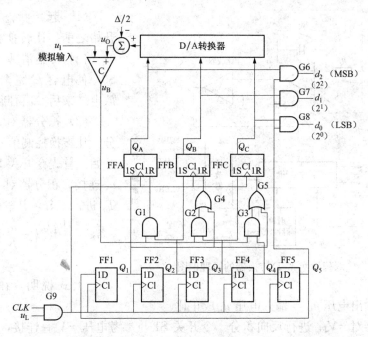

图 10-15　3 位逐次渐近型 A/D 转换器的电路原理图

(3) 当第 2 个 CLK 信号脉冲上升沿来时，这时 G1 打开，若 $u_B=1$，则 FFA 置 0；若 $u_B=0$，则 FFA 的 1 状态保持。同时，触发器 FFB 置 1，并且环形计数器右移一位，输出 $Q_1Q_2Q_3Q_4Q_5=00100$。

(4) 当第 3 个 CLK 信号脉冲上升沿来时，触发器 FFC 置 1，同时 G2 打开，并根据比较器的输出 u_B 决定 FFB 的 1 状态是否应当保留。与此同时，环形计数器输出 $Q_1Q_2Q_3Q_4Q_5=00010$。

(5) 当第 4 个 CLK 信号脉冲上升沿来时，G3 打开，并根据比较器的输出 u_B 决定 FFC 的 1 状态是否应当保留，这时 FFA～FFC 的状态就是最后的转换结果。同时环形计数器输出 $Q_1Q_2Q_3Q_4Q_5=00001$。由于 $Q_5=1$，FFA～FFC 的状态通过 G6～G8 被送出到输出端 $d_2d_1d_0$。

(6) 第 5 个 CLK 信号脉冲来后，环形计数器的输出又返回到初始值，$Q_1Q_2Q_3Q_4Q_5=10000$。同时，由于 $Q_5=0$，G6～G8 被封锁，转换输出信号随之消失。

由以上分析可见，逐次渐近型 A/D 转换器完成一次转换所需时间与其位数和时钟脉冲频率有关，位数愈少，时钟频率越高，转换所需时间越短。这种 A/D 转换器具有转换速度快、精度高的特点。常用的集成逐次渐近型 A/D 转换器有 ADC0809（8 位）、AD575（10 位）、AD574A（12 位）等。

3. 双积分型 A/D 转换器

双积分型 A/D 转换器属于间接 A/D 转换器。它的基本工作原理是：首先把输入的模拟电压信号转换成与之成正比的时间宽度信号，然后在这个时间宽度里对固定频率的时钟脉冲计数，计数的结果就是正比于输入模拟电压的数字信号。

图 10-16 所示是双积分 A/D 转换器的原理框图，它由积分器、电压比较器、计数器、逻辑控制和时钟信号源等组成。

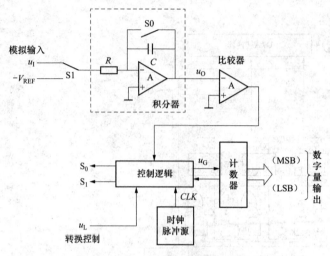

图 10-16　双积分型 A/D 转换器的原理框图

（1）起始状态。在积分转换开始之前，让转换控制信号 $u_L = 0$，将计数器清零，并接通开关 S0，使电容 C 完全放电。电容 C 放电结束后 S0 再断开。

（2）积分器对 u_I 进行定时积分。让转换控制信号 $u_L = 1$，转换开始。首先令开关 S1 与输入信号 u_I 连接，积分器对 u_I 在固定时间 T_1 进行积分，其输出电压为 u_O 为

$$u_O = \frac{1}{C} \int_0^{T_1} \left(-\frac{u_I}{R} \right) \mathrm{d}t = -\frac{T_1}{RC} u_I \tag{10-11}$$

上式说明，在固定时间 T_1 下，积分器的输出电压 u_O 与输入电压 u_I 成正比。

（3）积分器对 $-V_{REF}$ 进行反向积分。令开关 S1 与参考电压 $-V_{REF}$ 连接，此时积分器反向积分。若设积分器输出电压上升到零时所需时间为 T_2，则

$$u_O = \frac{1}{C} \int_0^{T_2} \frac{V_{REF}}{R} \mathrm{d}t - \frac{T_1}{RC} u_I = 0$$

$$\frac{T_2}{RC} V_{REF} = \frac{T_1}{RC} u_I$$

故得到

$$T_2 = \frac{T_1}{V_{REF}} u_I \tag{10-12}$$

由此可见，反向积分到 $u_O = 0$ 的这段时间，T_2 与输入信号 u_I 成正比。令计数器在 T_2 这段时间内对固定频率为 f_c（$f_c = \frac{1}{T_c}$）的时钟脉冲计数，则计数结果也一定与 u_I 成正比，即

$$D = \frac{T_2}{T_c} = \frac{T_1}{T_c V_{REF}} u_I \tag{10-13}$$

D 表示计数结果的数字量。若取 $T_1 = N T_c$，则式（10-13）可以化为

$$D = \frac{T_2}{T_c} = \frac{N}{V_{REF}} u_I \tag{10-14}$$

从图 10-17 的电压波形图上可以直观地看到这个结论的正确性。当 u_I 取为两个不同的数值 V_{I1} 和 V_{I2} 时，反向积分时间 T_2 和 T_2' 也不相同，而且时间的长短与 u_I 的大小成正比。由于 CLK 是固定频率的脉冲，所以在 T_2 和 T_2' 期间送给计数器的计数脉冲数目也必然与 u_I 成正比。

双积分 A/D 转换器具有如下特点：

（1）工作性能稳定。由于在转换过程中，前后两次积分所采用的是同一积分器，因此，R、C 和脉冲信号等元器件参数的变化对转换精度的影响可以抵消，所以它对元器件的要求

较低，成本也低。这是其他 A/D 转换器所不具备的突出特点。

（2）抗干扰能力强。由于双积分型 A/D 转换器在时间 T_1 内采用的是输入电压的平均值，故对平均值为零的工频或工频的倍频具有很强的抗干扰能力。

（3）工作速度低。双积分 A/D 转换器属于间接转换，所以工作速度低，这是它的突出缺点。双积分型 A/D 转换器的转换速度一般都在每秒几十次以内。它不能用于数据采集，但可用于像数字电压表等这类对转换速度要求不高的场合。

单片集成的双积分型 A/D 转换器有 ADC-EK8B（8 位，二进制码）、ADC-EK10B（10 位，二进制码）、$MC14433 \left(3\dfrac{1}{2} \text{位，BCD 码} \right)$ 等。还有可以直接驱动 LCD 和 LED 数码管的 CB7106/7126、CB7107/7127。

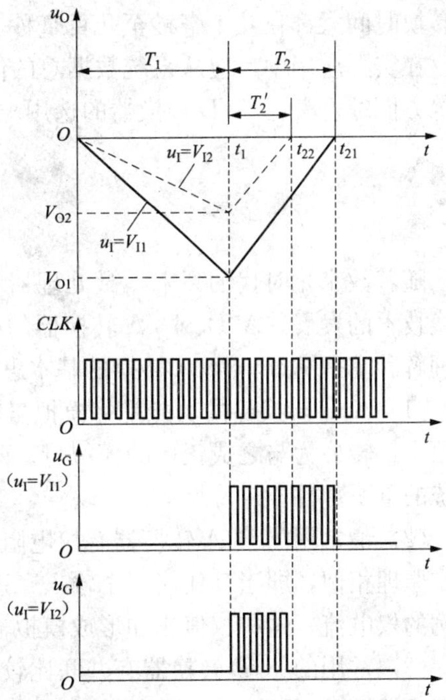

图 10-17　双积分型 A/D 转换器的电压波形图

10.3.3　A/D 转换器的转换精度与转换速度

1. A/D 转换器的转换精度

在单片集成的 A/D 转换器中转换精度也采用分辨率（又称为分解度）和转换误差来描述。

（1）分辨率。A/D 转换器的分辨率利用输出二进制数或十进制数的位数表示。它表示 A/D 转换器对输入信号的分辨能力。

从理论上讲，n 位二进制数字输出的 A/D 转换器能区分 2^n 个不同等级的输入模拟电压，能区分输入电压的最小差异为满量程输入的 $1/2^n$（即 $\text{FSR}/2^n$，FSR 是输入电压满量程刻度）。例如，A/D 转换器输出为 8 位二进制数，输入信号最大值为 5V，那么这个转换器应能区分输入信号的最小电压为 $\dfrac{5}{2^8}$ V ≈ 19.53mV。输出位数愈多，量化单位愈小，分辨率愈高。

（2）转换误差。它表示 A/D 转换器实际输出的数字量和理论上应有的输出数字量之间的差别。通常以最低有效位的倍数给出，如转换误差为 $<\pm \text{LSB}/2$，则说明实际输出的数字量和理论上应得的输出数字量之间的误差小于最低有效位的半个字。

2. A/D 转换器的转换速度

A/D 转换器转换速度是用转换时间来描述的，转换时间定义为 A/D 转换器从转换控制信号到来时起，到输出端得到稳定的数字信号所经过的时间。

A/D 转换器类型不同，转换速度差别很大。其中并联比较型 A/D 转换器的转换速度最快，8 位的集成并行比较 A/D 转换器转换时间可小于 50ns。其次是逐次渐近型 A/D 转换器，它们多数转换时间在 $10 \sim 100 \mu s$。间接 A/D 转换器的速度最慢，如双积分 A/D 转换器的转换时间大都在几十毫秒至几百毫秒。

在实际应用中，应从系统数据总的位数、精度要求、输入模拟信号的范围及输出信号极性等方面综合考虑 A/D 转换器的选用。

本 章 小 结

随着数字化时代的到来，微处理器和微型计算机的广泛使用极大地促进了 A/D、D/A 转换技术的发展。A/D、D/A 转换器的种类十分繁杂，不可能逐一列举。因此，首先应着重理解和掌握 A/D、D/A 转换的基本思想、共同性的问题及对它们进行归纳和分类的原则。

（1）A/D 转换器的功能是将模拟量转换为与之成正比的数字量；D/A 转换器的功能是将数字量转换为与之成正比的模拟量。两者是数字电路与模拟电路的接口电路，是现代数字系统的重要部件。

（2）最常用的 D/A 转换器有权电阻网络型、倒 T 形电阻网络型和权电流型等。它们的工作原理相似，即当其任何一个输入二进制位有效时，会产生与每个输入位的二进制权值成比例的权电流，这些权值相加形成模拟输出。

（3）常用的 A/D 转换器有并联比较型、双积分型、逐次渐近型等，它们各具特点。并联型 A/D 转换器的速度最快，但结构复杂而且造价较高，故只用于那些转换速度要求极高的场合；双积分式 A/D 转换器抗干扰能力强，转换精度高，但转换速度不够理想，常用于数字式测量仪表中；逐次渐近式 A/D 转换器在一定程度上兼有以上两种转换器的优点，因此得到普遍应用。

（4）A/D 转换器和 D/A 转换器的主要技术参数是分辨率和转换速度，在与系统连接后，转换器的这两项指标决定了系统的精度与速度。目前，A/D 转换器与 D/A 转换器的发展趋势是高速度、高分辨率及易于与微型计算机接口，用以满足各个应用领域对信号处理的要求。

习　　题

10.1　在一个 6 位权电阻网络 D/A 转换电路中，如果 $V_{REF}=-10V$，$R_F=R/2$，试求：

（1）当 $D_n=000001$ 时，输出电压的值；

（2）当 $D_n=110101$ 时，输出电压的值；

（3）当 $D_n=111111$ 时，输出电压的值。

10.2　在图 10-4 给出的倒 T 形电阻网络 D/A 转换器中，已知 $V_{REF}=-8V$，试计算当 d_3、d_2、d_1、d_0 每一位输入代码分别为 1 时在输出端所产生的模拟电压值。

10.3　在 10 位二进制数 D/A 转换器中，已知其最大满刻度输出模拟电压 $V_{Omax}=5V$，求最小分辨电压 V_{Omin} 和分辨率。

10.4　对于一个 8 位 D/A 转换器，试回答以下问题：

（1）若最小输出电压增量为 0.02V，试问输入代码为 01001101 时，输出电压 u_O 为多少？

（2）若分辨率用百分数表示，则应该是多少？

(3) 若某一系统中要求 D/A 转换器的理论精度小于 25%，试问这一 D/A 转换器能否使用？

10.5 图 10-18 所示电路是用 CB7520 和同步十六进制计数器 74L5161 组成的波形发生器电路。已知 CB7520 的 $V_{REF} = -10V$，试画出输出电压 u_O 的波形，并标出波形图上各点电压的幅度。CB7520 的电路结构如图 10-6 所示。

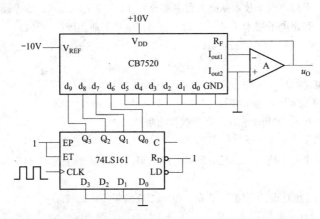

图 10-18 习题 10.5 图

10.6 某 8 位 A/D 转换器，输入模拟电压满量程 10V，当输入下列电压值时，转换为多大的数字量？请分别采用只舍不入法和四舍五入法两种方法，得出输出对应的二进制码。

(1) 59.7mV；(2) 3.46V；(3) 7.08V。

10.7 对于一个 10 位逐次渐近型 A/D 转换器，当时钟频率为 1MHz 时，试计算转换器的最大转换时间。

10.8 在某双积分型 A/D 转换器中，计数器为十进制计数器，其最大计数容量为 $(3000)_{10}$，已知计数时钟频率 $f_c = 30kHz$，积分器中 $R = 100k\Omega$，$C = 1\mu F$，输入电压 u_1 的变化范围为 $0 \sim 5V$，试求：

(1) 第一次积分时间 T_1；

(2) 求积分器的最大输出电压 $|V_{Omax}|$。

10.9 有一个 12 位 A/D 转换器，它的输入满量程是 10V，试计算其分辨率。

10.10 试说明 D/A 转换器和 A/D 转换器的转换精度和转换速度与哪些因素有关。

参 考 文 献

［1］ 阎石. 数字电子技术基础［M］. 5 版. 北京：高等教育出版社，2006.

［2］ 康华光，邹寿彬，秦臻. 电子技术基础（数字部分）［M］. 5 版. 北京：高等教育出版社，2006.

［3］ 高吉祥，丁文霞. 数字电子技术［M］. 3 版. 北京：电子工业出版社，2011.

［4］ Paul Horowitz，Winfield Hill. The art of electronics［M］Second Edition. New York：The Press Syndicate of the University of Cambridge，1989.

［5］ 王彦朋. 大学生电子设计与应用［M］. 北京：中国电力出版社，2007.

［6］ M-Morris Mano. Digital Design［M］. 3rd Ed. Prentice Hall，2002.

［7］ 蔡惟铮. 基础电子技术［M］. 北京：高等教育出版社，2004.

［8］ 李哲英. 电子技术及其应用基础（数字部分）［M］. 北京：高等教育出版社，2003.

［9］ William Kleitz. 数字电子技术：从电路分析到技能实践［M］. 陶国彬，赵玉峰，译. 北京：科学出版社，2008.

［10］ 聂典. Multisim 12 仿真设计［M］. 北京：电子工业出版社，2014.

［11］ 周润景. 基于 Quartus Ⅱ 的数字系统 Verilog HDL 设计实例详解［M］. 2 版. 北京：电子工业出版社，2014.